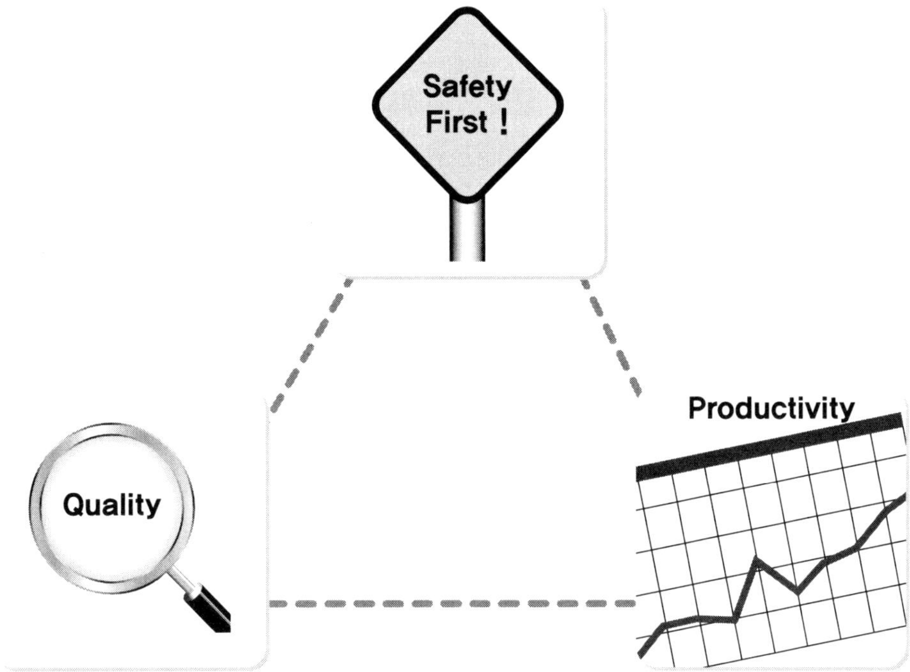

산업안전관리론

김동준 지음

도서출판 동화기술

머리말

1991년 처음으로 접한 안전관리론이라는 학문에 매료되어, 이 길로 들어선지 30년이 넘어가고 있다. 지난 시간동안 공학을 공부하면서, 물리, 화학, 수학에 좌절도 많이 해보았고, 수많은 사고와 재해를 접하면서, 많은 고마우신 분들께서 안전에 관한 마인드를 가르쳐주셨다.

최근 대학에 와서 학생에게 물리, 화학, 그리고, 안전을 가르치는 동안에 의외로 교재가 부족하다고 느끼게 되었다. 대부분의 교재는 너무 전문적이거나, 단순 사실의 나열이 많았다. 처음으로 안전을 접하는 학생에게 편하게 접할 수 있는 교재가 있으면 좋겠다고 생각하게 되었다.

좀 더 많은 사람들이 안전관리에 대해 관심을 가져야겠다는 생각에 쉬운 안전관리론을 출판해 보자는 욕심이 들기 시작하였다.

본 교재는 안전과 관련된 학과에서 공부하는 학생 또는 안전관리에 관심이 있어 처음으로 안전을 공부하고 싶은 분들께 "안전관리란 무엇인가?"라는 궁금증을 해결하는데 조금이나마 도움이 되기를 바라며 작성해 보았다.

가급적, 어려운 전문용어는 버리고, 하지만, 필요한 용어는 명확히 정의하여, 대화하는 것처럼 쉽게, 그리고 정확한 의사전달이 되도록 노력해 보았다.

이 교재는 세 개의 질문에 대하여 답을 찾아간다는 하나의 거대한 흐름을 중심으로 책 내용을 구성해 보았다.

1. 사람이 다치는 재해가 왜 발생하는가? 어떻게 해야 재해발생을 막을 수 있는가?
2. 대한민국은 지난 40여 년간 산업재해율이 크게 감소하지 않은 이유는 무엇일까?
3. 불확실성이 큰 우리의 인생에서 위험(리스크)을 어떻게 껴안고 살아나가야 하는가?

라는 질문을 머릿속에 간직하고, 그 대답을 찾기 위해 하나하나의 글을 읽어 주길 바란다.

인간의 삶에 완벽한 안전(=절대안전)은 존재하지 않는다. 단지, 우리가 할 수 있는 것은 다양한 상황에서 무언가를 선택할 때, 조금이나마 안전한 방향으로 합리적인 선택을 해야 할 것이다.

이 책이 앞으로 대한민국의 안전사회를 위해 노력하게 될 여러분들에게 합리적인 선택을 할 수 있도록 안전관리를 처음 접하는 분들에게 조금이나마 도움이 되기를 기원합니다.

김동준

목 차

1

산업안전의 개요

01 들어가기
02 안전관리의 개요
03 용어의 정의
04 안전관리의 법칙들
05 안전관리 주체와 대상
06 재난관리의 의미
07 생산, 품질, 안전

01 들어가기

이제 여러분은 조금 생소한 안전관리론을 공부하게 될 것이다. 어떤 이야기는 매우 당연한 이야기일 수도 있지만, 처음 접하는 낯선 이야기일 수도 있으며, 조금 복잡하고 어려운 이야기일 수도 있다. 하지만, 우리 인간은 자신이 느끼기에, 정상적이지 않다고 생각되는 어떤 상황을 접하게 된다면, 그것을 정상적으로 만들고 싶어 하는 경향이 있다. 인간의 기본 인격이라는 것이 있다고 저자는 믿고 있다. 바로, 우리 주변에서 발생하는 비정상적인 상황을 우리의 상식에 맞는 상황으로 만드는 것이 안전관리가 하는 일이라고 생각한다.

본격적으로 안전관리론을 공부하기 전에 우리 일상생활에서 발생하는 비정상적인 상황을 어떻게 받아들여야 하며, 더 나아가 정상적인 상황으로 어떻게 만들지를 우리 같이 고민해 보기로 하자.

하나의 예를 들어본다.

어린아이가 집에 있는 강아지를 발로 찬다. 매우 비정상적인 상황이 발생하였다. 이 모습을 우연히 본 엄마는 아이를 꾸중한다. 그러면 안 된다고 이야기하면서, 다시는 그런 행동을 하지 말라고, 또 다시 그런 행동을 하면 혼내겠다고 이야기를 한다. 과연, 엄마의 이야기를 들은 아이가 다시는 강아지를 차지 않을까요? 여러분은 어떻게 생각하십니까?

만약에 또다시 아이가 강아지를 발로 찰 것이라고 생각하는 분이 계신다면, 그분의 생각은 아마도 처벌만이 능사가 아니라고 생각하며, 아이가 강아지를 발로 찬 이유를 알아내어, 그 이유를 제거해야 한다고 생각하는 분일 것이다. 안전관리를 잘 공부하실 자질을 가진 분이라고 생각된다.

▲ 그림 아이가 강아지를 찬 이유는?

그럼, 어린아이가 집에 있는 강아지를 찬 원인을 알아보자. 실은 아이가 조금 전에 아빠한테 꾸중을 들었기 때문이었다. 그 원인은 다음과 같다. 실은 학원에 가지 않고, 땡땡이를 치고, 친구들과 놀러 나갔다. 우연히 그 모습을 아빠가 보게 된 것이었다. 화가 난 아빠는 아이에게 신경질적으로 아이를 꾸중한 것이었다. "왜? 학원을 가지 않았니?", "도대체 학원비가 얼마인지 아니?", "내가 그 학원비를 내느라고 얼마나 고생을 많이 하는지 아니?" 라고 아이에게 화를 낸 것이다.

이 말을 들은 아이는 결코 마음의 여유가 없으며, 꾸중을 듣고 나서, 아이가 집에 들어오는데, 집에 혼자 있던 강아지가 다가와서 놀아 달라고 발목을 잡고 매달렸던 것이다. 결국 짜증이 난 아이가 발로 찬 것이다.

비정상적인 상황이 다시는 발생하지 않게 하기 위해서는 어떻게 해야 될까? 아마도 아빠가 아이를 신경질적으로 꾸중하지 못하게 하는 것이 필요하다고 판단할지도 모른다. 그럼, 아빠에게 아이를 신경질적으로 꾸중하시면 안 된다고 이야기한다면, 어떻게 될까? 다시는 아빠가 신경질적으로 꾸중을 하지 않을까요?

실은 아빠에게도 사정이 있다. 아빠가 신경질적으로 꾸중한 이유는 집주인에게서 월세를 올려달라고 이야기를 들었기 때문이다. 아무리 사정을 이야기해도, 월세를 올려주지 못하면, 방을 빼라고 통지를 받았던 것이다. 이러한 이야기를 집주인에게서 듣고 나서, 내일을 걱정하고 있는데, 우연히 길에서 만난 아이가 학원을 가지 않고, 공원에서 놀고 있으니, 마음이 어떠했을까? 이해가 되는 부분이다. 이런 상황이 반복된다면, 아빠는 아이에게 또다시 신경질적으로 꾸중할 것이고, 강아지에 대한 아이의 행동은 반복될 것이다.

그럼, 집주인에게 집세를 올리면 안 된다고 이야기하면 문제가 해결 될까요? 아빠에게 더욱 열심히 일하라고 조언을 할까요?

실은 집주인 또한 생활이 점점 어려워지고 있기 때문이었다. 다른 사람의 사정을 볼 여유가 없었던 것이다. 꿈을 안고 무리하게 대출받아 구입한 주택은 가격이 하락하고 있으며, 은행 대출금 이자는 더욱더 높아지고 있는 상황이었다. 결정적으로 집주인이 운영하는 식당에 손님이 점점 줄어들어 수입이 적어지고 있기 때문이었다. 게다가, 아빠의 회사 또한 경제가 좋지 않아 회사가 구조조정에 들어가 있는 상황이다.

과연 어떻게 해야 비정상적인 상황을 정상적으로 만들 수 있을까요? 아마도, 사회경제를 좋게 만들어야 강아지를 발로 차는 일이 발생하지 않는다는 결론이 나올지도 모른다.

과연 그게 가능할까요?

지금 이야기를 다음과 같이 정리해본다. 대책은 여러 가지가 있을 수 있으나, 저자의 생각을 몇 개 적어본다.

▼ 표 비정상 상황의 원인과 대책

비정상 현상	원인	대책
1. 어린아이가 강아지를 발로 찬다.	동물의 소중함을 인식하지 못하고 있다.	1. 어린아이에게 동물을 발로 차면 나쁘다고 알려준다. (소통) 2. 또다시 그런 행동을 하면 혼낸다고 협박한다. (규제)
2. 아빠가 아이를 신경질적으로 꾸중한다.	집세를 올려달라고 하니, 생활비를 걱정하다보니 마음의 여유가 없다.	1. 아빠에게 아이를 신경적으로 꾸중하면 안 된다고 설명한다. (소통) 2. 또다시 그런 행동을 하면 아동학대로 고소한다고 협박한다. (규제)
3. 집주인이 월세를 오려달라고 한다.	경제가 나빠지면서, 식당 손님이 줄어들고 있다.	1. 식당 손님이 늘어나도록 사회경제를 살린다. 2. 식당을 포기하고 개인희생을 통해, 기본 삶을 유지하도록 한다. (규제)
4. 아빠의 회사가 구조조정을 실시하고 있다.	1. 물가 상승 2. 부동산 값 추락 3. 주식 추락 4. 저출산 (인구감소) 등	대책은 어렵다.
5. 우리 사회는 자본주의 사회이다. 일부 사회복지를 추구하고 있으나, 충분하지는 못하다.	사회 경제는 예측이 어렵다.	대책은 어렵다.

저자는 독자에게 이야기한다. 만약, 어린아이가 강아지를 발로 차는 것을 막기 위한 대책으로 '또다시 그런 행동을 하면 혼낸다고 아이를 협박하는 것이 가장 효율적인 대책'이라고 생각한다면, 이 책을 끝까지 읽기가 힘들지도 모른다. 저자의 바람은 여러분께서는 적어도 이러한 비정상적인 현상이 발생한다면, 그것을 정상적으로 바꾸고 싶은 마음을 간직하기를 바란다.

대책은 여러 가지 있을 수 있으며, 좋은 대책은 누구 혼자의 생각으로 도출되기는 어렵다. 따라서, 많은 사람들과의 의견 수렴을 통해, 관련된 여러 가지 원인들을 도출한 후, 다양한 대책을 찾아내야 하며, 많은 사람들이 동의하는 가장 효율적인 대책을 도출하여야 한다.

이 과정이, 어떻게 보면 쉽기도 하고, 당연하기도 하다. 여기서, 중요한 것은 여러 사람과의 소통이 필수불가결하다는 것이다. 정답이 없는 것에 대해 대화를 통해 가장 합리적인 결론을 만들어 가야 한다.

대화를 통해 합의를 도출한다는 안전관리에서 가장 힘든 부분은 사람과의 소통이라는 과정이 큰 역할을 차지하고 있기에, 이야기는 간단하여 쉽게 느껴지지만, 실제로 실시하기에는 많은 어려움이 존재한다.

그럼, 아래 그래프를 보면서 이야기를 계속하자. 지난시간의 산업재해율을 연도별로 나타내고 있다. (재해율의 정의는 다음에 학습하기로 하자.) 1987년도에 대한민국에서 처음으로 재해율을 조사하였다. 처음으로 산업안전에 대한 사회적 관심이 높아져 안전관리라는 것을 산업현장에서 인식하기 시작하였다. 그전에는 경제를 살리는 것에 관심이 커서, 안전에 대한 사회적 관심이 매우 낮았다. 1987년부터 사회적으로 안전에 관심을 가지기 시작하자 조금씩 재해율이 감소되어 오다가 90년대 후반부터는 약간의 변화는 있지만, 일정한 수준을 유지하고 있다. 지난 30여년 넘게 많은 재난을 경험하면서 우리나라는 많은 노력을 실시해왔지만, 큰 변화 없이 일정 수준을 유지하고 있다. 이러한 일정한 수준을 유지하고 있는 것이 정상인지 비정상인지 여러 의견이 있을 수 있다. 하지만, 저자는 이 현상을 비정상이라고 믿고 있으며, 앞으로 정상적인 상태로 변화하기 위해, 다시 말해, 재해율이 감소하기 위해서, 우리는 어떻게 해야 할까? 라는 질문을 던져본다.

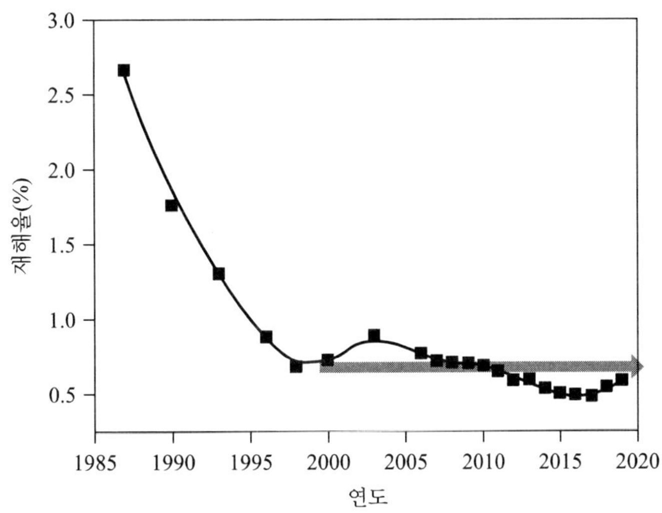

▲ 그림 **대한민국의 산업재해율**

그럼, 쉽고, 간단해 보이지만, 실시하기에는 제법 어려운 안전관리 이야기를 본격적으로 시작해 보자!

02 안전관리의 개요

2.1 안전관리의 이념 및 목적

(1) 안전관리의 이념

① 안전관리의 기본 이념은 인간존중의 사상에서부터 시작된다.

안전관리에서의 인간존중이란, 일(노동)을 함에 있어 그로 인한 인간의 생명을 잃거나 건강의 장애를 초래하는 일이 발생해서는 안 된다는 이념이다.
우리 인간이 생활하기 위해서는 반드시 일정 이상의 일(노동)을 하여야 한다. 하지만, 일(노동)을 함에 있어, 인간존중 이념이 근본이 되어야 노동의 중요성도 의미를 가질 것이다.

② 인간존중은 단군의 건국이념인 홍익인간의 정신이기도 하다.

우리가 잘 알고 있는 홍익인간의 이념은 널리 인간의 세계를 풍요롭고 이롭게 한다는 것이며, 이런 우리나라의 건국이념 또한 안전관리의 생각과 일맥상통한다.

(2) 안전관리의 목적

안전관리의 목적은 재해예방(災害豫防)이다.

목적이란, 어떤 일을 실현하기 위해 나아가야 하는 방향, 즉 도달하고 싶은 곳을 향하는 방향을 말한다. 안전관리를 실시하는 이유는 산업현장에서 발생하는 재해를 예방하는 것이다.

목표란 어떤 목적을 달성하여, 우리가 도달하고 싶은 실제적인 대상을 말하며, 안전관리의 목표는 안전·안심하며 생활할 수 있는 사회를 이루는 것이다. 그 거대한 목표를 달성하기 위하여, 산업현장에서 발생하는 재해를 예방함으로써, 최종 목표인 안전한 사회구현을 달성할 수 있을 것이다.

재해예방은 재해가 발생하지 않도록 사전에 예방한다는 뜻이다. 다른 말로는 재해를 예측하여 발생을 억제하는 것이라 말할 수 있다.

즉, 안전관리는 위험으로부터 발생할 가능성이 있는 재해로부터 인명과 재산을 보호하기 위한 관리적인 것들을 모두 포함한다.

2.2 안전과 보건에 관한 법

(1) 안전관리를 '왜 하는가?'를 생각해 보자. 안전관리의 목적은 인명과 재산을 보호하기 위함으로 출발하지만, 현장에서는 또 다른 목적을 가지고 실시하는 경우가 많다. 그것은 법준수(compliance)이다.

(2) 대한민국헌법 제34조 제6항에서는 "국가는 재해를 예방하고 그 위험으로부터 국민을 보호하기 위해 노력하여야 한다."

(3) 대한민국헌법 제36조 제3항에서는 "모든 국민은 보건에 관하여 국가의 보호를 받는다."

(4) 산업안전보건법과 소방법 등 안전에 관련된 대한민국의 모든 법은 이러한 헌법 34조와 36조에 뿌리를 두고 있다. 특히, 재난에 관련한 사항은 "재난 및 안전관리 기본법"에서 정하고 있으며, 안전에 관련된 모든 법은 이 법의 하위법이 된다. 다음 장에서 구체적으로 학습한다.

(5) 사업장 안전도 큰 틀에서 국가가 국민을 보호해야 함에서 출발했음을 항상 인식하자. 나중에 자세히 표현하겠지만, 일반적으로 법에서는 재산보다는 인명에 더욱 큰 무게를 두고 안전관리 활동을 실시하고 있다. 예를 들어, 나중에 학습할 중대재해는 인적재해의 크기로 정하고 있음을 알 수 있다.

03 용어의 정의

3.1 재해(災害)의 정의

(1) 재해

인명상해(人命傷害)나 재산손해(財産損害)를 초재하는 것을 재해라고 정의할 수 있다.

① 여기서 말하는 인명상해란, 인간의 생명을 잃는 사망(死亡, Death)뿐만이 아니라, 생명을 잃는 것은 아니지만, 그로 인해 정상적인 일상의 생활에 어려움을 겪게 되는 부상(負傷, Injury) 및 병균 등에 의해 정상적인 생활에 어려움을 경

험하는 질병(疾病, Disease) 및 기타 건강장해(健康障害, Ill-Health)를 말한다. (이미지를 잡기 위해 이렇게 생각해 보자. 쉽게 말해 사람이 병원에 갈 필요성이 있는 현상을 생각하면 된다.)

② 재산손해(Damage to property) : 재산(우리가 소유한 소유물)이란 어떤 영향을 받아 재산이 감소하거나 없어져 버리는 손해인 손실(損失, Loss) 그리고, 물체가 깨지거나 상처를 입어 정상적인 상태에서 벗어나는 손상(損傷, Damage)을 포함한다. (이미지를 잡기 위해 이렇게 생각해 보자. 쉽게 말하면, 소유물이 그 사용함에 있어 일정한 영향을 받아 사용할 수 없게 되는 것을 뜻한다. 망가졌을 수도 있고, 없어져 버렸을 수도 있다.)

참고로 외국의 기준을 생각해보자. ISO/IEC Guide(Safety aspects - Guidelines for their inclusion in standard)라는 것이 있다. 그 51번째 항목에 Harm의 정의를 다음과 같이 정의하고 있다.

Harm : physical injury or damage to the health of people, or damage to property or the environment

번역하는 것은 피하도록 하겠다. 단지 중요한 것은 여기에 environment라는 환경이라는 단어가 들어가 있다는 것이다. 보는 관점에 따라 다르게 보일 수 있다. 다른 나라에서는 다른 관점으로 정의하고 있다는 것을 참고하여 우리의 정의와 비교하여 한번쯤 생각해 보는 것이 좋을 것이다.

(2) 재해의 분류

재해를 좀 더 자세히 알아보기 위해 재해를 크게 천재와 인재로 두 가지로 나누어 학습해 보자.

① 천재는 우리 인간의 힘으로 예방하는 것이 불가능한 재해를 말하며, 자연재해(自然災害)라고도 한다(지진, 화산폭발, 태풍, 홍수, 가뭄 등). 다시 말해, 우리 인간이 발생하는 현상을 발생하지 않도록 할 수 있는 것이 아니다. 이러한 현상을 천재라 한다. 우리 인간이 있어도 없어도 발생하는 현상이며, 그런 현상이 발생함에 따라 우리 인간에게 재해가 발생하는 것을 말한다.
여기서 안전관리 이야기를 잠시하자. 천재는 원천적으로 발생을 억제(예방)하는 것은 불가능하다. 하지만, 재해 발생 전에는 재해에 대한 예측을 하고 필요한 대비를 통하여, 피해를 최소화시키는 대책을 강구하는 것이 가능하다. 재해가

발생하고 있는 시점에서는 대응에 집중해야 할 것이다. 재해 발생 이후에는 복구를 실시해야 할 것이다. 각 단계에 있어서 실시하는 것을 상정하여 사전에 필요한 대책을 수립해야 한다. 잊지 말아야 하는 것은 천재에 있어서는 피해 최소화대책이 가장 중요하다. 참고로, 산업안전보건법에서는 예상이 불가능한 천재에 대한 책임은 포함되지 않는다.

② 인재는 천재를 제외한 인간의 의해 발생한 모든 재해를 말하며, 인적 재해라고도 한다. 인재는 재해 발생 전에 인간에 의해 예방이 가능하다. 우리가 일반적으로 말하는 사업장재해, 교통재해 등과 같이 안전사고로 인하여 발생하는 것을 인적 재해(人的災害)라 한다. 단지, 범죄를 포함하여 여러 불법행위 등으로 인간에 의해 고의적으로 발생하는 재해를 인위재해(人爲災害)라고 한다. 참고로, 산업안전보건법에서는 범죄 등 고의에 의해 발생한 인위재해는 대상에 포함하지 않는다.

기타 재해를 분류하는 방법은 여러 가지가 있다. 재해의 종류는 구분방법에 따라 다음과 같이 분류되기도 한다.

① **형태별** : 이미 학습한 것처럼 재해의 분류는 발생 원인에 따른 구분으로 천재와 인재로 나눈다는 것을 학습하였다.

② **피해대상별** : 사람이 대화를 할 때 발생에 관심이 없고 재해 발생에 따른 피해에 관심이 있을 때 사용한다. 피해가 발생한 곳에 중점을 두어 인명상해와 재산손해로 나눌 수 있다.

③ **발생 장소별** : 재해가 발생한 원인보다는 발생 장소에 관심이 있을 때, 공중재해와 사업장재해로 나눌 수 있다. 참고로, 공중재해란, 공공장소에서 발생한 재해를 말한다. 이런, 발생 장소별 분류는 산업안전보건법상의 안전관리 대상을 정하는데 중요한 기준이 된다.

④ **기인별** : 재해가 발생한 원인 중 특히 물질에 대하여 관심을 가질 때 사용된다. 시설 및 설비 재해와 작업재해로 나눌 수 있다. 물질이 존재하는지 아니면, 사람의 작업하는 중에 발생하는 것인지에 따라 나눌 수 있다.

⑤ **사고형태별** : 재해가 발생한 원인 현상에 관심을 가질 때 사용된다. 여러 가지 사고형태에 따라 재해가 발생한다. 나중에 자세히 학습하겠지만, 재해는 사고에 의해 발생한다. 화재, 폭발, 전도, 낙하, 추락, 협착, 충돌, 감전 등 사고 형태의 특징으로 표현되기도 한다.

- 사고형태별로 재해를 구분하다보니, 마치 높은 곳에서 추락이라는 것이 사고를 의미하는 것인지, 재해를 의미하는 것인지 혼란이 발생하기도 한다. 예를 들어, 건설현장에서 높은 장소에서 작업을 하다가 떨어져 사람이 사망하는 재해를 상상해 보자. 사람이 떨어진다는 사고가 발생하여, 사망이라는 재해가 발생한다. 이때, 추락재해라는 단어를 사용하기도 한다.
- 이상과 같이 사용하는 단어에 따라 상대방에 무엇에 관심이 있는 지를 파악할 수 있다. 빠르고, 정확한 소통을 위해서는 이상의 단어를 한번쯤 의미해 두기를 바란다.

(3) 재난(災難)

재해와 비슷한 의미로 재난이라는 단어가 있다. 많은 분들이 재해와 재난을 동의어로 사용하는 경향이 있다. 우리는 여기서 명확히 구분하자.

재난이란 재해가 발생한 것은 동일한 현상이지만, 그 재해로 인해 발생한 피해의 규모(범위)가 대규모인 것을 재난으로 표현한다. 대규모의 기준을 정량적으로 표현하기는 어렵다. 단지, 동일 집단에 소속된 대부분의 사람들이 그로 인해 큰 피해를 받게 되었을 때 그 재해를 재난이라고 부른다.

재난은 일반 재난과 함께 국가 재난이라는 단어로 나눌 수 있다. 국가 재난은 재난이라는 것은 동일하지만, 재난이 발생하여, 그 책임을 지는 대상(예를 들어 사업장에서 발생한 재난은 사업주)이 그 재난을 통제하기가 어려워져 국가의 힘을 빌려야 할 필요성이 있으며, 국가 또한 그 필요성을 인식하여, 법률에 따라 국가 재난으로 선포하고 국가가 사후관리(사후수습)를 하는 것을 말한다. (예; 재난 및 안전관리 기본법 제36조, 재난사태선포)

국가 재난으로 지정된 사례는 뉴스에서 접해 보았을 것이다. 구미 불산가스누출은 사업장 내에서 발생한 재해이기 때문에, 기본적으로 사업주가 책임을 져야 하지만, 그로 인한 피해를 최소화하기 위해, 피해를 보상하기에는 그 규모가 너무 거대하여 일개 사업주가 감당하기 어려워졌다. 그때, 국가가 나서서 피해의 최소화 및 피해보상을 실시하게 된 것이다.

(4) 재난과 관련된 법률

재난 및 안전관리 기본법은 안전에 관련된 법 중에서 가장 근본이 되는 상위법이다. 우리가 일상생활에서 접하는 교통법 및 소방법 또한 이 재난 및 안전관리 기본법에서 출발된다. 예를 들어, 교통법규 또한 우리를 귀찮게 하기 위해서가 아니라, 우리의 안전을 확보하기 위해서 존재하는 법이라는 것을 알 수 있다.

그런데, 재난 및 안전관리 기본법에서 재난의 정의는 안전관리론에서 언급하고 있는 것과 그 뜻이 조금 다르다. 법에서 정의하는 것(재난 및 안전관리 기본법 제3조)을 살펴보면, 사고현상을 재난으로 표현하고 있다.

산업안전 및 소방의 분야에서 엔지니어로 근무하게 되면, 많은 분야의 공무원들과 안전에 대해 이야기할 기회가 있을 것이다. 공무원은 안전에 관련된 모든 법의 기반이 되고 있는 재난 및 안전관리 기본법이라는 것을 공부하였으며, 그에 따라 재난의 의미는 아래와 같은 뜻으로 이해하고 있음을 기억해 두자.

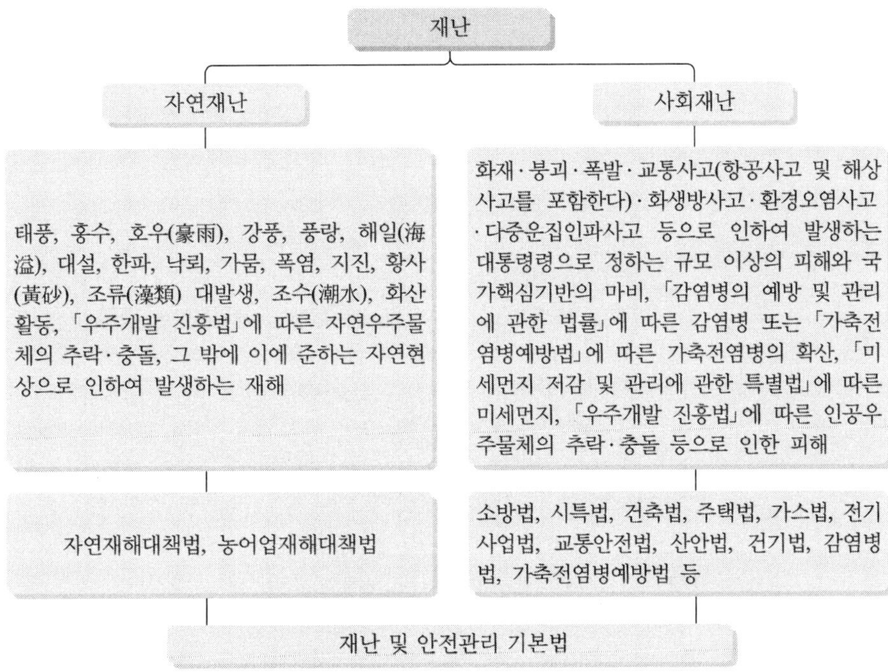

▲ 그림 재난 및 안전관리 기본법의 재난

재난 및 안전관리 기본법 (재난안전법)

제1조 (목적)

이 법은 각종 재난으로부터 국토를 보존하고 국민의 생명·신체 및 재산을 보호하기 위하여 국가와 지방자치단체의 재난 및 안전관리체제를 확립하고, 재난의 예방·대비·대응·복구와 안전문화활동, 그 밖에 재난 및 안전관리에 필요한 사항을 규정함을 목적으로 한다.

제2조 (기본이념)

이 법은 재난을 예방하고 재난이 발생한 경우 그 피해를 최소화하여 일상으로 회복할 수 있도록 지원하는 것이 국가와 지방자치단체의 기본적 의무임을 확인하고, 모든 국민과 국가·지방자치단체가 국민의 생명 및 신체의 안전과 재산보호에 관련된 행위를 할 때에는 안전을 우선적으로 고려함으로써 국민이 재난으로부터 안전한 사회에서 생활할 수 있도록 함을 기본이념으로 한다.

제3조 (정의)

1. "재난"이란 국민의 생명·신체·재산과 국가에 피해를 주거나 줄 수 있는 것으로서 다음 각 목의 것을 말한다.
   가. 자연재난 : 태풍, 홍수, 호우(豪雨), 강풍, 풍랑, 해일(海溢), 대설, 한파, 낙뢰, 가뭄, 폭염, 지진, 황사(黃砂), 조류(藻類) 대발생, 조수(潮水), 화산활동, 「우주개발 진흥법」에 따른 자연우주물체의 추락·충돌, 그 밖에 이에 준하는 자연현상으로 인하여 발생하는 재해
   나. 사회재난 : 화재·붕괴·폭발·교통사고(항공사고 및 해상사고를 포함한다)·화생방사고·환경오염사고·다중운집인파사고 등으로 인하여 발생하는 대통령령으로 정하는 규모 이상의 피해와 국가핵심기반의 마비, 「감염병의 예방 및 관리에 관한 법률」에 따른 감염병 또는 「가축전염병예방법」에 따른 가축전염병의 확산, 「미세먼지 저감 및 관리에 관한 특별법」에 따른 미세먼지, 「우주개발 진흥법」에 따른 인공우주물체의 추락·충돌 등으로 인한 피해
3. "재난관리"란 재난의 예방·대비·대응 및 복구를 위하여 하는 모든 활동을 말한다.
4. "안전관리"란 재난이나 그 밖의 각종 사고로부터 사람의 생명·신체 및 재산의 안전을 확보하기 위하여 하는 모든 활동을 말한다.

4의2. "안전기준"이란 각종 시설 및 물질 등의 제작, 유지관리 과정에서 안전을 확보할 수 있도록 적용하여야 할 기술적 기준을 체계화한 것을 말하며, 안전기준의 분야, 범위 등에 관하여는 대통령령으로 정한다.

5. "재난관리책임기관"이란 재난관리업무를 하는 다음 각 목의 기관을 말한다.
   가. 중앙행정기관 및 지방자치단체(「제주특별자치도 설치 및 국제자유도시 조성을 위한 특별법」 제10조제2항에 따른 행정시를 포함한다)
   나. 지방행정기관·공공기관·공공단체(공공기관 및 공공단체의 지부 등 지방조직을 포함한다) 및 재난관리의 대상이 되는 중요시설의 관리기관 등으로서 대통령령으로 정하는 기관

5의2. "재난관리주관기관"이란 재난이나 그 밖의 각종 사고에 대하여 그 유형별로 예방·대비·대응 및 복구 등의 업무를 주관하여 수행하도록 대통령령으로 정하는 관계 중앙행정기관을 말한다.

6. "긴급구조"란 재난이 발생할 우려가 현저하거나 재난이 발생하였을 때에 국민의 생명·신체 및 재산을 보호하기 위하여 긴급구조기관과 긴급구조지원기관이 하는

인명구조, 응급처치, 그 밖에 필요한 모든 긴급한 조치를 말한다.
7. “긴급구조기관”이란 소방청·소방본부 및 소방서를 말한다. 다만, 해양에서 발생한 재난의 경우에는 해양경찰청·지방해양경찰청 및 해양경찰서를 말한다.

3.2 사고(事故, Accident)의 정의

사고란『어떤 목적을 위해 일을 수행함에 있어 주어진 일의 수행에 방해가 되어 능률을 떨어뜨리는 현상』으로 다른 표현으로,『우리가 원하지 않은 어떤 현상(event)으로, 그 결과로 인해, 재해를 초래할 가능성을 가진 것』으로 정의할 수 있다. 따라서, 재해가 발생하지 않아도 어떤 형상을 보고 사고라고 말할 수 있다.

예를 들어 사고와 재해의 차이를 설명하면서 사고의 정의를 확립해 보자.

예1) 어떤 사업장에서 근로자가 많은 서류를 들고 걸어가다가 길바닥에 놓여 있는 돌에 걸려서 넘어졌다고 생각해 보자. 넘어져 땅을 짚다가 다리 또는 팔목이 골절되었다고 생각해 보자. 여기서 사고는 근로자가 걸어가다가 돌에 걸려 넘어진 것이고, 재해는 다리 또는 팔목이 골절된 것이다. 결과적으로 병원을 가야 한다.

예2) 건물을 짓는 건축현장에서 높은 곳에서 작업하는 근로자의 추락사고가 가끔 발생한다. 높은 곳에서 작업하다가 바닥으로 떨어져 사망한 것을 상상해보자. 여기서 사고는 떨어진 것이고, 재해는 근로자가 사망한 것이다. (참고로, 많은 사람들이 이런 것을 추락사고로 분류하고 있어, 사고와 재해에 혼란이 많음을 인식하자.)

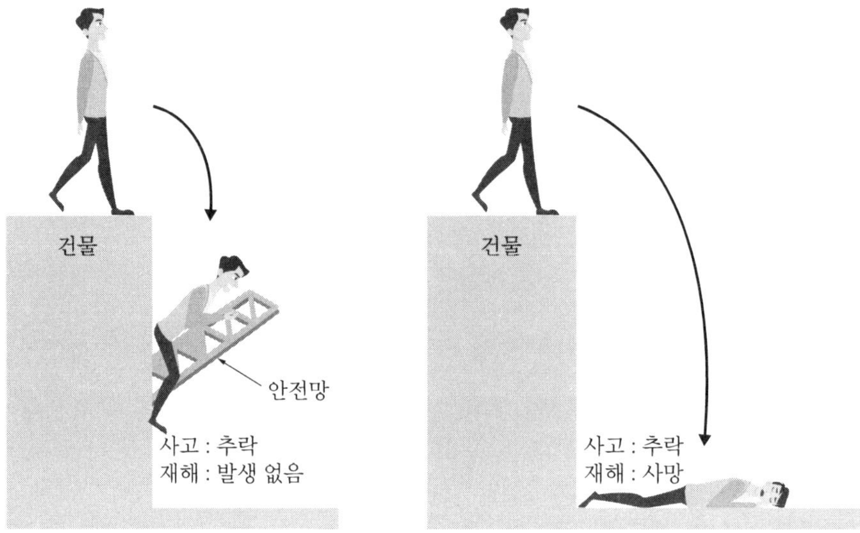

- 미국에 20세기 초반에 하인리히(Heinrich)라는 보험회사 직원이 있었다. 안전관리론에 있어 하인리히가 이루어난 업적은 매우 크다. 그중 하나는 "하인리히의 1 : 29 : 300의 법칙"이라는 것이 있다. 이것은 사고발생법칙에 의하면 1번의 큰 사고는 29번의 사고가 생기고 300번의 이상 징후가 생긴다는 것을 말한다. 다시 말해, 1회의 심각한 재해(중상)가 발생하였다면, 같은 원인으로 인해 29회의 가벼운 재해(경상)가 발생하였고, 또한 같은 성질의 무상해 사고를 300회 발생하였다는 것을 의미한다. (뒤에서 다시 학습하자.)

대형사고가 발생하기 전에 그와 관련된 수많은 경미한 사고의 징후들이 존재한다는 것을 말한다. 아차사고 등이 중요한 이유는 이러한 배경에서 나온다.

3.3 사고의 분류

사고라는 용어는 우리가 일상생활에서 자주 사용하는 단어이다. 그러다보니 일상용어에서 사용하는 사고와 안전관리론에서 사용하는 단어가 좀 다르다. 여기서는 사고를 분류하면서 그 의미를 좀 더 명확히 하자.

사고는 인전사고와 범죄로 나눌 수 있다. 안전사고란, 고의성이 전제되지 않고, 인적(人的)인 불안전한 행동(行動)과 물적(物的)인 불안전한 상태가 전제되어 발생하는 것을 말한다.

일반용어로 사건이라는 단어 또한, 사고와 비슷하게 사용된다, 하지만, 안전관리분야에서는 사건이라는 단어는 적당하지 않다. 사건이란 사회적으로 문제를 일으키거나 주목을 받을 만한 뜻밖의 일로 주로 수사, 기소, 재판 등 사법 작용의 대상이 되는 일을 뜻하는 경향이 많다.

여기서 중요한 하나를 언급해 둔다. 인위적 고의성이 없는 사고를 안전사고라고 하는 반면, 인위적으로 고의성이 전제되어 발생한 사고는 범죄(犯罪, Crime)로 정의하여야 한다. 따라서, 안전관리론에서는 언급하는 안전은 인위적으로 발생한 것은 고려하지 않는다.

그럼, 그림을 통해 사고와 안전사고와 범죄를 설명해보자. 앞서 보았듯이 사고 정의에서 사고는 안전사고와 범죄로 나뉘어진다. 이 기준은 사고가 사람의 고의적인 의도에 의해 발생했느냐 아니냐 하는 것과 함께, 그 고의가 범죄에 해당한다면, 사고라고 언급할 수 있으나, 안전사고가 발생한 것은 아니다. 따라서, 안전관리론에서 언급하는 대상, 다시 말해 산업안전보건법에서 관심을 가지는 대상이 아닌 것이다. 결론적으로 안전관리론에서 사고란 안전사고와 같은 뜻으로 사용하고 있다.

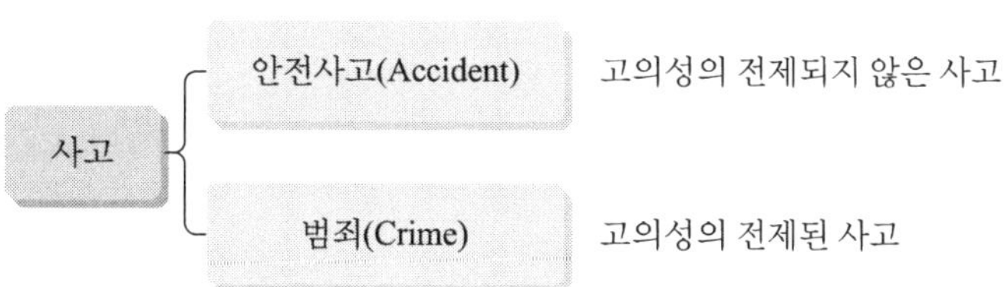

▲ 그림 **사고와 안전사고의 관계**

참고로, 공학적 의미에서의 사고는 위험요소와 피해대상(인적, 물적 대상)과의 접촉을 의미한다. 여기서 말하는 위험요소란 피해대상에 대해 재해를 발생시키는 원인이 되는 물질 및 현상을 말한다. 다시 말해 사고를 일으킬 수 있는 가능성을 가지고 있는 것을 모두 포함한다. 뒤에서 공학적 안전대책을 학습할 때 자세히 이야기하기로 하자.

3.4 위험요소의 정의

(1) 위험요소(Hazard)의 정의

안전관리론에서 위험요소란 안전관리의 대상인 재해의 원인이 되는 모든 사물(事物)이나 현상(現象)을 말한다. 위험요소와 위험원을 동의어로 사용하는 경우가 많지만, 우리는 위험요소라는 단어에 익숙해지자.

① 사물이나 현상에 의해 재산상의 일정한 손해를 일으킬 수 있는 것.
② 사람에 대하여 외부로부터의 어떤 접촉이나 호흡·흡입 등을 통하여 생명을 잃거나 부상 및 건강장해를 초래할 가능성이 있는 것.

참고로 외국에서 위험을 정의하고 있는 사례를 소개한다.

① ISO/IEC Guide 51 : circumstance in which people, property or the environment are exposed to one or more hazards(potential of harm & hazardous situation)
② 인명상해나 재산손상과 함께 환경손상 또는 이들의 복합적인 형태로 인해 재해를 일으킬 잠재성을 가지고 있는 원천이나 상태(OHSAS 18001)

한편, 위험요소를 일반 사회에서는 위험이라는 단어로 사용하는 경향이 있다. 막연한 위험인지, 사물이나 현상을 포함한 위험요소인지 대화할 때 한번쯤 의미를 생각하여 사용하기를 바란다.

(2) 위험의 본질

위험의 본질은 인적 및 물적 재해를 일으킬 수 있는 허용한계를 초과하는 에너지라고 표현할 수 있다. 위치(중량)에너지, 운동에너지, 열(압력)에너지, 전기에너지, 화학에너지, 원자력에너지와 같이 모든 에너지를 가지고 있는 물체는 위험원이 될 수 있다.

위험요소의 예를 들어본다. 기계 설비 등, 폭발 및 발화성 물질, 각종 에너지원, 추락, 협착, 토사붕괴, 미끄러짐, 돌출된 칼, 어두운 작업 환경 등이 위험요소에 해당 될 것이다.

(3) 유해(Hazard)의 정의

인간의 호흡 또는 흡입이나 미량이라도 장기간의 노출 등을 통한 신체와의 접촉을 통하여 그 결과로 생명을 상실하거나 건강상의 장해를 초래할 가능성이 있는 위험에 대해서 '유해(有害)'라는 단어를 사용한다. 영어에서는 '위험'과 '유해'를 모두 'Hazard'로 사용하고 있다.

유해의 예를 들어본다. 독성가스 및 질식, 각 종 전자파(적외선, 자외선, 레이저광선, 방사선), 인체 영향을 미치는 소음 및 진동, 눈 건강에 영향을 미치는 정밀한 공작과 계기판 감시, 무거운 질량 취급, 불량한 작업 자세 등 시간이 지남에 따라 건강에 영향을 미치는 작업 또한 유해에 해당 될 것이다. (유해에 관한 자세한 사항은 다른 교과서에 맡기고 여기서는 위험에서 발생하는 사고, 재해를 주로 학습한다.)

(4) 위험과 유해의 관계

아래 그림과 같이, 위험은 넓은 의미의 위험과 좁은 의미의 위험으로 나눌 수 있다. 넓은 의미의 위험은 외부에서부터 신체로의 접촉의 결과로 생명의 상실이나 부상을 야기할 가능성이 있는 좁은 의미의 위험과 위험원이 호흡, 흡입 등을 통하여 내부로 유입되어 신체 접촉의 결과로 생명의 상실이나 건강장해를 야기할 가능성이 있는 유해로 나누어 생각할 수 있다.

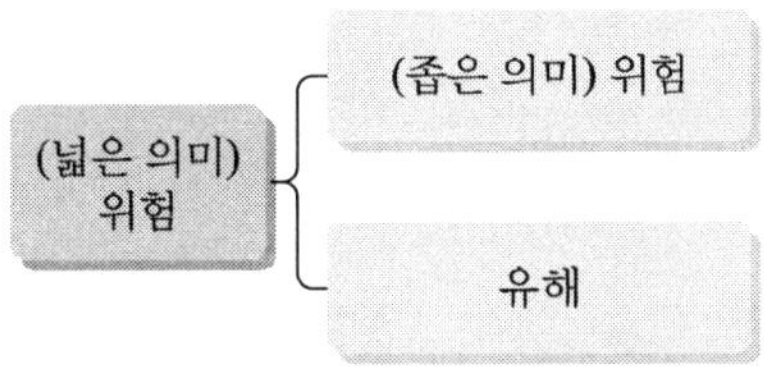

▲ 그림 위험과 유해의 관계

참고로, 위해(Harm)라는 단어는 신체적 상해, 건강 그리고 재산과 환경에 대한 손실을 말한다는 의미로도 사용된다.

- 혼돈을 막기 위해 참고로, 영어 단어도 기억해두자.
  Danger : 위험한 물질·상태, Hazard : 유해물질·상태, Risk : 위험성, Harm : 위해

3.5 위험성(Risk)의 정의

Risk는 재해 발생 정도를 추정하는 용어이다. 본 교재에서는 위험성이라고 표현한다. (안전 분야 전문가들은 일반적으로 외래어인 『리스크』라는 단어를 사용하고 있으나, 본 교재는 학생 이해도를 높이기 위해 위험성이라고 표현한다.)

위험성은 사고를 일으킬 수 있는 가능성(빈도)과 재해로 인하여 발생한 결과로 인해 예상되는 피해의 정도를 나타내는 중대도(강도)의 두 가지 변수에 의해 결정된다.

일반적으로 위험성은 가능성과 중대도의 곱으로 표현된다. 따라서, 위험성이 크다는

것은 '위험에 의해 재해가 발생할 가능성이 크다'는 것을 의미할 수 있으며, 그것이 아니면, '피해정도가 매우 커서, 심각한 재해가 발생할 가능성이 있다'는 것을 의미한다. 물론, 두 가지가 모두 큰 것을 의미할 수 있다. 동일한 위험요소라도 위험의 상태에 따라 위험성이 큰 경우도 있고 위험성이 작은 경우도 있다.

최근에는 리스크의 정의가 빈도와 강도로 표현하던 것을 불확실성으로 표현하고 있다. 리스크의 정의는 특정 목적에 영향을 주는 긍정 또는 부정적인 상황의 발생 기회에 대한 불확실성을 말한다. (리스크관리의 용어 정의에 관한 지침, KOSHA GUIDE X-1-2014)

국제적으로는 다음과 같이 정의되기로 한다.

effect of uncertainty on objectives (ISO 31000, 2018)

리스크의 개념 확립

리스크는 어떤 현상으로 인해 발생하는 영향의 불확실함을 검토하는 방법으로 우리 사회생활에서 여러 경우에 활용될 수 있다. 우리는 어떤 정보를 근거로 판단을 해야 할 때, 많은 검토를 하게 된다. 이때 리스크는 영향을 주는 것과 영향을 받은 것과의 관계까지 검토해야 한다. 리스크 분석에는 쌍방의 이해가 필요하지만, 이 두 개를 분석하기 위해 필요한 지식 또는 기술에는 차이가 있다.

따라서, 사회의 변화는 영향을 주는 것과 영향을 받는 것의 쌍방을 변화시키므로, 리스크를 평가할 때 기술의 변화, 사회 또는 산업의 변화, 그리고, 대상이 되는 리스크 가치관 및 리스크 기준의 변화를 고려해야 한다. 우리가 나가야 할 리스크 분석도 이런 쌍방의 변화를 반영하기 위한 수법으로 발전되어 나가야 할 것이다.

3.6 안전(安全, safety) 및 안전관리의 정의

(1) 안전

과거에는 안전이란 재해를 초래하는 사고가 발생할 수 있는 가능성이 없는 것을 안전이라 정의할 수 있었다. 다른 말로는 재해가 발생할 수 있는 위험으로부터 완전히 자유로운 상태라는 표현도 자주 사용되었다(Freedom from Hazards).

최근 국제적인 정의로는 다음과 같다.

안전은 수용할 수 없는 재해 위험성으로부터 자유로운 상태를 말한다(Freedom from unacceptable risk, ISO/IEC Guide 51).

국내의 정의와 국제적인 정의에 차이가 있음을 의미해보기를 바란다. 국내에서는 절대적인 안전을 의미하며, 국제사회에서는 위험하더라도 받아들일 수 있는 위험이라면 안전이라고 표현할 수 있음을 의미한다.

일상생활에서 자주 사용되고 있는 안전이라는 용어가 마치 안전관리를 의미하는 경우도 있다. 하지만, 안전을 공분한 분이라면 안전의 용어 정의를 가급적 정확히 인식하고 사용해야 할 것이다.

안전이라는 단어를 명확히 정의하지 않은 상황에서 사람들과 대화를 하다보면 큰 난관을 맞이하게 된다. 일반적으로 넓은 의미로 사용하고 있는 단어와 안전공학에서 사용하는 단어에는 명확하게 차이가 있다.

가끔 사람들에게 물어본다. "안전이라는 것이 무엇입니까?", "무슨 뜻이라고 생각하십니까?"라고 질문하면, 당황스러워하는 사람이 많다.

국어대사전을 찾아보면, 『위험이 생기거나 사고가 날 염려가 없음. 또는 그런 상태』로 되어 있다. 타당한 표현이다. 하지만, 많은 사람들이 사전의 표현을 다르게 해석하고 있는 경우가 많은 것 같다. 『염려가 없음』을 해석할 때, 위험의 반대의 뜻으로 이해하여, 『위험하지 않음』, 『손실 또는 손상이 없음』으로 받아들이고 있는 경우가 많다.

원래는 『염려가 없는 것』이라는 뜻이 『없는 것』, 『절대적으로 없는 것』, 『전혀 없는 것』으로 해석되는 순간, 안전의 본래 의미와는 다른 뜻으로 변질되어, 현장에서 실시하는 안전관리의 실천방향이 좋지 않은 방향으로 진행되기도 한다.

다시 한 번, "안전이 무엇인가?" 안전의 정의를 쉽게 답하기가 어렵다. 『위험요소』는 하나하나 지적하면서 "이것이 위험이다"라고 말할 수 있는 것에 비해, 『안전』은 어떠한 위험도 존재하지 않는다는 부정형으로 표현할 수밖에 없다. 안전을 구체적으로 지정할 수 없기 때문에, 일반인에게는 매우 어려운 개념이 되어 버린다.

안전은 『인간으로의 위험 또는 손상의 위험성이 허용 가능한 수준 이하에 머물러 있는 상태』이며, 여기서 『허용 가능한 수준』이란 『허용가능하지 않은 리스크가 없는 것』, 『받아들일 수 없는 리스크로 부터 자유로운 상태』라는 뜻으로 이해해야 한다.

여기서 중요한 개념으로 『리스크』와 『허용가능』이라는 두 개의 단어가 나타났다. 리스크라는 단어는 한국어로는 정확히 일치하는 단어가 없음도 불구하고, 번역시 '위험'으로 바뀌게 되면서, 다른 개념으로 이해되는 경우가 많다.

위험에 해당하는 영어는 risk 외에도 danger, hazard, peril 등이 있다. 위험에도 여러 가지 위험이 존재함을 할 수 있다.

아직까지도 안전이라고 하면 일절 위험이 존재하지 않는다는 절대적 안전을 생각하는 사람이 많다. 어떠한 것도 절대적인 안전은 존재하지 않는다. 사회적으로 큰 재난이 발생할 때마다, 안전과 리스크에 대한 이해 부족으로 인해, 단지 막연히 불안감을 느끼는 경향이 있다. 특히, TV, 라디오, SNS 등을 통해, 우리의 눈과 귀에 자주 과격적인 표현을 접하게 되어, 지나친 불안을 불러일으키는 사례도 종종 발생한다. 안전이라는 단어의 오해가 없도록, 리스크의 개념이 하루 빨리 우리사회에 정착되어야 할 것이다.

(2) 안전공학(Safety Engineering)과 안전관리(Safety Management)

안전공학은 안전관리의 중추적인 역할을 한다. 안전을 실현하는데 필요한 공학으로 정의할 수 있다. 안전공학은 합리적이고, 경제성이 있는 안전기술을 발굴하여, 산업현장에 적용하는 학문적인 배경을 가진다.

다시 말해, 안전공학은 물리, 화학, 경영, 사회 등 모든 학문적인 배경을 가지고 산업현장에서 발생하는 사고를 방지하는 안전관리와의 연결이라 할 수 있을 것이다.

안전관리는 앞에서 언급한 것처럼, 재해를 예방한다는 근본 목적을 위하여, 높은 안전성을 확보하기 위해 실천하는 관리적인 모든 노력을 의미한다. 따라서, 사업장 안전관리란, '사업장에서 발생하는 재해(사업장재해)를 예방하기 위해 사업장 안전을 실현하기 위한 관리적인 모든 노력'을 말한다. 산업안전관리는 산업안전을 실현하기 위한 관리적인 모든 노력이 될 것이다.

관리적인 노력으로는 사고방지의 5단계(안전관리의 5원칙) 및 4M의 원칙(대책선정의 원칙) 등이 안전관리의 주요 원칙이 될 것이다.

3.7 위생 및 보건 관리

위생(衛生)이란 건강을 유지하기 위해 그런 조건을 갖추는 것을 말하며, 위생관리란 그러한 관리적인 모든 것을 말한다. 다시 말해, 인간의 건강을 유지하기 위해 예방의 차원에서 유해원을 통제 및 관리하는 것을 위생관리라고 한다.

보건(保健)이란 병의 예방 및 치료로 인해 사람의 건강과 생명을 보호하는 것을 말하며 보건관리는 그러한 관리적인 모든 것을 말한다. 건강 보호를 위해서는 인간과 외부 유해원과의 차단을 위한 관리뿐만 아니라 내부 침투 후를 대비하여 건강진단을 포함한 의료 등에 관한 전반적인 관리가 필요하다. 이런 사항들을 포함하는 포괄적인 건강관리에 대해서는 보건관리라는 단어가 사용된다.

일반적으로 우리는 막연히 보건관리라는 단어를 사용하는 경향이 있다. 하지만, 엄밀하게 건강관리를 위해 질병방지에서 신체 외부의 유해원을 관리하는 것에 대해서는 위생관리라고 하는 것이 정확한 표현일 것이다. (코로나19로 인해 손 씻기, 마스크 착용 및 거리두기를 강조하는 것은 보건관리가 아니라, 위생관리라고 하는 것이 적당할 것이다.)

- 사업장에서의 안전보건관리 분야에서는 이런 보건관리를 산업보건관리 또는 산업위생관리라는 단어를 혼용하여 사용하고 있다. 참고로, 우리나라의 '산업안전보건법'에 해당하는 법률은 노동자의 안전을 대상으로 하고 있으며, 일본에서는 '노동안전위생법'이라는 단어를 사용하고 있다.

따라서 보건관리나 위생관리 둘 다 아래 그림에서 나타내는 바와 같이 **유해**를 관리하여 사람의 건강을 보호하는 것을 의미할 수 있다.

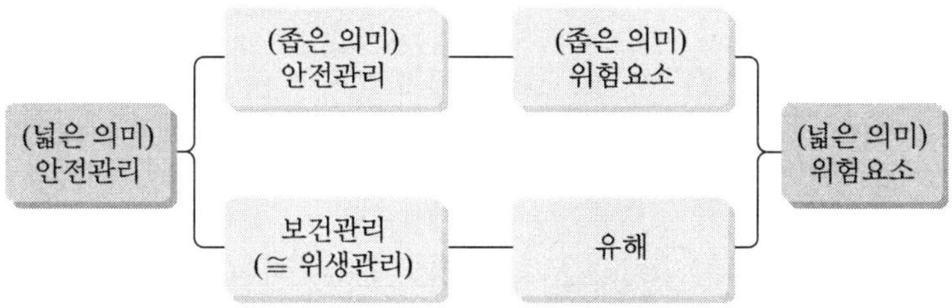

▲ 그림 **안전관리와 보건관리의 관계**

그림에서 보는 바와 같이, 넓은 의미의 안전관리는 좁은 의미의 안전관리와 보건관리로 나눌 수 있다. 좁은 의미의 안전관리는 좁은 의미의 위험요소를 관리하는 것을 뜻하며, 보건관리는 유해원을 관리하는 것을 뜻한다. 앞에서 학습한 것과 같이 넓은 의미의 위험요소는 좁은 의미의 위험과 유해로 나눌 수 있다.

다시 한 번 확인하자. 일반적으로, 보건관리라고 언급할 때는 유해원에 대한 관리만이 아니라 건강진단과 같은 의료 등에 관한 사항이 포함되는 것을 말한다.

위험과 유해에서 언급한 것처럼, 본 학습과정에서는 유해를 주 대상으로 하지 않고 있듯이, 본 학습과정에서도 보건을 주 대상으로 학습하지 않는다. 하지만, 단어의 정의를 명확히 이해하고 있어야 산업현장에서 의사소통에 혼란이 일어나지 않을 수 있다.

- 학습한 것처럼, 안전관리는 좁은 의미의 안전관리와 보건관리를 모두를 포함하는 넓은 의미의 안전관리를 의미한다. 하지만, 일반적으로 사업장 현장에서는 산업안전보건관리라는 용어가 많이 사용된다. 이것은 위험요소와 유해를 모두 관리한다는 것을 뜻하며, 만일에 유해관리에 대하여 특별히 강조할 필요가 있을 때에는 보건관리라는 용어만 별도로 사용하고 있다.

- 위생관리는 사고를 방지에 해당할 것이며, 보건관리는 재해예방이라는 단어와 그 뜻이 서로 상통할 것이다.

04 안전관리의 법칙들

4.1 하인리히의 도미노 이론

(1) 하인리히의 안전관리

① 하인리히(H. W. Heinrich)의 도미노 이론

하인리히는 재해발생과정에 있어서 도미노와 같은 현상이 발생하다고 주장하였다. 다섯 가지의 도미노를 세워 놓고, 하나가 넘어지면 연쇄적으로 다른 것들도 넘어간다는 것이다. 사고발생은 사회적 환경과 유전적 요소에 의해 시작된다고 언급하였다. 그로 인해 개인적인 결함, 불안전한 행동과 불안전한 상태, 사고발생, 재해발생으로 이어진다는 도미노 이론을 주장하였다.

② 사고방지의 원리(the Principles of Accident Prevention)

한마디로 말하면, 도미노 이론에서 재해가 발생하지 않기 위해 그 전에 도미노가 넘어지지 않게 해야 하는데, 그러기 위해서는 특히 중간의 불안전한 상태·행동의 도미노가 넘어지지 않도록 노력해야 한다는 것이다. 쉽게 말하자면, 재해는 사고로부터 발생하기 때문에, 사고를 방지함으로써, 안전관리의 목적인 재해를 예방한다는 것이 사고방지의 기본 원리이다. 이런 생각은 하인리히에 의해 처음으로 언급되었고, 현재 안전관리의 일반적인 기본 개념으로 자리를 잡았다. 재해예방이 아니라 사고방지의 중요성도 여기서부터 출발한다.

사고방지(事故防止)의 원리란 도미노 이론에서 어느 하나의 것을 제거하면 재해가 발생하지 않는다는 것이다. 그중에 무엇을 넘어지지 않고 지키고 있는지 그림을 잘 살펴보자.

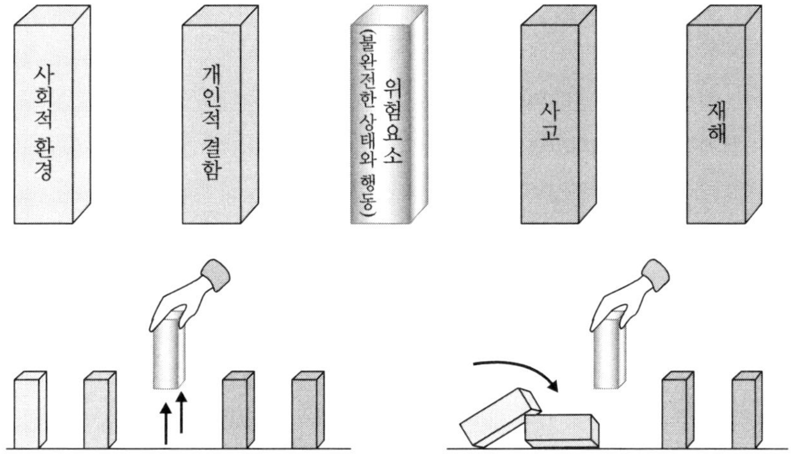

▲ 그림 Heinrich의 Domino 이론

(2) 안전관리의 접근방법

안전관리는 위험을 통제(Hazard Control)하는 것이다. 그 순서를 그림과 같이 나타낸다. 이런 흐름을 가지고, 사고를 방지하여 재해를 예방한다는 것이 안전관리의 기본 개념이다.

도미노 이론에서 언급한 것처럼, 사고방지의 원리는 그림과 같이, 위험요소로부터 사고가 발생하고, 사고에 의해 재해가 발생한다는 것을 근거로, 위험요소의 통제, 다시 말해 위험요소의 제거와 통제를 안전관리의 기본 접근방법으로 생각하고 있다.

위험을 통제하기 위해 사고의 직접적인 원인이 되는 물적인 불안전한 상태와 인적인 불안전한 행동을 재해가 발생하기 이전에 발견하여 제거하는 형태로 전개한다.

재해예방의 목적을 현실적으로 한마디로 말하면, 위험을 통제함으로써, 위험성을 최소화(Risk Minimization)한다는 것이다. 완벽한 위험성 제거는 있을 수 없기 때문이다. 우리 현실에 가능한 대책은 위험성의 최소화이다.

나중에 배울 위험성 평가에서의 위험성이란 재해를 일으킬 가능성(빈도)과 재해로 인해 발생되는 결과의 중대도(강도)의 두 가지 변수에 의해 결정된다.

▲ 그림 안전관리의 접근방법

(3) 사고방지의 5단계(안전관리의 5단계)

하인리히의 사고방지 5단계(안전관리의 5단계라고도 한다.)를 그림으로 나타낸다. 산업현장에서 사고를 방지하기 위해서는 먼저, 안전 활동을 위한 조직을 구성하여야 한다. 구성된 조직에 의해 현장을 점검하는 등 안전점검을 하여 어떠한 현상이 발생하고 있는 가를 확인한다. 발생된 현상은 그것이 위험한 상태에 있는지를 분석해야 하며, 분석된 결과 위험하다고 판단이 된다면, 그에 따른 대책을 고민하여 선택하여야 한다. 선택된 대책은 반드시 적용되어야 한다. 이런 활동을 수행함에 있어 각 구성원의 작업장에 대한 의식(예를 들어 마음가짐 또는 마인드), 능력(숙련된 작업능력), 지식(학문적인 지식)에 대하여 높은 레벨이 필요하다. (마음가짐, 경험, 지식이라고 표현할 수도 있을 것이다.)

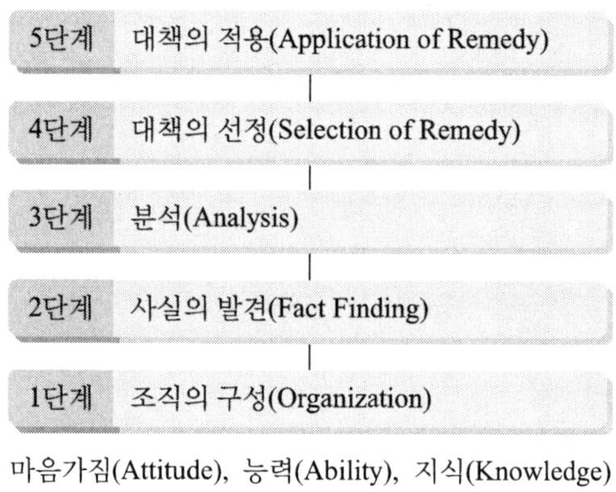

▲ 그림 사고방지의 5단계

(4) 안전대책

안전대책이란, 예방대책인 사고방지대책과 함께, 사고발생 후 피해 확대를 억제하기 위한 재해국한대책을 포함하여 말한다. 예전에는 3E의 원칙에 의거하여 안전대책을 수립하여 왔다. 3E란, 공학(Engineering), 교육(Education), 규제(Enforcement)에 의한 대책을 말한다. 최근에는 인간공학을 중점을 두어, '4M의 원칙'이라고 한다. 4M이란, 인간(Man), 설비(Machine), 작업(Media), 관리(Management)에 의한 대책을 통하여 위험을 통제하고 있다.

사고방지대책은 사고가능성(Probability)을 낮추는 역할을 하고 있으며, 재해국한대책은 예상피해정도(Severity)를 낮추는 역할을 한다.

어떠한 경우라도 안전대책의 적용함에 있어 대원칙은 사고방지대책의 적용을 우선으로 하며, 남아 있는 사고가능성을 대비하여, 재해국한대책을 강구하는 것도 필수적으로 동반하여야 하는 것이다.

재해발생의 기본원인 (4M)

1. 인간적 요인(Man Factor)
- 심리적 원인 : 망각, 고민, 집착, 착오, 억측판단, 생략행위
- 생리적 원인 : 피로, 수면부족, 음주, 고령, 신체기능 저하
- 직장 내 원인 : 직장의 인간관계, 리더십 부족, 대화부족, 팀워크 결여

2. 설비적 요인(Machine Factor)
- 기계설비의 설계상 결함(안전개념 미흡)
- 방호장치의 불량(인간공학적 배려 부족)
- 표준화 미흡
- 정비·점검 미흡

3. 작업적 요인(Media Factor)
- 작업정보의 부적절
- 작업자세, 작업방법의 부적절, 작업동작의 결함
- 작업공간 부족, 작업환경 부적합

4. 관리적 요인(Management Factor)
- 관리 조직의 결함
- 규정, 매뉴얼, 미비치·불철저
- 교육·훈련 부족
- 적성배치 불충분, 건강관리의 불량
- 부하 직원에 대한 지도·감독 결여

공학적 대책에 대하여 나중에 자세히 논하겠지만, 크게는 직접적인 안전대책과 간접적인 안전대책으로 나눌 수 있다.

① 직접적인 안전대책 : 근원적 대책, 방호적 대책, 보호적 대책
② 간접적인 안전대책 : 표시적인 대책으로 구분된다.

또한 각 대책은 예를 들어 다음과 같다.

① 근원적인 안전대책 : 위험제거 또는 대체, 근원적 안전설계
② 방호적인 안전대책 : 위험통제, 방호장치 또는 안전장치 설치
③ 보호적인 안전대책 : 피해대상 보호, 보호장치 설치 또는 안전보호장구 착용
④ 표시적인 안전대책 : 안전표지판의 설치 등 사람에게 위험을 알려주어 자기방어본능에 의해 실수를 억제하고 위험을 피하게 함.

관리적 대책으로는 점검·감독 대책, 안전문화 및 안전실천에 관한 활동 등이 있으며, 교육적 대책으로는 교육과 반복 훈련 및 대내외적인 홍보 활동을 하는 모든 활동이 대책에 포함될 수 있다.

4.2 하인리히의 3대 법칙

(1) 하인리히의 300대 29대 1의 법칙

하인리히의 가장 유명한 법칙이다. 하인리히가 1929년의 "The Foundations of a Major Injury"의 제목으로 논문에 발표하였다. 하인리히는 보험회사에서 근무하고 있었기에 재해가 발생한 많은 사업장을 방문하여 조사하게 되었다. 약 5000건의 재해를 조사하던 중 신기한 현상을 발견하게 되었다. 그것은 손상을 동반한 재해를 조사해보면, 손상을 동반하지 않은 사고가 많이 발생하고 있었다는 것이다. 어떤 사업장에서 우리가 원하지 않은 현상이 330건 발생하였다면, 그중 300건의 무상해 재해가 발생하고, 29건의 가벼운 인적 재해가 발생하며, 1건 정도가 보고가 필요로 하는 중대한 재해가 발생하는 것이었다. 이런 1건의 중대한 재해가 발생했다는 것은 아마도 보이지 않는 수천 건에 달하는 불안전한 행동 불안전한 상태가 존재하고 있었을 것이다.

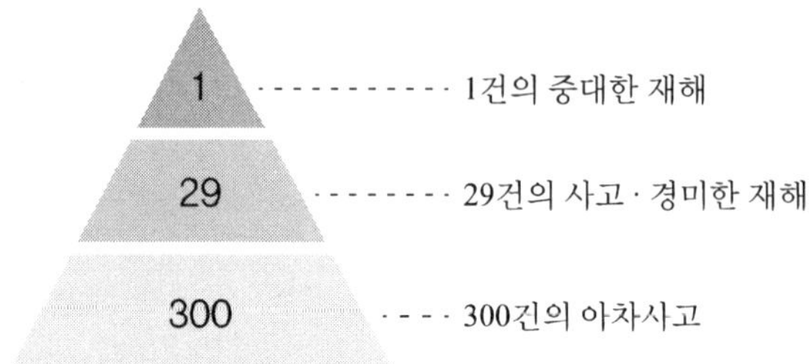

▲ 그림 하인리히의 300대 29대 1의 법칙

재해 발생의 현상을 과학 법칙과 같이 수치화함으로써, 안전관리에 큰 도움이 된 법칙이다. 중대한 재해가 발생하였을 때 그 대책을 마련하는 것은 너무 늦은 대응이다. 300건의 아차사고가 발생하였다면, 지난 시간동안 중대재해가 발생하여도 이상하지 않았다는 것을 의미하며, 다른 말로는 중대한 재해가 발생할 때가 되었다는 것을 의미한다.

단, 이런 300 : 29 : 1의 법칙에 숫자에 너무 연연해하지는 말자. Bird는 near miss, 물적 재해, 응급처리재해, 경상재해, 중대재해로 400 : 80 : 50 : 3 : 1을 제안하기도 했으며, 영국 보험회사에서는 이것을 400 : 80 : 50 : 3 : 1을 주장하기도 하였다. 이러한 정량적인 숫자는 산업 분야에 따라 문화에 따라 얼마든지 변할 수 있음을 염두에 두자.

(2) 하인리히의 88대 10대 2의 법칙

하인리히는 1926년에 논문 "Acts of God"을 발표하였다. 98%의 사고는 피할 수 있는 사고라는 것이다. 88%의 사고는 인간의 불안전한 행동에 기인하고, 10%는 불안전한 기계나 신체 상태에 기인한다는 것이다. 오직 2%만이 "Acts of God"으로써 피할 수 없는 사고였다는 것이다. 이것을 88 : 10 : 2의 법칙이라고 한다.

하인리히는 적절한 안전대책을 강구한다면 노동재해율이 감소할 수 있음을 나타내며, 근로자 및 사업주의 안전에 대한 관심이 얼마나 중요한지를 숫자로 가시화하였다.

(3) 하인리히의 4대 1의 법칙

하인리히는 1926년에 "Incidental cost of Accidents to the Employer(Rule of Four)라는 논문도 발표하였다. 보험회사가 보유하고 있던 약 1만 건의 사고사례에 근거하여, 회사가 근로자에게 보상하는 코스트(cost)보다 회사가 근로자가 아닌 다른 여러 가지 상황으로 인해 지불되어야 하는 코스트가 4배나 더 든다는 것이다. 자세한 내용은 다음 장에서 자세히 학습하기로 하자.

하인리히의 주장은 산업재해의 코스트가 얼마나 큰가를 숫자로 표현함으로써, 안전은 단순히 인간존중에 따른 문제만이 아니라, 경영에 거대한 코스트가 발생한다는 것을 경영진에게 쉽게 전달하기 위함이라 생각된다. 사업주에게 안전에 관한 관심도를 높이는 동기부여가 되었다.

(4) 하인리히 소개

하인리히는 30대 초반에 보험회사에 입사하여, 10년 넘게 보상업무를 접하면서, 산업재해가 발생한 현장을 많이 방문하게 되었으며, 경험을 살려, 안전관리론의 중심이 되는 여러 법칙을 발견하였다. 이러한 결과물들이 현재 안관관리론의 중축이 되는 학문을 이루고 있다.

년도	내용
1736	신대륙 최초 화재보험회사설립
1864	트레블러스 보험사(Travelers Insurance Company) 설립
1867	보일러 보험조사 사업개시
1881	하인리히 탄생
1885	사업자책임법 성립
1886	최초 노동재해보상책임보험 계약
1887	매사추세츠주 사업주 책임법 성립
1891	최초 엘리베이터 배상책임 보험
1898	최초 자동차 손해배상 보험
1912	전미 산업안전회의 (현재 NSC)
1913	하인리히 보험사(Travelers Insurance Company) 입사
1916	최초 안전 팸플릿 발간 (NSC)

년도	내용
1921	미국 모든 주에서 노동재해보상법
1926	4대 1의 법칙 “Incidental cost of Accidents to the Employer”
1928	88대 10대 2의 법칙 “The Origins of Accidents”
1929	300대 29대 1의 법칙 “The Foundations of a Major Injury”
1931	“산업재해방지론” 초판
1941	“산업재해방지론” 제2판
1950	“산업재해방지론” 제3판
1959	“산업재해방지론” 제4판
1962	하인리히 사망
1971	노동위생안전법 (OHSA) 설립
1980	“산업재해방지론” 제5판

▲ 그림 **하인리히의 역사**

하인리히의 학문을 이어받은 제자에 의해 총결집으로 1980년 “Industrial Accident Prevention”이라는 책으로 출판되어 안전관리론이 하나의 학문으로 세상에 알려지기 시작하였다. 이 책이 1982년에 일본에서 “산업재해방지론”이라는 일본어 번역본으로 출판되었고, 한국에서는 1990년 “산업재해방지론”이라는 한국어 번역본이 출판되었다.

원래는 영어의 “Industrial Accident Prevention”이 “산업사고방지론”으로 번역되어야하는데, 번역과정에서, “사고방지”가 “재해방지”가 되어, 사고, 재해, 사고방지, 재해예방이라는 단어가 사회에 잘못 전파되고 있다.

사고는 방지하는 것이고, 재해는 예방해야 함을 꼭 기억해 두자.

재해예방(災害豫防)과 사고방지(事故防止)

재해는 예방하고 사고는 방지하는 것으로 통일하자. 우리나라의 안전관리는 일본에서 도입되어 들어와 많은 부분이 일본어를 단순 번역하여 사용하는 경향이 아직도 많이 남아 있다.

- 안전공학의 시발점은 하인리히의 "Industrial Accident Prevention"(1980)에서 시작이 되었다고 하여도 과언이 아니다. 이 책이 1982년에 "産業災害防止論"이라는 제목으로 번역되어 우리나라에서는 1990년에 동일한 제목으로 "産業災害防止論"으로 번역본이 출판되었다. 따라서, 많은 교과서에서 재해를 방지한다는 표현이 등장하게 되었다. Accident는 사고이며, 재해가 아니다. 따라서, 번역은 "산업사고방지"로 되었어야 했다. 이런 초반의 잘못이 수정되지 못한 체 지금까지도 많은 교과서에서 사용되고 있다. "Industrial Accident Prevention"을 읽어보면, 하인리히가 얼마나, 재해를 예방해서는 안 되고 사고를 방지해야 하는지를 열심히 주장하고 있는지 이해할 수 있다.
- 따라서, 앞으로 "재해방지"라는 단어는 가급적 피하고 "재해예방"으로 통일하자(예를 들어, 추락재해방지는 추락사고방지로). 만약, '추락재해예방'이라는 단어를 사용하고 싶다면, '추락사고에 의해 발생하는 재해의 예방'이라는 의미로 사용하는 것은 가능하다(감전재해예방 및 협착재해예방 등도 같다.).
- 참고로, 일본에서는 Accident Prevention(사고방지)라는 개념을 '재해방지(災害防止)'라는 용어로 표현하고 있으나, 일본의 안전관리를 조사해보면, 일본어의 재해방지라는 단어는 실제로는 사고방지의 의미로 사용되고 있다.

※ 표준국어대사전

- 예방 : 질병이나 재해 따위가 일어나기 전에 미리 대처하여 막는 일
- 방지 : 어떤 일이나 현상이 일어나지 못하게 막음.

05 안전관리 주체와 대상

5.1 안전관리 주체

(1) 안전관리에 관한 국가의 의무

대한민국 헌법을 보면, 정부는 여러 위험으로부터 국민(공무원 포함을 포함하는 모

든 인간)의 생명, 건강 그리고, 개인의 재산 및 국가의 재산을 보호하여야 하는 책임과 함께 의무가 있다.

- 대한민국헌법 제34조 제6항 : 국가는 재해를 예방하고 그 위험으로부터 국민을 보호하기 위해 노력하여야 한다.
- 대한민국헌법 제36조 제3항 : 모든 국민은 보건에 관하여 국가의 보호를 받는다.

안전관리의 근본 출발점은 이상의 헌법에 의해 대한민국의 모든 국민의 안녕에 대해 국가가 책임을 진다는 것을 의미한다. 우리가 아침에 일어나 하루를 마치고 집에 들어와 잠자리에 있는 모든 시간에 대해 안녕하도록 국가는 끝없이 노력해야 한다는 것이다.

(2) 사업시행 주체로서 정부의 의무

정부가 해당 사업의 주체가 되는 경우에는 일반 사업장에서 안전보건관리에 대한 사업주의 의무를 가지는 것처럼 정부도 동일하게 가진다. (공공기관에 의해 발주된 공사에 대해서도 해당 공공기관도 안전보건관리에 있어서는 사업주와 동일한 의무를 가진다.)

(3) 사업주의 의무

사업주는 사업장이 소유하고 있는 위험원(물질, 시설 또는 작업)으로부터 소속되어 있는 근로자의 생명과 건강만이 아니라, 공공장소 및 국가의 재산에 대하여 방해가 될 수 있는 사고(=원하지 않는 상태)가 발생하지 않도록 법을 지켜야 함과 동시에 자체적 노력을 하여야 한다는 의무를 가진다. 반복한다. 자체적 노력이 의무인 것이다.

앞에서 국가는 모든 국민이 안녕하도록 할 의무를 가짐을 확인하였다. 하지만, 사업장을 생각해 볼 때, 사업장은 여러 가지 위험물과 위험작업이 존재한다. 따라서, 일반적이지 않은 물질, 작업에까지 국가가 일일이 간섭하여 안전을 확보하기가 어렵다. 그러므로, 사업장의 특성을 제일 잘 알고 있는 사업주에게 국가가 사업장의 안전에 관한 책임을 맡기게 되었다. 이런 책임을 포함하여 국가는 사업장 허가를 내주는 것이다.

(4) 근로자의 의무

모든 근로자는 법상에서 정하고 있는 재해를 예방하기 위한 안전보건기준을 반드시 준수해야 한다. 따라서, 근로자는 사업주 및 각종 기관(단체)에서 실시하는 사업장에 있어서, 재해를 예방하기 위한 조치(안전관리에 관한 사항)에 반드시 따라야 하는 의무를 가진다. 더 나가서는 근로자의 협조 없이는 안전을 확보하는 것이 불가능함을 뜻한다.

따라서 근로자가 사업주가 실행하는 안전관리에 관한 기준 및 사항을 어김으로써 발생하는 재해는 사업주가 책임을 지지 않으며, 근로자 본인이 책임을 지게 된다.

(5) 국민의 의무

국가가 여러 법 또는 규칙으로 정하고 있는 재해를 예방하기 위한 안전보건기준에 대한 사항을 모든 국민은 반드시 따라야 한다. 또한, 정부기관 및 기관(단체)에서 실시하는 재해를 예방하기 위한 조치에 따라야 하는 의무 또한 가진다. 일반 국민에 대해서도 안전에 관한 의무가 존재한다는 것을 잊지 말자.

만약, 국가의 명령을 어김으로써 발생하는 재해는 국가가 책임지지 않고 본인이 진다. 재해보상에 관한 사항만이 아니라, 과태료 등 처벌도 동반하는 경우도 있다.

5.2 안전관리의 대상

국가의 의무인 국민의 건강과 생명에 대한 보호는 크게 두 가지로 나누어진다. 하나는 사업장(事業場) 안전보건관리에 관한 분야이며, 다른 하나는 사업장 이외의 범위인 공중(公衆) 안전보건관리에 관한 분야로 나누어 적용할 수 있다.

국민의 건강에 대한 보호는 크게 국가 보건관리의 차원에서 접근하는 두 가지 분야로 나누어진다. 하나는 '공중보건관리' 분야이며, 다른 하나는 사업장 근로자에 대하여 건강을 보호하는 목적인 '사업장보건관리' 분야로 나누어진다.

▼ 표 **안전보건관리의 보호대상과 적용범위**

<table>
<tr><th>발생원인</th><th>사업장 내의
작업, 시설 및 물질</th><th>사업장 밖의
시설에 대한 물질·제품</th><th>보건에 해당되는
식품, 질병, 환경</th></tr>
<tr><td>보호대상</td><td>사업장 내 근로자의
생명 및 건강</td><td>공중 인명의
생명 및 건강</td><td>공중 인명의
생명</td></tr>
<tr><td rowspan="2">안전관리대상</td><td rowspan="2">사업장 내 근로자 및
시설의 안전보건관리</td><td>공중의 안전관리</td><td>공중의 보건관리</td></tr>
<tr><td colspan="2">사업장외 안전보건관리</td></tr>
</table>

(1) 사업장(事業場) 안전보건관리(Occupational Safety & Health Management)

사업장의 안전보건관리는 사업주가 책임을 지고 실시하도록 되어 있다. (하지만, 실제로는 그 아래의 담당자가 실시함.) 이런 안전보건관리를 실시함에 있어 그 대상이 어디까지인지 명확히 인식해야 한다.

대상은 사업장 소속인 근로자이며, 사업장 내에 업무가 존재하여 사업장을 출입하는 사람을 모두 포함한다. 그 대상자의 건강과 생명을 보호할 의무를 사업주는 책임져야 한다.

참고로, 사업장이 공적인 기관(시청, 구청 등)이라면, 정부와 공공기관에 근무하는 공무원 및 출입하는 관계인에 대해서도 안전보건관리에 대한 책임이 해당 기관의 사업주(예; 기관장)에 있다.

여기서 중요한 것은, 피해를 입는 대상이 공중의 인명이나 재산이라고 하더라도 사업장 내에서 발생한 재해인 경우에는 비록 사업장 내에서 발생한 사고로 인해 재해가 공중에 영향을 미칠 수 있다. 따라서, 이러한 외부에 영향을 미치는 경우에는 외부 공중도 사업장의 안전보건관리 보호대상에 포함된다. 다시 말해, 재해의 원인이 사업장 안에서 발생하였다면, 재해의 발생이 사업장 외부라고 하더라도 산업안전보건법상 사업주의 책임이 된다는 것을 의미한다.

회사에 출퇴근할 때 발생하는 교통사고로 인한 재해도 산재보상을 받는다. 사업장 안전보건관리의 사업장이란 업무에 간련된 모든 것을 포함한다.

(2) 공중(公衆) 안전관리(Public Safety Management)

사업장 소속의 근로자만이 보호받는 것이 아니다. 길을 걸어가고 있어도, 자동차를 타고 있어도, 안전보건관리를 받는다. 그 책임은 국가이다. 사업장 외부의 공중에 대해서도 국가는 일반 국민의 생명을 보호하는 대상이 된다.

각 지자체에서는 시민안전보험에 가입되어 있는 사례가 늘어나고 있다. 각자 자신이 속한 지자체에 한번쯤 확인해 보자.

5.3 국가와 국민의 재산

앞에서 하인리히에 대하여 학습하였다. 하인리히는 안전관리는 보험업을 실시하면서 많은 법칙을 발견하였으며, 보험이 안전관리에 큰 도움이 된다는 것을 설명하였다.

따라서, 안전관리는 사업장과 공중에 관계없이 일반 국민의 재산과 생명의 보호는 민간보험에 의한 보상이 이루어져야 할 것이며, 이는 자율적 안전관리 실시에 의해 해결하는 것을 원칙으로 한다. 만약, 국가의 재산 및 공익을 위한 주요시설에 대해서는 국가가 직접 책임을 지겠지만, 그 외는 일반 보험으로 안전관리를 진행해야 한다고 하인리히는 주장하고 있다.

국가 재산인 경우에는 정부가 설계, 시공 및 유지관리 등에 있어서 각 부분에서 자체적으로 안전관리체계 구축함으로써 보호하여야 하고, 재해의 결과는 안전관리의 의무를 가지는 정부가 스스로 책임을 지는 것이 원칙이다. 따라서, 원자력발전소 등의 가스공급시설 등의 안전관리는 일반 보험의 대상이 되지 않고 따로 국가에서 관리한다.

재해사례를 통한 사고방지와 재해예방 도출. (팀워크로 진행해보자.)

재해사례는 다른 사람들의 비싼 대가를 치른 경험이다. 안전관리는 재해로부터 많은 것을 배울 수 있다. 재해사례를 학습하면서, 사고, 재해, 사고방지, 재해예방의 정의 확립을 당부한다.

팀워크 실시 단계

1. 팀을 구정하자. 자유롭게 토론할 수 있는 팀원으로 구성되면 좋다.
2. 안전보건공단 홈페이지를 방문하여, 재해사례를 조사하자.
   http://www.kosha.or.kr/kosha/index.do에 들어가면 다음과 같은 화면이 나온다. 재해사례를 선택하면 다양한 재해사례를 확인할 수 있다. 국내재해사례와 국외재해사례가 있으며, 국내는 제조업, 건설업, 조선업 등 분야별로 사례를 정리해 놓고 있다.
3. 자신이 선택한 사례를 학습하여, 사업장의 공정을 이해한 후, 사례에서의 사고와 재해를 이해한 후, 사고와 재해를 팀원들의 자유토론에 의해 정의한 후 사고방지대책과 재해예방대책을 강구해 보자.
4. 다음과 같은 순서로 보고서를 만들어 보자.
   (1) 사고 발생일시 : 날짜, 시간, 장소 등
   (2) 사고 개요 : 공정내용, 시간 경과에 따른 사고 진행 현황.
   (3) 사고 형태 : 본 사례에서의 사고를 정의
   (4) 재해 현황 : 본 사례에서의 재해를 정의
   (5) 사고 발생원인
   (6) 재해 발생원인
   (7) 사고방지대책
   (8) 재해예방대책
   ※ 참고로, 진행에 있어 학습도 필요할 것이다. 필요시 학습한 내용도 기록하자.
   ※ (3)~(8)은 팀원이 다모여 자유롭게 토론하면서 작성하자.

06 재난관리의 의미

6.1 재해(재난)관리의 4단계

재해관리는 재해의 시간에 따른 진행과정에 따라, 재해발생 이전과 재해발생 이후로 나눌 수 있다. 재해발생 이전의 상황을 대비하는 것을 사전재해관리(pre-disaster management)라고 하며, 재해발생 이후의 상황을 대비하는 것을 사후재해관리(post-disaster management)로 나눌 수 있다. 시간의 흐름에 따라 재해관리를 다음의 4단계로 나눌 수 있다.

우리에게 친숙한 재해관리 4단계는 다음과 같다.

▼ 표 재해관리 4단계

1단계	예방(Prevention) 또는 경감(Mitigation)
2단계	대비(Preparedness)
3단계	대응(Response)
4단계	복구(Recovery)

1과 2단계에 해당하는 예방 및 대비 단계가 재해의 사전관리 단계에 해당하며, 3과 4단계에 해당하는 대응 및 복구 단계가 재해의 사후관리 단계에 해당한다.

6.2 안전관리의 의미

안전관리란, 앞에서 학습했었다. 안전사고의 원인이 되는 위험요소를 통제함으로써, 안전사고가 발생하지 않도록 하여, 결과적으로 재해가 발생하지 않도록 하는 관리적인 모든 노력을 말한다.

안전관리는 안전사고에 의해서 발생하는 재해를 사전에 관리하는 예방 및 대비에 중점을 두는 것이며, 만일을 대비하여, 사고가 발생하였더라도, 피해규모를 줄이기 위해, 부분적으로 응급조치와 같은 사후관리에 관한 대책도 동시에 강구한다.

6.3 방재관리의 의미

천재지변으로 발생한 자연재해(천재)는 인간에 의해 발생한 재해가 아니다. 따라서, 사고로 이어지는 위험을 통제하여 사고가 발생하지 않도록 하는 것은 원천적으로 불가능하다. 생각해보자. (태풍이 발생하지 않도록 하거나, 지진이 발생하지 않도록 한다는 것이 가능하겠는가?)

우리가 원하지 않는 현상이 발생하는 것을 억제할 수 없기에, 자연재해에 대해서는 예방(Prevention) 보다는 피해규모의 경감(Mitigation) 차원에서 자연재해의 발생 및 규모를 사전에 예측하는 예측기술이 중요하며, 예상된 대규모의 재해에 대하여 인명과 재산을 어떻게 보호할 수 있는가를 고민하여 방재시설을 구축해 나갈 필요가 있다.

하지만, 태풍 및 지진 등의 자연재해를 정확하게 예측하기 어렵기 때문에, 설계용량을 초과하는 천재지변이 발생할 수 있으며, 대규모의 피해가 발생하는 것은 피할 수 없다. 따라서, 대형재해에 대한 응급조치 및 사후관리대책도 중요한 역할을 하게 된다.

6.4 국가재난관리의 의미

국가재난관리는 지방자치단체나 정부소관부처의 조치 또는 보험으로는 응급조치나 사후관리가 어려울 정도로 대규모의 피해가 따르는 재해(재난)에 대하여는 중앙정부가 재난관리 차원에서 예산 및 인력, 장비를 총동원하여 응급조치, 구조·구난, 수습, 복구, 보상 등의 사후관리에 중점을 두는 것이다. (재난 및 안전관리 기본법 제60조 특별재난지역의 선포)

최근 인재에 대한 안전관리 및 자연재해에 대한 방재관리, 그리고 대형재난에 대한 재난관리 이외에도, 범죄나 테러에 의한 재해도 재난과 맞먹을 정도로 대규모의 피해를 초래하고 있어 재난관리에서는 범죄나 테러에 의한 대형재해의 예방도 포함하여 대책을 마련하고 있는 추세이다.

안전관리론의 관리 대상으로 생각하는 위험은 범죄를 포함하지 않는다는 것을 앞에서 언급하였다. 따라서, 재난관리도 범죄를 포함하지 않는 것이 일반적이었다. 하지만, 최근 범죄나 테러 등 인위적으로 발생한 것도 안전관리의 대상이 되고 있는 실정이다. 물론, 인위재해와 자연재해와는 다른 점이 있다. 하지만, 재난관리 계획을 수립할 때 범죄와 테러에 대한 대비책을 포함하여 관리 계획을 수립하게 되면, 각종 재난에 의한 피해규모를 효율적으로 줄일 수 있으며, 더 높은 수준의 재난관리 계획을 수립할 수 있게 된다.

6.5 재난관리, 방재관리, 안전관리의 관계

기본적인 사항을 표로 나열한다. 서로의 차이를 생각해 보자.

▼ 표 재난, 방재, 안전 및 국가재난 관리

종류	특징
재난관리	예방, 대비, 대응, 복구
안전관리	인적 재해의 예방을 위하여 사고를 방지하는데 역점을 둔다. 부수적으로 피해 규모의 최소화를 도모한다. (예방 중심)
방재관리	자연재해 및 이에 준하는 범죄, 테러 등에 대비하는 재해국한대책에 중점을 둠. (예측과 피해경감 중심)
국가재난관리	재난 발생한 후를 생각하자. 응급조치, 화재진압, 구조, 구급, 복구, 보상 등 이벤트가 발생한 후의 사후관리에 중점을 둔다. (대응, 복구 중심)

07 생산, 품질, 안전

안전관리를 수행해야 하는 이유는 여러 가지가 있을 수 있다. 산업현장에서 근로자를 위하여 재해를 예방하기 위한 안전관리뿐만이 아니라, 생산된 제품 또는 제조물에 대한 품질관리도 안전관리와 밀접한 관계가 있다. 여기서는 생산관리에 대해서 학습하면서 안전, 품질, 생산에 대해 생각해보기로 한다.

7.1 안전관리 대상의 분류

안전관리 대상을 분류하면 근로자 안전과 함께, 제품 및 제조물과 관련된 안전으로 나눌 수 있을 것이다.

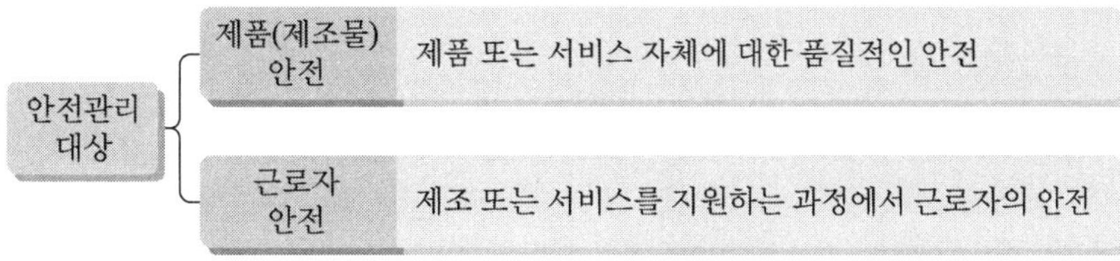

▲ 그림 **안전 분야 분류**

제품 및 제조물 안전은 제품의 품질을 안전하게 관리함으로써, 사용자 또는 고객의 생명과 재산에 대해 재해가 발생하는 가능성으로부터 자유롭게 되는 안전을 의미한다.

7.2 생산관리의 대상 3요소

경영자의 입장에서 생각해보자. 일반적으로 제품 및 제조물을 생산함에 있어 다음의 3가지 요소를 중심으로 기업을 관리해 나간다.

(1) **생산(Productivity)** : 노동자의 노동을 통해 생산해 낸 것들의 양
(2) **품질(Quality)** : 생산물의 성질, 질적인 가치
(3) **안전(Safety)** : 위험요소가 발생하나 사고가 발생할 가능성이 없는 상태

생산관리 대상 중에 하나인 안전이란, 생산 과정에 관련된 근로자가 어떠한 위험을 맞이하지 않게 안전하게 작업할 수 있도록 근무 환경을 조성하는 것이며, 일반적으로 근로안전이나 산업안전에 포함되는 부분이다.

생산관리의 또 다른 대상인 품질(Quality)이란, 아래 그림과 같이 두 종류로 구분할 수 있다. 하나는 제품(고객서비스)의 수명과 기능에 관한 품질을 말하는 성능품질(Performance Quality)과 함께, 둘은 제품과 고객의 서비스에 있어 안전성을 포함한 품질을 의미하는 안전품질(Safety Quality)이다.

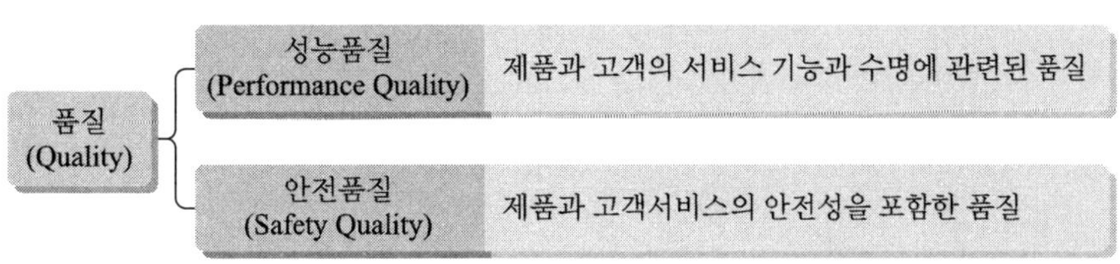

▲ 그림 **품질의 개념**

아직도 우리나라에서는 품질관리는 주로 성능을 중심으로 생각해 왔다. 볼펜이라는 제품은 잘 써져야 하고 잘 망가지지 않아야 했다. 사업주는 경제적인 이익을 위해, 좋은 성능을 만들어 내기 위해 노력한다. 어떻게 하면 더 잘 써지고, 더 길게 사용하는지에 관하여 끝없이 노력한다. 따라서, 국민의 안전을 책임지는 국가는 제품의 성능을 높이기 위해 노력할 필요가 없다. 시장의 자율적 가격의 경쟁력에 맡기면 된다. 하지만, 안전은 그렇지 못하다. 국가는 안전을 확보하기 위해, 품질관리 중에서의 안전품질을 중심으로 관리하는 것에 관심이 많아진다. 만약, 잘못된 제품으로 인해 국민의 안녕에 영향을 미칠 수 있기 때문이다.

이렇게 안전은 근로안전과 제품안전 또는 제조물안전 분야로 나눌 수 있다. 사업주 입장에서는 고객의 안전과 근로자의 안전을 관리대상으로 나눌 수 있으며, 제조물 안전을 확보하는 것이 크게 보면, 근로자의 안전을 포함하게 되는 것이다. (예를 들어, 제품에 독성 물질을 사용하지 않는다. 제품의 위험요소를 만들지 않는다 등이 품질만이 아니라, 생산과정에서의 안전이 확보된다.)

7.3 제품 안전관리

사업장 밖으로 나온 제품이 일반 국민들에게 피해를 주어서는 안 된다. 따라서, 국가는 법으로써 그 제품에 관한 안전을 확보하여 소비자(일반 국민)를 보호하고 있다. 여기서 그 대표적인 법으로써 제품안전기본법과 제조물 책임법에 대해서 학습하자.

(1) 제품안전기본법

제품안전기본법은 제품의 안전성 확보를 위한 기본적인 사항을 규정함으로써 국민의 생명을 보호하고, 건강과 재산에 대한 피해를 예방하여 국민의 삶의 질 향상과 국민경제의 발전에 이바지함을 목적으로 2010년에 제정되었다.

제품의 안전성을 확보하여, 제품으로 인하여 피해가 발생하는 경우에 그 피해를 최소한으로 줄이는 것을 목적으로 제품의 생산·조립·가공 등을 통해 소비자에게 제공함에 있어 안전을 우선적으로 고려하여, 국민이 제품으로부터 안전하게 사회생활을 할 수 있는 것을 기본이념으로 하고 있다.

여기서 제품이란, 제품의 최종 소비자가 사용하는 물품 또는 그 부속품을 의미한다. 또한, 사업자란, 제품을 생산·조립·가공 그리고, 수입·판매·대여하는 자를 말한다.

제품의 결함으로 인해 소비자의 신체 및 재산에 피해를 입혔거나 피해를 줄 가능성이 있는 제품에 대하여 중앙정부가 직접 리콜을 권고하거나 명령하는 것이 가능하다. 피해정도에 따라는 언론에 공표하여, 제품안전사고 확산을 신속하게 차단하게 한다.

주요내용은, 사업자가 제품의 결함 또는 피해사실을 인식할 경우에 중앙정부에 보고하도록 함과 동시에 자발적인 피해감소조치를 취하도록 의무화하고 있다.

이때, 중대결함이 있는 제품은 정부가 리콜을 명령할 수 있으며, 그와 동시에 그 사실을 언론에 공표할 수 있다. 만약, 사업자가 명령에 따르지 않을 경우에는 중앙정부가 직접 해당 제품을 수거하고 수거에 따른 소요 비용을 해당 사업자에게 나중에 징수할 수 있도록 규정하고 있다.

제품안전기본법은 일반적으로 쉽게 말해 리콜제도라고도 부른다. (관련된 리콜제도 및 소비자 기본법 등과 비교하여 학습하자.)

제품이 설계 및 제조되는 단계에서부터 안전성 확보를 통하여, 사용자의 생명 및 재산을 보호하는 목적을 가지므로, 제품안전관리 또한, 공중안전 및 사업장안전보건을 확보함에 있어 적지 않은 큰 역할을 하는 안전관리의 하나의 부분이라 말할 수 있다.

제품안전기본법 주요내용

1. 시중 유통제품의 위해성 여부를 확인하기 위한 안전성조사 실시
2. 제품사고의 원인 분석과 재발 방지를 위한 사고조사 실시
3. 가벼운 결함이 있는 제품에 대해 리콜을 권고
4. 중대결함이 있는 제품은 리콜 명령과 동시에 사실을 언론에 공표
5. 제품 피해사실을 인지할 경우, 사업자의 보고 및 자발적 조치 의무 규정
6. 사업자가 제품수거 등의 조치를 하지 않을 경우 정부가 직접 조치 후 비용 청구

(2) 제조물 책임법

제조물 책임법은 제조물의 결함으로 인하여 발생한 손해에 대해 제조업자 등의 손해배상책임을 규정함으로써 피해자의 보호를 도모하고 국민생활의 안전향상과 국민경제의 건선한 발전에 기여함을 복적으로 한다[제조물 책임법, 제1조(목적)]. 여기서 제조물이란 제조되거나 가공된 동산(다른 동산이나 부동산의 일부를 구성하는 경우를 포함한다)을 말한다[제조물 책임법, 제2조제1호]. 주요 목적은 피해자의 보호이다. 손해를 입은 주체는 소비자에 한정하지 않고 제3자 또는 법인 또한 포함된다. 안전성이 결여된 제조물로 인하여 국민의 생명·신체 또는 재산상의 피해를 방지하는 것을 기대하

는 내용이다.

비교적 최근인 2013년에 시작되었다. 제조물에 대한 책임을 도입함으로써, 재판에 있어서 쟁점의 명확화, 기업·소비자의 제품 안전성에 대한 의식의 변화, 재판 외에 피해구제의 원활화, 국제적인 조화에 맞춘 성숙한 사회가 실현되는데 큰 도움이 되고 있다.

제조물 책임법을 일반적으로 사용하는 손해배상법이라는 단어와 혼돈되고 있다. (예; 자동차손해배상법, 원자력손해배상법 등)

▼ 표 제품안전기본법과 제조물 책임법

종류	제품안전기본법	제조물 책임법
주요내용	결함제품을 수거 등을 통해 소비자의 피해를 사전에 예방하는 제도	물품결함에 따른 손해를 배상해 주는 사후적인 피해구제 제도
시점	소비자의 사전 예방	소비자 피해 사후 배상
절차	수리, 교환, 환급, 수거 등	개별 소비자에 대한 손해 배상

2

산업안전관리

01 안전제일

1.1 안전제일의 의미

우리는 사업장 현장에서 「안전제일」이라는 표지를 쉽게 볼 수 있다. 길을 걷다가 어느 건설현장을 보게 되면, 「안전제일」의 표시와, 많은 근로자들이 작업복, 작업모, 작업화를 갖추고 있는 것을 볼 수 있다.

하지만, 그 현장에서 근무하는 사업주 및 근로자들의 마음속에 「안전제일」이라는 단어가 어느 정도 차지하고 있는지는 조금 의심스럽기만 하다.

사업주는 '어떻게 하여 더 많은 이윤을 추구할 것인가', 사업주의 뜻을 받아, 관리감독자는 '어떻게 하면 더 빨리 일을 진행시킬 수 있는가', 근로자는 '어떻게 쉽게 일을 하고 빨리 퇴근할 수 있을까?'라는 생각이 머릿속 많은 부분을 차지하고 있을 것이다.

심한 경우에는 관리감독자의 영향을 받아, 안전의 최전선에서 안전을 주 업무로 담당하고 있는 안전관계자까지도 "안전제일"을 언급하면서도 실제로는 안전이 차지하는 비중을 크게 인정하지 않는다는 것이 우리 현실이다.

이런 현실의 출발점은 사업주에서부터 시작된다. 비록, 산업안전에 관한 책임이 사업주에 있다는 것은 잘 알려져 있으며, 산업안전은 법과 규제보다는 자율안전으로 진행되어야 한다는 것 또한 잘 알려져 있음에도 불구하고, 현실에서는 사업주의 인식이 사회적 요구에 부응하지 못하고 있는 실정이다. 하인리히의 "Industrial Accident Prevention" (1980)에서도 안전에 관한 사업주의 인식이 매우 중요함을 언급하고 있다.

그렇다면, 우리현실에서 사업주는 어떤 의식을 가지고 있는지 한번 생각해 보기로 하자.

경영하는 입장에서 생각해 보면 경영의 목적은 이윤 추구이며, 그것을 달성하기 위해서 빨리, 많이, 좋은 제품을 생산하는 것에 관심이 클 것이다. 따라서, 한마디로 생산관리에 관심이 높다. 그렇다면 생산관리란 무엇인가? 경영학에서 언급하는 생산관리는 크게 3가지 요소로 형성되어 있다. 그것은 '생산성'과 '품질' 그리고 '안전'이 경영에서 주된 관심사항이 될 것이다.

「안전제일」이 뜻하는 의미를 생각해 보기 위해, 국내외 사례를 소개한다.

1.2 국내외 안전제일 사례

미국과 일본의 안전제일의 사례를 소개한다. 외국 산업현장에서는 안전제일의 의미를 어떻게 받아들이는지 한번 생각해 보기로 하자.

(1) 미국 사례

미국의 어느 제조업 사업장에서 있었던 일이다. 신문기자가 어느 사업장의 사장님과 인터뷰를 실시하였다. 사장님은 자신의 사업장 운영방침을 소개할 때, 첫째가 '안전', 둘째가 '품질' 그리고 셋째가 '생산성'이라는 순위를 명백히 정하고 있있다.

이 사업장은 세계적으로 경영관리를 매우 잘하고 있다고 인정을 받고 있는 사업장으로 유명하였다. 기자가 물었다. "사장님께서는 어떤 이유로 인해서 사업장의 운영방침의 첫 번째로 '안전'을 정하게 되었습니까?" 라고.

사장님은 설명하였다. 자신이 경영자로 와서, 많은 시행착오가 있었다. 지금과 같은 경영 철학을 가지게 된 배경으로는 생산관리의 3가지 중점요소를 생산, 물질, 안전으로 정하고, 그 세 가지 요소에 순위를 정하고 나서 시간이 지남에 따라 경영성과를 평가하면서 그 우선순위를 바꾸어 보았다. 우선순위를 바꾸어 가며 사업장을 운영한 결과, '안전'을 첫째로 하고, '품질'과 '생산성'을 둘째와 셋째로 하여 사업장을 운영하고 있을 때가 가장 높은 경영실적을 낼 수 있었다. 실제 공장을 운영한 결과를 토대로 하여 운영방침을 확정하게 되었다는 것이다.

(2) 일본 사례

일본의 중앙노동재해방지협회(Japan Industrial Safety and Health Association, JISHA)에서 기업 및 사업장을 대상으로 설문 조사를 실시하였다. 그 결과 안전대책에 투자한 비용의 약 2.7배에 상응하는 경제적인 효과가 발생하였음이 확인되었다.

왜? 안전에 투자하는 것이 경영에 큰 도움이 되는지 원인을 조사하기 위해, 각종 안전대책이 경영성과에 미치는 영향을 인과관계로 모델화하여 조사하였다. 안전관리 주요 실시사항으로 건강진단, 안전교육의 실시, 점검/수리/보수, 재해 분석, 위험성 평가, 기계설비 및 원재료의 안전화, 작업 전 미팅, 정리정돈, 보호구의 작용, 안전표준서의 작성, 안전순찰 등이 있으며, 이런 활동 결과에 의해 경영성과가 높아지는 것으로 나타났다. 안전대책 투자에 의한 직접적인 결과로는 사고 및 재해의 감소, 안전에 대한 관심 향상, 질병의 감소, 작업에 의한 생산성 향상, 컴플라이언스(compliance; 따르기, 순종, 협력) 등이 있었다. 안전대책과 경영성과 사이에는 밀접한 상호관계가 있어, 하나의 요소를 개선함에 의해, 그 효과가 다양한 요소에 좋은 영향을 미친다는 것이다. 하나의 요소가 좋아지면, 전체가 좋아지며, 하나의 요소가 나빠지면 전체가 나빠진다는 것이다.

(3) 국내 연구 사례

외국만이 아니라 국내에도 여러 사례가 있다. 어느 인간공학 분야에서 연구한 결과를 조사해 보면, 불안전한 상태와 불안전한 행동(위험요소)이 많이 존재하는 사업장에서는 위험요소가 전혀 없는 안전한 사업장에서 인간의 작업속도가 3배 이상 차이가 남을 알 수 있었다. 그 이유를 분석해 보면, 인간에게는 자기방어본능이 있어, 위험에 대한 경계심리를 갖게 된다는 것이다. 자연스럽게 조심하며 작업하여, 작업속도를 스스로 늦추게 되며, 품질도 떨어진다는 것이다.

또 다른 사례를 보면, 위험요소가 많았던 사업장이 안전관리에 대한 대대적인 투자를 통해 여러 안전대책을 충분히 설립한 결과 약 9개월 만에 생산성이 약 30% 향상되었다는 결과가 나왔다고 한다. 안전에 대한 투자가 생산성을 높이는 결과가 나왔다. 매우 주목할 만한 결과이다.

(4) 안전제일의 분석

이상과 같은 사례가 있음에도 불구하고, 우리나라의 많은 생산현장에서는 아직도

「안전제일」의 의미가 생산관리와는 아무런 관계가 없는 것으로 인식되고 있는 것이 현실이다. 이 때문에, '안전'이 '생산성과 품질 향상'과의 균형을 맞추지 못하는 경우가 많다. 많은 경우 생산성이 다른 무엇보다 우선이 되는 경우가 많아 일정한 목표에 도달한 후에 안전관리에 큰 문제가 발생하는 경우가 종종 발생되고 있다.

생산현장에서 관리감독자와 근로자들이 안전에 대한 적극적인 활동을 기피하는 가장 큰 이유로는 안전담당자의 인식 부족에 의해, 아마도 생산성의 저하를 염려하고 있을 것이다. 이것은 안전의 중요성을 매우 잘못 인식한 결과임을 명심하자. 오늘보다는 내일을 위해, 지속적인 발전을 위해서, 좀 더 크게 세상을 보는 눈이 필요할 것이다.

따라서 안전제일은 현장에서의 불안전 상태와 행동에 대하여 충분한 대책을 세워 안전한 작업조건을 근로자에게 제공해주기 위한 안전대책은 투자의 개념으로 인식되어야 하며, 생산성을 높이고, 좋은 품질을 확보하게 됨으로써, 기업의 경제적 성장을 높이는데 도움이 되는 역할을 할 것이다.

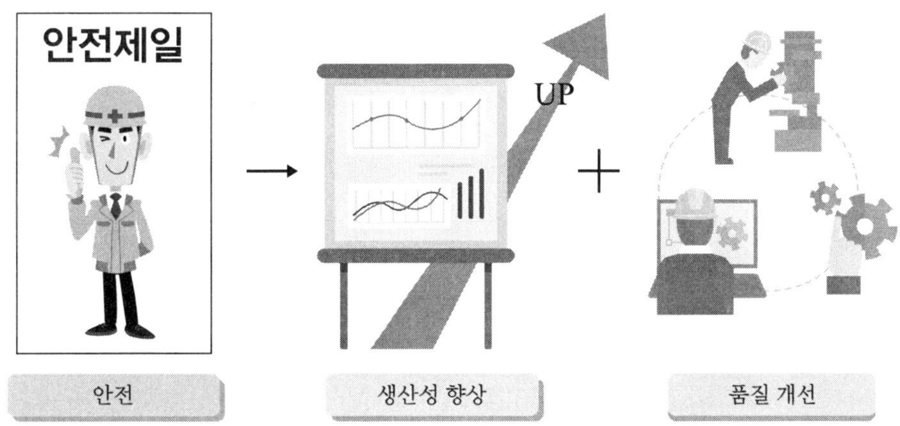

02 위험과 사고와 재해의 관계

산업안전의 목적은 재해를 예방하는 것이다. 앞에서 언급한 하인리히의 주장과 같이 재해예방을 위해서 실시하는 실천적인 모든 노력은 사고방지를 위해 실시되어야 한다. 이 하인리히의 도미노 이론 및 사고방지의 원리는, 지금까지도 보편적으로 안전관리론에서 매우 기본이 되는 생각이다.

앞에서 언급한 하인리히의 이론에 따르면, 사고는 불안전한 상태 및 불안전한 행동의 두 가지의 불안전 요소가 근본원인으로 작용하여 발생하는 것이다. 따라서, 이러한 불안전 요소를 찾아내어 제거해 주면 사고는 방지할 수 있다는 하인리히의 도미노 이론이 안전관리를 위한 가장 기본적인 원칙이 된다.

아래 그림과 같이 길바닥에 돌이 튀어나와 있다[위험]. 사람이 걸어가다가 넘어지게 되고[사고], 머리와 바닥과의 접촉에 의해 피가 나서 병원을 가야 하는 상황[재해]이 발생한다. 재해의 근본원인은 길에 돌이 튀어나와 있다는 불안전한 상태가 된다. 만약 사람이 뛰고 있었다면, 불안전한 행동을 동반하게 된다.

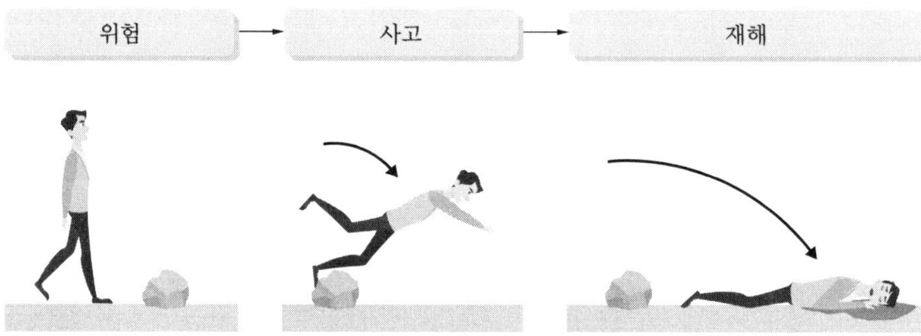

▲ 그림 위험 사고 재해의 관계

최근에는 안전에 대한 사회적 관심이 높아짐에 따라 보다 더욱 본질적인 안전을 추구하는 경향이 뚜렷하다. 그림에 나타낸 것과 같이 위험으로부터 사고가 발생하는 것이고 사고로부터 재해가 발생하는 것이다.

하인리히는 이런 재해를 예방하기 위해서 사고 발생을 억제하는 것이 중요하다고 주장하였다. 그 이유는 사고가 반드시 재해를 발생시키는 것은 아니지만, 사고로 인해 발생하는 재해(어떤 재해가 발생하는지, 어느 정도 피해가 발생하는지)를 예측하는 것이 불가능하기 때문에, 재해를 아무리 예방하여도 사고가 지속되고 있다면, 재해는 언젠가 발생할 수밖에 없다는 손실우연의 법칙에 의해 도출된 주장이다.

이상적으로는 사고를 방지하기 위해서는 현장에서 존재하는 모든 위험요소를 찾아내어 근원적으로 모두를 제거하는 것이 필요하다. 하지만, 현실적으로 근원적인 위험의 제거는 어렵다. 그렇다면, 그 차선책으로 다음 장에서 학습하게 될 '위험성 평가'를 통하여 위험성을 낮추어야 한다는 개념에 도달하게 된다.

03 사고관리의 5단계

3.1 안전관리의 실행

여러분이 사업장의 안전관리자가 되었다고 상상해보자. 어느 날 사장님께 불려가 "내일부터 네가 안전관리자로써 안전관리를 실시하라"고 명령을 받았다고 상상해 보자. 좀 당황스러울 것이다. 하지만, 무언가를 해야 할 것이다. 그럼 무엇부터 시작해야 할 것인가? 힌트는 안전관리는 혼자 할 수 없다는 것이다. 그러므로 당신은 우선 팀을 구성해야 한다[조직]. 다음으로 구성된 팀원들과 같이 사업장을 돌아다니면서 위험요소가 있는지 확인해야 한다[사실 발견]. 마지막으로 발견한 위험요소를 가지고 가급적 많은 사람이 모여(근로자에서부터 사장님까지) 이것이 위험한지 위험하지 않은지에 대해 가급적 많은 사람들의 의견을 듣고 어느 정도 위험한지를 판단해야 한다[분석]. 발견된 위험요소가 위험하다고 판단되면, 반드시 무언가 대책을 세워야 한다[대책 선정]. 마지막으로 선정된 대책을 사업장에 적용해야 한다[대책 적용].

- 5단계 대책의 적용(Application of Remedy)
- 4단계 대책의 선정(Selection of Remedy)
- 3단계 분석(Analysis)
- 2단계 사실의 발견(Fact Finding)
- 1단계 조직(Organization)

기본사항 : 마음가짐(Attitude), 능력(Ability), 지식(Knowledge)

▲ 그림 **하인리히의 사고관리의 5단계**(Heinrich's five steps in accident prevention)

하인리히(Heinrich)는 안전관리를 실천할 때 그림에서 나타낸 것과 같이 마음가짐(Attitude), 능력(Ability), 지식(Knowledge)의 3가지 요소의 기본 사상을 가지고, 5가지의 단계를 거쳐서 이루어질 수 있다고 설명하고 있다. 이것이 안전관리 분야에서 잘 알려진 「사고관리의 5단계」이다. 참고로 이것을 사람들은 「안전방지의 5단계」 또는 「재해예방의 5단계」라고도 이야기하고 있다.

- 우리가 사회생활을 하는데, 혼자서 할 수 있는 일은 거의 없다. 대부분의 경우 팀을 만들어 팀원과 같이 주어진 업무를 실시해 나간다. 하지만, 주어진 업무를 잘 할 수 있느냐? 아니냐?는 어떤 팀원으로 구성되었느냐?에 따라 크게 좌우된다. 안전관리 활동도 혼자서는 할 수 없고, 팀원과 같이 해야 한다. 또한, 업무가 잘 수행되기 위해서는 좋은 사람들로 팀원이 구성되어야 한다. 안전관리에 어떤 사람이 좋은 사람일까? 사람이 필요하다고 새벽 인력시장에서 사람을 고용해서 사업장의 안전관리 업무를 맡기지는 않을 것이다. 먼저, 회사를 사랑하는 사람이 필요하지 않을까? 회사가 성장하든 망하든 관심이 없는 사람은 좋은 팀원이 아닐 것이다. 그 다음으로 중요한 것은 무엇일까? 어제 들어온 신입사원을 데리고 안전관리 활동을 할 것인가? 아닐 것이다. 아마도 회사에서 많은 시간 현장에서 근무한 경력이 많은 근로자가 좋은 팀원이 될 것이다. 그 다음으로 안전에 관하여, 많은 공부를 한 사람이 또한 좋은 사람일 것이다. 자격증일수도 있고, 물리, 화학, 심리학, 법학, 의학 등 다양한 전문지식이 있는 사람이 좋은 팀원일 것이다.

  모든 프로젝트가 그렇다. 좋은 사람으로 구성된다면, 결과는 좋아지기 마련이다. 하인리히가 주장하는 마음가짐, 능력, 지식을 마인드, 경험, 지식으로 바꾸어 하인리히의 뜻을 음미해 보자.

재해를 예방하기 위해 안전관리를 실행하는 과정에서 발생하는 문제는 먼저 이러한 위험요소를 어떠한 방법으로 찾아낼 수 있는가?라는 것과, 발견된 사실이 누가 보아도 위험한 것인지 아닌지 또한 위험하다고 하더라도 어느 정도의 위험성을 포함하고 있는지를 판정하는 기준을 어떻게 할 것인지 하는 문제이다. 안전관리 및 위험성 평가가 일반 산업현장에서 어렵게 느껴지는 부분이 이 부분이다. 많은 학습 및 경험이 필요하다. 지속적인 학습 및 소통만이 좀 더 좋은 답을 찾게 될 것이다. 본 교재의 모든 내용은 그 답을 찾는 과정을 안내하고 있다.

3.2 하인리히의 사고방지의 5단계

(Heinrich's five steps in accident prevention)

뒷장에서 하나하나씩 상세히 설명하겠지만, 여기서는 간단히 학습하자. 하인리히는 산업안전 실시 원칙을 명확히 하기 위해 사고방지원리로 5단계적인 방법을 제시하였다. 재해를 실제로 예방하는 관점에서 각 단계의 주의점을 확인해 보자. 이 5단계의 활동절차는 1926년부터 1980년에 걸쳐 여러 가지 다른 방법론이 제기되어 수정되고 있으나, 기본적 형태는 큰 변화 없이 현재에도 통용되고 있다.

제1단계 : 안전관리조직(Organization)
제2단계 : 사실의 발견(Fact Finding)
제3단계 : 분석(Analysis)
제4단계 : 대책의 선정(Selection of Remedy)
제5단계 : 대책의 적용/재평가(Application of Remedy)

(1) 제1단계 : 안전관리조직(Organization)

제1단계로는 경영자에 대한 것이다. 경영자는 안전확보를 목표로 설정하여 사업장의 안전관리를 실시한다. 그 첫걸음은 안전관리조직을 구성하는 것이다. 구성된 안전관리조직에 의해 안전 활동 방침 및 계획을 수립하게 한다. 또한, 전문적인 기술을 가진 조직으로 만들기 위해 전문가를 안전활동에 참여시켜야 한다. 이때 안전활동은 근로자의 참여가 필수적이라는 것을 잊어서는 안 된다. 안전활동은 현장 근로자에 의해 실시된다. 안전활동 계획 수립에서부터 근로자의 참여가 필요하다. 그래야 현장에서 실시하는 안전활동이 효율적으로 진행되어 사업장의 높은 안전성 확보라는 목표가 달성되는 것이다.

(2) 제2단계 : 사실의 발견(Fact Finding)

1단계의 조직의 편성이 완료되면 위험 요소의 발견 단계로 들어간다. 각종 안전사고 및 안전활동에 대한 기록을 철저히 검토하여 작업을 분석한다. 위험 요소를 발견하는 방법은 일반적으로 안전회의, 안전점검, 사고조사(아차사고 포함), 재해 사례 보고서, 안전토론 등이 활용될 것이다.

(3) 제3단계 : 분석(Analysis)

3단계는 2단계에서 발견된 사실(=위험요소 발견 결과)에 대해서 분석 및 평가한다. 평가는 사고를 발생시킬 수 있는 직접적 원인 및 간접적 원인을 찾아내는 것이다. 그리고, 분석은 현장을 조사, 주변 환경 및 작업한 공정 등을 통하여 실시된다. 분석 결과 발견된 위험요소를 받아들일 수 있는 위험(=안전)인지를 판단해야 한다. 받아들일 수 없는 위험이라면 다음 단계인 대책 선정이 필요하게 된다.

(4) 제4단계 : 대책의 선정(Selection of Remedy)

3단계의 분석을 통하여 발견된 원인을 토대로 가장 적절한 개선대책을 선정해야 한다. 개선방안으로는 기술적 개선을 포함하여, 경우에 따라서, 근로자에 대한 인사조정, 교육 및 훈련 그리고, 관리자에 대한 안전행정의 개선, 규정 및 규칙 등을 개선하는 것이다. 근로자에 대한 대책과 관리적 시스템의 체제강화를 동반해야 한다.

대책을 선정할 때, 비교적 쉽게 실시하는 방법으로는 4M(Man, Machine, Media, Management)을 활용하는 방법 등이 있다. 위험성 평가를 학습할 때, 자세히 학습한다.

(5) 제5단계 : 대책의 적용(Application of Remedy)

4단계의 대책방법을 선정된 것보다 중요한 문제는 대책은 반드시 실시되어야 한다는 것이다. 또한, 재평가가 반드시 실시되어야 한다. 많은 경우 대책을 실시하는데 시간이 걸리고, 흐지부지되는 경우가 많다. 적절한 정책 또는 방법이 선택되었다고 하더라도, 적절한 타이밍에 실제로 실시가 되는 것이 중요하다. 대책을 현장에 적용했을 때, 설정된 목표를 달성하였는지 그 결과를 다시 평가해야 한다. 불합리한 점이 발견되면 또다시 개선책을 찾아야 된다.

각 5단계 실시내용을 예를 들어 표와 같이 제시할 수 있으며 이 외에도 많은 체크사항이 검토되어야 할 것이다.

▼ 표 사고방지 5단계 실시내용

제1단계 안전관리조직	제2단계 사실 발견	제3단계 분석	제4단계 대책 선정	제5단계 대책 적용
1. 경영자가 안전 목표 설정 2. 안전관리자 선임 3. 안전 라인 및 참모 조직 구성 4. 안전활동 방침 및 계획 수립 5. 조직을 통한 안전활동 전개 실시	1. 사고 및 활동기록 검토 2. 작업 분석 3. 점검과 검사 4. 사고를 조사 5. 각종 토의 및 안전회의 6. 근로자의 참여 및 여론조사	1. 사고원인 및 사고 경향성 분석 2. 사고의 기록 및 관련 자료 분석 3. 인적 및 물적 환경을 분석 4. 작업 공정 적절성 5. 교육훈련 6. 적절 인력배치 7 안전수칙 준수 8. 장비 적정성	1. 기술적인 개선 2. 인력 배치 조정 3. 교육훈련 개선 4. 안전행정 개선 5. 규정/규칙 등 제도적 개선 6. 안전활동 개선	1. 교육적 대책 실시 2. 기술적 대책 실시 3. 규제적 대책 실시 4. 재평가 5. 보완

04 경영에서의 안전관리

4.1 PDCA 개념

경영에서 일반적으로 이야기하고 있는 관리(Management)와 마찬가지로, 안전관리 또한, 경영학의 과학적 관리법으로 널리 잘 알려진 PDCA 사이클에 따라 관리를 전개하는 것이 가능하다. 그럼, 안전관리를 PDCA 사이클에 적용해 보자. 과거에는 PDS (Plan-Do-See)의 흐름에 따라 안전관리가 전개되었었다. 하지만, 점차적으로 피드백이 중요시되어 최근에는 PDCA 사이클에 따라 관리하는 것이 국제적으로 ISO 45001 안전보건경영체계에 의해 보편화되었으며 우리나라에서도 KOSHA-MS와 PSM(공정안전관리제도) 등을 통해 이런 개념을 안전관리 분야에 도입하고 있다. 원래는 제조업을 중심으로 생산관리와 품질관리 등의 업무가 계획한 대로 진행되기 위하여 사용되었으나, 지금은 안전을 포함한 폭넓은 분야에서 활용되고 있다.

PDCA 사이클이란 경영 분석도구이다. 그림과 같이, 어떠한 일을 함에 있어, 설정된 목표를 달성하기 위해서 계획(Plan)을 세우며, 이를 실천하여 실시(Do)한 후, 그 실시 결과를 잘 진행되고 있는지를 평가(Check)한다. 평가에 따라 좋지 않은 결과가 있을 때 그 문제 해결을 위해 대책을 취하여 개선하는 조치(Act)를 한다. 이후 이를 피드백(feedback)하여 다음 계획에 참고로 하는 과정을 되풀이함으로써, 일정한 목표달성에 도달하기 위한 기본적 관리를 의미한다.

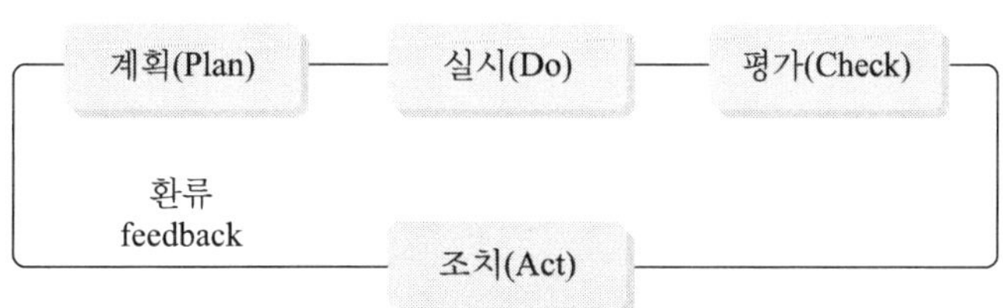

▲ 그림 PDCA 사이클

4.2 안전보건상의 PDCA

경영에서 사용하는 PDCA 개념을 수정하여 안전보건상의 관점에서 다음과 같이 각

각을 수정하여 정의하였다. (ISO 45001, KOSHA-MS)

(1) **계획(Plane)** : 안전보건에 관한 리스크 등을 평가하여 결정하고, 사업장의 안전보건 방침에 따라, 일정한 결과를 만들어 내는 과정에서 필요한 안전보건상의 목표 및 프로세스를 수립한다.
(2) **실행(Do)** : 계획대로 설정 목표를 향해 프로세스를 실행한다.
(3) **검토(Check)** : 안전보건상의 방침과 설정한 목표에 관련된 활동 및 프로세스를 지속적으로 모니터링하여 분석한다. 그 결과는 사업주에 보고한다.
(4) **조치(Act)** : 검토 결과 개선조치가 필요한 경우에, 초기에 의도된 결과를 달성할 수 있도록 지속적으로 안전보건 목표 및 프로세스를 개선한다.

우리나라 안전관리의 실태를 조사한 보고서에 의하면, PDCA 사이클에서 많은 문제점이 발생하는 부분은 계획, 실시, 조치보다, '평가'라고 보고되고 있다. PDCA 사이클에서 평가 부분이 제대로 이루어지지 않고 있기 때문에, 개선이 제대로 실행될 수 없으며, 피드백이 반영된 계획 또한 제대로 이루어지지 못한다는 것이다.

발생한 사고에 대해서 실질적으로 해당 사고를 방지할 수 있는 안전대책이 제대로 개선계획에 반영되지 않기에 매년 같은 사고가 반복되며, 높은 안전수준으로 향상하지 못하는 것이다. 이런 현상이 우리의 많은 노력에도 불구하고, 안전관리 수준이 크게 향상되지 못하는 주된 이유 중에 하나라고 할 수 있을 것이다.

이 부분을 하인리히의 안전관리 5단계로 비교하면, 평가부분이 제대로 실시되지 않고 있다는 것은 5단계 중에 4단계의 대책 선정으로 제대로 이어지지 못하기 때문에, 5단계로 이어지기 어렵다고 할 수 있을 것이다.

05 안전관리조직 및 관리감독자의 임무

5.1 안전관리조직의 형태

사업장 내에서 안전관리를 담당하는 안전관리조직은 세 가지 형태로 구분된다. Line System, Staff System 그리고, Line-Staff의 복합 System으로 구분된다. 산업안전보건법 제15조를 보면 안전관리자는 Staff의 역할을 담당한다. 또한, 안전관리자는 Line의

관리책임자를 조언하는 보좌적인 역할을 하며, 또한 각 생산라인의 관리감독자 및 안전담당자에게도 지도 및 조언을 실시한다. 세 종류의 안전관리 System은 각각 고유의 장단점을 가지고 있다. 따라서, 사업장에서는 자신이 속한 사업장의 고유의 특성을 살려 적절한 안전관리 System을 구축하여야 한다. 그림에 각 형태별 특징을 나타낸다.

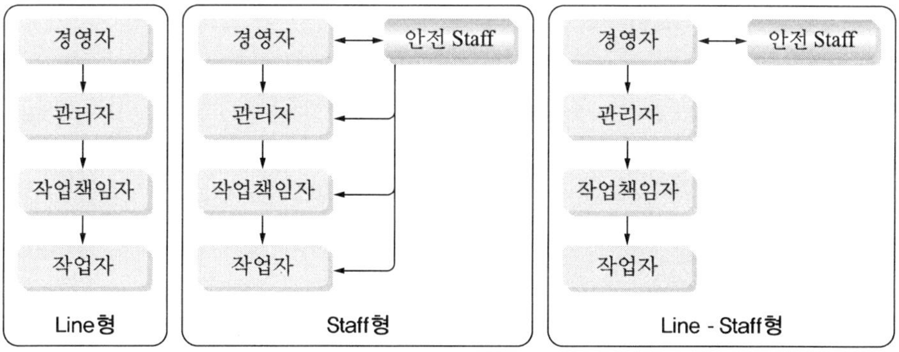

▲ 그림 **안전관리조직**

Line형 조직(직계형 조직)은 일반적으로 소규모 사업장에 적합하다. 인원이 적으므로 복잡한 조직 체계를 가지지 못하고, 생산라인과 안전관리 라인이 동일하다. 동일한 라인으로 생산 및 안전 활동에 관한 사항이 전달된다. 안전관리에 관련된 계획단계에서부터 실행에 이르기까지의 안전업무가 생산라인을 직접 통제하고 있는 담당자에 의해 전달되기 때문에, 최고 경영자의 의도가 하부 작업자에까지 명확히 전달된다.

Staff형 조직(참모형 조직)은 중소기업에 적합한 형태이며 안전업무를 수행하는 안전관리 부서가 존재하며 그 부서에서는 안전관리에 관하여 계획, 조사, 검토 및 보고의 업무와 함께 현장에 대한 기술적 지원을 담당한다.

Line-Staff형(직계참모조직)은 대규모 사업장에 적합한 것으로 위 두 가지 형태의 장점을 선택하여 만든 것이다. 안전업무를 전담하는 Staff를 두고 생산라인의 각 계층에서도 각 부서장으로 하여금 안전업무를 수행하도록 하는 것이다. 이 Line-Staff 복합 System에서는 Line의 관리감독자가 안전관리 업무를 직접 수행하며, 전담 안전관리조직(안전부서 및 안전관리자)은 Line의 관리감독자가 안전관리 업무를 효율적으로 수행할 수 있도록 안전관리에 관한 모든 사항을 지원하게 된다. 따라서 이 System에서는 효율적인 안전관리 업무의 수행을 위하여 Staff인 전담 안전관리조직과 Line의 관리감독자간의 업무협조가 매우 중요하다.

이미지를 잡기 위해, 비유와 예를 들어 설명해본다.
자신 머릿속에 자신만의 그림을 그리기를 바란다.

Line형

경영자, 관리자, 작업책임자, 작업자를 사장, 부장, 대리, 사원의 순서로 생각해보자. 이런 생산라인은 제품을 생산하는 활동에 필요한 연락을 전달하는 명령체계이다. 여기서 중요한 것은 경제적인 수입(=월급과 보너스, 그리고 진급 등)을 결정하는 사람에게서 명령을 받는다는 것이다. 명령에 절대 복종하는 라인이 된다.
(현장 작업자가 안전모, 안전화를 착용하지 않으면, 현장 작업 책임자가 근로자에게 직접 대책을 실시하도록 명령함.)

Staff형

안전 staff가 주어진 안전 관련 일에만 전념하기 때문에, 안전관리의 수준이 높다. 하지만, 현장 안전점검 시, 현장의 작업자가 staff의 조언을 잘 따르지 않는다. 그것은 자신의 경제적인 수입과 직접적으로 관계가 없다고 생각하기 때문이다.
(현장 작업자가 안전모, 안전화를 착용하지 않으면, 안전 staff가 현장 근로자에게 직접 모자를 쓰도록 명령함.)

Line-Staff형

두 가지 형태의 장점을 합친 형태이다. 하지만, 부작용으로, 생산라인과 안전 staff와의 불협화음이 발생하기 쉽다.
(현장 작업자가 안전모, 안전화를 착용하지 않으면, 안전 staff는 그것을 사장님 또는 담당 부서장에게 (위험요소 방재 대책과 함께) 보고한다. 사장님 또는 담당부서장은 근로자에게 안전 대책을 실시하도록 명령을 내린다.)

▼ 표 안전조직의 장단점

분류	장점	단점
Line형 조직	• 안전대책의 실시가 신속함 • 안전에 관한 지시 및 명령 계통이 철저함 • 명령과 보고가 상하관계뿐이므로 간단명료함.	• 라인에 과도한 책임을 부여 • 안전에 대한 정보수집 및 기술축적이 어려움 • 안전에 대한 신기술 개발이 어려움
Staff형 조직	• 사업장 특성에 맞는 전문적인 기술연구가 가능 • 경영자에게 조언과 자문 역할이 가능 • 안전정보 수집이 신속하고, 안전에 관한 지시가 작업자에게 직접 전달됨	• 생산부분은 안전에 대한 책임과 권한이 없음 • 권한다툼이나 조정 때문에 시간과 노력이 소모됨

분류	장점	단점
Line-Staff형 조직	• 안전에 대한 기술 및 경험축적이 용이함 • 사업장에 맞는 독자적인 안전개선책을 강구 가능 • 안전지시나 안전대책이 신속하고 정확하게 전달됨	• (Line과 Staff의 장점을 모두 가져옴에 따라) 복잡한 조언과 명령에 따라 근로자에게 혼란 발생. • Line에서는 현장 안전을 Staff에 의존 • Staff에서는 현장을 고려하지 않은 조언 및 월권행위

5.2 안전관리자(Staff)의 임무

Staff과 Line-Staff형은 전담 안전관리조직을 가진다. 이들의 임무는 산업안전보건법에서 정하고 있는 산업안전보건관리책임자의 임무를 수행하는 것이다.

안전관리조직의 주요 임무를 요약해 보면 안전에 관한 기획(안전관리계획서 작성을 포함하여 재해위험 분석, 대책수립)과 안전점검(안전장치, 시설물, 안전보호장비 등 관리 포함) 그리고 안전교육과 작업안전관리 등이 있다. 업무에 있어 무엇보다도 중요한 것은 현장의 Line의 관리감독자 및 근로자가 업무를 수행함에 있어 안전에 대하여 관심을 갖고, 소위 말하는 동기부여 및 안전문화 정착을 위해 노력하도록 지원하는 것이다.

5.3 관리감독자의 임무

현장의 관리감독자는 사업장이 원활히 생산업무를 차질 없이 진행되도록 업무에 필요한 자재 및 인력수급에 관한 계획을 확립하여, 일정시간 내에 제대로 된 제품의 생산을 완료하는 것이다. 만약, 진행 중에 어떤 문제점이 발생하였을 때, 이를 해결하기 위해 공정을 개선해 나가는 것이다. 산업안전보건법에는 관리감독자 임무가 담당해야 하는 안전에 관한 임무를 명시하고 있다. 이들의 업무가 현장에 밀접한 업무이기에 안전관리에 있어 가장 핵심이 되는 업무이다. 따라서, 실질적으로 사업장 내 대부분의 안전관리는 관리감독자에 의해 그 성패가 결정이 된다고 말할 수 있다. 관리감독자 및 안전담당자의 임무는 다음과 같다.

관리감독자 및 안전담당자의 안전보건 업무

(1) 관리감독자의 안전보건 업무 (산업안전보건법)

① 지휘·감독하는 작업과 관련되는 기계·기구 또는 설비의 안전보건점검 및 이상 유무의 확인
② 소속 근로자의 작업복·보호구 및 방호장치의 점검과 그 착용·사용에 관한 교육·지도
③ 해당 작업에서 발생한 산업재해에 관한 보고 및 이에 대한 응급조치
④ 해당 작업장의 정리정돈 및 통로확보의 확인·감독
⑤ 안전보건 작업기준을 작성하여 소속 근로자에게 지키도록 한다.
⑥ 「안전점검표」를 작성하여 소속 근로자로 하여금 점검토록 한다.
⑦ 작업환경측정이 필요한 작업명 및 측정결과를 파악해 둔다.
⑧ 「정리정돈기준」을 수정·보완하여 그것을 이행시킨다.
⑨ 작업자의 자격, 작업능력을 고려하여 작업배치를 한다.
⑩ 「안전보건에 관한 교육훈련」을 실시한다.
⑪ 소속 근로자의 안전보건 의식을 고취시키기 위한 활동을 추진한다.
⑫ 긴급 시의 조치 방법을 작성하여 소속 근로자의 안전에 철저를 기한다.
⑬ 소속 근로자의 건강관리를 도모한다.
⑭ 사업장 내에 법령으로 정해져 있는 안전표시 및 표지를 부착한다.

(2) 안전담당자에게 추가되는 안전보건 업무

① 유해 또는 위험한 작업에 근로자를 사용할 때 실시하는 특별교육 중 안전에 관한 교육
② 해당 작업과 관련된 유해 또는 위험한 기계·기구 및 설비에 대한 자체검사(해당 분야의 자격을 가진 자에 한함)

06 위험요소 발견

안전관리의 5단계 중 제2단계는 위험요소의 발견이다. 많은 산업현장에서 안전관리는 대부분 산재관리차원에서 전개되고 있는 것이 현실이다[1]. 사업장에서는 위험요소

1) 안전관리 계획을 수립할 때 재해통계를 활용하는 경우가 많다. 그러다 보니, 위험요소 발견 활동에서도 재해통계를 조사할 때 언급된 위험요소에 집중되는 경우가 많다. 경험한 위험요소보다 경험하지 않은 위험요소(=잠재된 위험요소)가 더 많음을 인식하자. 산재관리차원의 위험요소 발견은 낮은 수준의 안전관리임을 인식하자.

발견을 위해 재해보고서와 재해통계 그리고 안전순찰 및 점검을 통하여 실시되는 것이 보통이다.

하지만 안전관리는 산재관리차원이 아니라, 사고관리차원에서 실시되어야 한다. 사고관리차원에서 안전관리가 전개되는 사업장에서는 안전순찰 및 점검, 재해통계 및 재해보고서를 활용하여, 사고나 아차사고 발생도 참고하여, 위험요소를 발견하고 있다.

높은 수준의 안전관리 차원으로 성장하기 위해서는 사업장 안전관리가 위험관리차원에서 진행되어야 한다. 위의 모든 수단을 포함함과 동시에 잠재된 위험까지 발굴하는 활동과 함께, 경험과 전문 지식을 통한 위험요소의 발견을 위해 노력해야 한다.

이러한 높은 수준의 안전관리를 위해서는 위험발견이 안전관리에 있어서는 매우 큰 비중을 차지한다는 것을 말한다. 당연한 이야기이지만, 발견된 위험요소에 대해서는 안전대책 등을 강구할 기회가 있으나, 발견하지 못하는 위험요소에 대해서는 우리 인간은 아무런 대책도 강구할 수 없다.

위험요소의 발견은 사람의 눈에 의한 발견이라고 생각할 수도 있겠지만, 사람이 출입이 어렵거나 물리적으로 접근이 불가능한 장소, 또는 눈으로 보아도 위험성을 확인할 수 없는 장소에 대해서는 여러 가지 감지기 및 기계장비의 도움을 빌려야 한다. 이러한 상황에서는 감지기 및 기계장비의 고장 여부를 확인하는 것으로 위험요소 발견을 실시해야 한다.

위험요소의 근본은 거의 대부분 작업장에서 존재하고 있는 다양한 에너지이다. 에너지를 포함하고 있는 모든 물질들이 위험요소가 될 수 있음을 잊지 말자. 크게 세 가지 형태로 나눌 수 있을 것이다. 첫째는 '위험기계·기구 및 설비'이며, 둘째는 '위험한 작업', 셋째는 '에너지를 가지고 있는 위험물질'의 형태를 생각하면 되겠다. 따라서 현장에서 위험요소를 발견하기 위해서 이 세 가지의 형태를 고려하여 실시하면 많은 도움이 될 것이다.

지금까지 우리나라 산업현장에서의 위험요소의 발견을 위해 재해가 발생한 이후의 서류를 통해 실시되어 왔다. 재해통계, 현장의 재해사례를 통해 안전관리를 실시한다면, 이것은 사고방지가 아닌 재해예방을 위한 노력이 될 것이다. 좋지 않은 안전관리이다.

이러한 안전점검에 의해 지난 시간동안 어느 정도 성과를 도출하였다. 특히, 비교적 작은 규모의 단순한 공정에서 가능하였다. 하지만, 산업이 발달할수록, 설비와 작업이 복잡해지고 있다. 현재의 몇몇 대기업을 제외하고는 안전관계자를 포함하여 안전 staff에 의해 (몇몇 사람에 의한 눈으로) 안전관리를 실시하고 있는 것이 현실이다. 이러한 안전관리는 사업장 내에 존재하는 수많은 위험요소를 발견하기에는 한계가 존재한다.

실제로 안전관리를 철저히 실시함에도 대규모 재해가 발생하는 사례가 있다. 이것은 사람의 눈에 의하여, 재해사례를 통한 안전관리를 실시하는 것이 여러 가지 이유 중에 하나일 것이다.

현 산업구조는 빠르게 변화하고 있다. 앞으로 점점 더 복잡한 공정을 가진 사업장이 늘어날 것이고, 각 공정마다의 위험요소를 발견하기 위해서는 몇 사람의 시각보다는 다양한 각도에서 공정을 관할할 수 있는 시각이 필요하다. 이를 위해서는 해당 사업장에서 작업에 참여하고 있는 모든 작업자를 안전관리에 참여하는 것이 가장 좋은 방법이다. 설비와 작업상에 존재하는 위험요소는 작업자가 가장 잘 알고 있다. 특히, 유해·위험방지계획서[2)]를 현장의 근로자들과 안전관계자가 함께 같이 작성한다면 위험요소 발견만이 아니라, 전체 사업장 안전관리에도 많은 도움이 될 것이다.

07 분석

사고방지를 위한 위험에 대한 분석은 사고 발생 이전의 사전 분석과 사고 발생 이후의 사후 분석으로 나눌 수 있다. 사전 분석은 사고가 발생할 수 있는 가능성이 있는 위험요소들에 대하여 사고가 발생하기 이전에 미리 찾아내는 것이다. 잠재된 위험을 포함하여, 위험요소를 찾아내어 위험을 분석한다.

한편, 사후 분석은 재해(사고도 포함)가 발생한 후에 재해의 발생경로를 조사하는 것이다. 재해원인 분석은 바로 그 원인을 찾아내기 위해 분석하는 것이다. 산업재해관리의 차원에서 안전관리를 전개할 때는 바로 이것이 제일 핵심적인 부분이 될 것이다.

하인리히의 안전관리의 5단계 중 네 번째 단계인 대책 선정의 단계가 제대로 진행되지 않았음을 앞에서 언급하였다. 이 네 번째 단계의 대책은 경우에 따라서는 분석이 제대로 이루어지지 않은 경우가 많다.

당연한 이야기지만, 정확한 원인 분석이 이루어져야만 4단계의 대책을 효율적으로 적절히 강구할 수 있다. 적절한 대책을 통해서만이 실제로 사고를 방지할 수 있는 높은 수준의 안전관리를 기대할 수 있다. 이러한 분석기술이 안전관리에 있어 사실상 가장 핵심적인 부분이 될 것이며, 이 분석기술 중의 하나가 뒷장에서 학습하게 될 위험

2) 산업안전보건법에 의해 특정 대상 업종과 설비에 대하여, 공정과 직접적으로 관련된 건설물·기계·기구 및 설비 등 일체를 설치·이전하거나 주요 구조부분을 변경하기 전에 유해·위험방지계획서를 작성·제출하고 현장 확인을 통해 유해·위험요인을 제거함으로써 산재예방 및 근로자 안전보건의 유지·증진에 기여하기 위한 법적 제도

성 평가이다.

위험을 발견하기 위한 여러 가지 과정을 거친 후, 발견된 위험은 안전관계자와 관리감독자 그리고 현장 근로자가 모두 참여하여 사고가 발생할 수 있는 가능성(빈도)과 재해에 의한 피해정도를 나타내는 중대도(강도)를 평가하여야 한다. 대책은 발생 가능성이 크고 또한 중대도가 큰 순서로 우선순위를 정하여 집중적으로 관리하여야 한다.

위험 분석의 결과는 피드백 되어야 한다. 차기 안전보건계획을 작성하는데 필요한 기본적 정보를 제공할 뿐만이 아니라, 안전관리의 결과물을 평가하는데도 중요한 평가기준이 될 수 있다. 비록, 위험성을 분석하는 기술은 안전관리업무 중에서 가장 어려운 부분이다. 따라서, 높은 수준의 안전에 관한 지식과 경험 등을 필요로 한다. 안전을 실시하는 관계자는 지속적으로 학습을 하여야 하며, 현장의 근로자와 전문가와의 소통이 매우 중요한 것이다.

참고로, 시스템이 거대화, 복잡화됨에 따라, 많은 위험요소를 현장 작업자가 하나하나 관리를 하는 것이 불가능에 가까워지고 있다. 최근 IOT, ICT 등 4차 산업의 발전에 따라 안전관리시스템에도 많은 변화가 발생하고 있다. 새로운 신산업의 도출에 따라, 우리의 안전관리의 형태도 변화가 요구되고 있다.

여기서 명심해야 하는 사항 하나를 언급하고자 한다. 우리 인간이 위험을 억제하기 위해 어떠한 안전대책을 적용하게 되면, 그 안전대책 적용으로 인해, 사고가능성과 재해중대도가 변화한다는 것이다. 여기서 중요한다는 것은 변화한다는 것이지, 반드시 안전성이 향상된다는 것을 의미하지 않는다는 것이다. (한 곳에 변화가 생기면 다른 곳에 기존과는 다른 영향을 미친다.) 안전대책을 적용한 후에는 다시 한 번 위험 분석과 평가를 하여, 안전성의 향상을 확인해야 한다. 위험성 평가를 통해, 안전관리의 우선순위를 결정해야 한다.

앞에서 언급한 것처럼, 재해가 발생하면 이에 대하여 반드시 원인 분석이 이루어져야 한다. 하지만, 현재 우리의 주어진 상황을 둘러보면, 우리나라의 각 사업장에서 실시되고 있는 재해원인 분석방법은 위험성이 큰 대규모 사업장을 제외하고는 많은 경우 산업재해 조사규정에 정해져 있는 산업재해조사표에 규정된 항목을 대상으로 그 기준을 가지고 재해의 원인 분석이 실시되고 있다. 각 사업장 고유의 특성이 고려되지 못하고 있는 실정이다. 재해원인 분석을 위해 근본원인 분석(Root Cause Analysis) 등의 방법을 활용하는 것이 필요하다. 처음에는 쉽지 않겠지만, 지속적 노력이 필요할 것이다.

명심해야 할 것은, 산업재해조사표는 전국적 통계에 따라, 이를 기본으로, 공통적인 기본적인 안전의 정책이 향하는 방향을 결정하는데 도움이 될지는 몰라도, 각각의 사업장 고유의 특징을 고려하지 않고 있기 때문에, 개별 사업장과 같이 소규모 장소에 있어 이를 근거로 재해율과 같은 산업재해조사표를 참고로 안전대책 및 안전관리계획을 수립하는 것은 좋은 방법이 아님을 알아야 한다. 완전히 똑같은 사업장은 있을 수 없다. 같은 기계라도, 같은 인간이 아니라면, 위험성은 달라진다는 것을 반드시 기억해 두자.

08 공학적 안전대책

8.1 안전대책의 기본개념

사업장 현장에서 발견된 허용범위를 넘어선 위험요소에 대해서는 반드시 안전대책을 마련함으로써, 사고방지와 재해예방을 도모해야 한다. 이러한 안전대책에는 두 가지 방법으로 나눌 수 있다. 사고의 발생가능성을 낮추기 위해 실시하는 '사고방지대책'과 피해의 크기를 줄이기 위해 실시하는 '재해감소대책'이 있다. 이때 중요한 것은 안전대책을 실시할 때에는 사고가능성을 낮추기 위한 사고방지대책을 항상 최우선적으로 강구해야 하며, 사고방지대책 실시이후에도 남아 있는 가능성을 대비하여 재해로 인한 피해를 줄이기 위하여 재해감소대책도 마련해야 한다.

안타까운 현실은 현장에서 근무하는 안전관계자 조차도 재해감소대책을 사고방지대책으로 잘못 이해하는 경우가 자주 발생한다는 것이다. 이것은 안전관리론에서 의미하는 사고와 재해를 정확히 구분하지 못하기 때문에 발생하는 현상이다. 따라서, 안전대책을 마련할 때에는 먼저 발생한 현상에 대하여, 무엇이 사고이고 무엇이 재해인지부터 명확히 확인할 필요가 있다.

다시 한 번 확인하자. 사고(Incident)란 목적한 일을 수행하는 과정에서 일이 진행함에 있어 무언가에 의해 방해를 받거나 작업능률을 떨어뜨리는 것 등에 의해 원하지 않는 사상(Event)으로서, 직접적 또는 간접적으로 재해를 일으킬 가능성이 있는 것들을 말하며, 재해는 사고의 결과로 인해 발생하는 인적 손실(Injury)과 물적 손실(Damage or Loss)을 의미하는 것임을 명심하자.

사고가 일어난다고 해도 사고로 인해 재해가 반드시 발생하는 것은 아니지만, 일단 사고가 일어나면 하인리히의 손실우연의 법칙에 의해 재해가 발생할 가능성을 정확히 예측할 수가 없기 때문에, 앞에서 안전관리의 원리에서 언급한 것처럼 안전관리를 수행할 때 대책은 사고방지의 차원에서 대책을 강구해야 한다.

이런 안전대책은 처음에는 공학(Engineering), 규제(Enforcement), 교육(Education)을 의미하는 3E의 원칙에 따라 강구되었으나, 최근에는 휴먼에러를 중시하는 인간공학적 방법을 도입한 인간적(Man)을 포함한 설비적(Machine), 작업적(Media)과 관리적(Management)을 의미하는 4M의 원칙을 따라 위험요소를 찾아 관리하는 방법으로 변화하고 있다. 여기서, 3E과 4M의 차이는 크지 않지만, 4M에서는 인간적 요소를 포함한다는 것을 알 수 있다.

8.2 근원적 안전대책

사업장 현장에서 실제로 발견된 위험요소 중 허용범위를 넘은 위험요소에 대해서는 반드시 안전대책을 강구해야 하며, 현장에서 어떠한 안전조치를 강구할 때에는 다음에 언급하는 안전공학적인 측면에서 접근해야 한다.

위험요소가 발견되었을 때에는, 제일 먼저 생각해야 하는 것은 근원적 안전조치가 될 것이다. 이것은 위험원 즉 앞에서 언급한 적이 있듯이, 위험기계·기구 및 설비, 위험물질 그리고 위험작업을 사용함에 있어 형태가 변형되든지 또는 에너지원이 다른 것으로 대체함으로써 처음부터 위험하지 않은 상태로 만들어 주는 것이다. 또한, 설계에서부터 Fail Safe와 Fool Proof라는 개념을 포함하여 안전한 설계를 실시하도록 노력해야 할 것이다.

Fail Safe와 Fool Proof의 개념을 설비에 투입하는 것은 일반적으로 회사 측에 많은 투자를 요구하기 때문에 많은 경제적 부담은 존재한다. 하지만, 근로자의 불안전한 행동이 발생하더라도 설비적인 측면에서 높은 안전을 유지해 주는 것이 가능해 진다면, 앞에서 안전제일의 부분에서 학습하였듯이 투자로 인한 손실보다는 이익이 더 클 수 있음을 인식하자.

인간은 불안전한 동물이다. 실수하는 것이 정상적이다. 인간을 실수하지 않도록 하게 하는 것보다는 인간이 실수하더라도 설비가 정상적으로 돌아가 재해가 발생하지 않도록 하는 것이 가장 좋음을 잊지 말자. Fail Safe와 Fool Proof는 인간에 의한 에러로 발생하는 사고를 방지하기 위한 대책을 강구할 때 매우 중요한 개념이다. 그 의미와 생각하는 방법을 지금부터 학습해나간다.

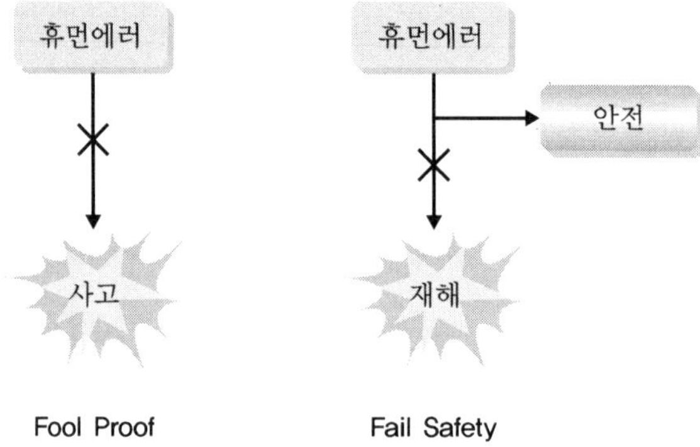

▲ 그림 Fool Proof와 Fail Safety의 개념

(1) Fool Proof(오동작방지장치)

Fool Proof를 한마디로 말하면, 인간이 잘못한 행위를 하려고 해도 잘못되지 않도록 고려하는 것이다. 예를 들어 생각해보자.

① 일상생활에서

㈀ 세탁기의 뚜껑을 닫지 않으면 세탁기가 작동하지 않는다.
㈁ 자동차가 브레이크를 밟고 있지 않으면 엔진시동이 걸리지 않는다.
㈂ 문이 열린 전자레인지는 작동하지 않는다.

② 산업현장에서

㈀ 압력 용기에 일정 압력 이상 되면 밸브가 열려 압력을 낮춘다.
㈁ 프레스 내부에 손이 들어가지 않도록 이중으로 스위치를 설치하여 동시에 눌러야 작동한다.

③ 소방에서

㈀ 감지기를 교차회로방식으로 설계한다. 1회 감지에 경보발생 후, 2회 감지에 스프링클러가 작동한다.
㈁ 화재 발생 시 피난대책으로 피난경로는 간단, 명료하여야 한다.

▪ 영어단어를 확인하자.
Fool Proof = 오동작방지장치
Fool : A person who behaves in a silly way without thinking
Proof : the process of testing whether something is true or a fact

(2) Fail Safe(안전도 증강장치)

Fail Safe란 제품 또는 시스템에 고장이나 에러가 발생하여도 안전을 유지하도록 고려한 것을 말한다. 다시 말해, 이중안전장치를 의미하는 것으로 하나의 수단이 고장이 생겼을 때 2차적 수단에 의하여 구제할 수 있도록 하는 것을 말한다.

① **생활에서**

(ㄱ) 이상을 감지한 자동차는 자동적으로 정지한다.
(ㄴ) 넘어지면 자동적으로 전원이 꺼지는 난방기

② **산업현장에서**

(ㄱ) 압력 용기가 일정 압력 이상이 되면 파열판이 파열하여 모든 압력이 방출한다.
(ㄴ) 프레스 내부에 손이 들어가 있으면 스위치를 눌러도 프레스가 작동하지 않는다.

③ **소방에서**

(ㄱ) 소방설비 전원에 비상전원 및 예비전원을 확보한다.
(ㄴ) 화재 시 피난대책은 2방향 이상 피난로를 확보해야 한다.

8.3 방호적인 안전대책

가장 이상적인 안전대책은 근원적인 안전조치이다. 하지만, 근원적인 안전대책은 실시함에 있어 많은 곤란이 발생한다. 따라서, 그 근원적인 대책이 어려울 때 취할 수 있는 방법은 방호적 안전대책이다. 방호적 안전대책은 위험요소를 검토한 다음에, 그 위험요소를 외부와 접촉하는 것이 불가능하게 하는 것이다. 앞에서 언급한 적이 있다. 공학적 의미에서의 사고는 위험원과 피해대상과의 접촉을 의미한다고 하였다. 따라서, 그 접촉을 없애기 위하여 위험요소에 어떤 대책을 취하는 것이다. 예를 들어, 위험요소로 칼이 있다면, 칼을 칼집에 넣는 것이다. 위험요소를 없애기 위해 칼을 사업장에서 완전히 없애버리는 근원적인 안전대책이 이상적이지만, 칼이 없다면 작업을 할 수 없게 되는 경우에는 칼집에 넣어 둔다는 방호적인 대책이 있을 수 있다.

위험기계의 덮개나 울타리 등으로 작업자가 위험 시설에 다가갈 수 없도록 차단하는 것이다. 또한 안전장치가 있어 위험한 상황이 발생하면 자동적으로 작업이 정지되도록 하는 것 또한 방호적인 안전대책이 될 수 있다.

하지만, 이런 방호적 안전대책에는 큰 결점이 있다. 그것은 안전장치는 고장이 발생할 수 있기 때문에 항상 정기적으로 점검을 해야 한다. 이런 유지보수를 실시할 때, 안전장치를 일시 정지하는 경우가 많은데, 유지보수 후에, 그것을 원위치로 복구하지 않는 경우도 자주 발견된다. 평상시 유지보수를 실시할 때에는 마지막에 안전을 확인하는 것이 필요하다.

8.4 보호적인 안전대책

이상의 근원적 대책, 방호적 대책 모두 수립하기 어려운 경우가 발생하기도 한다. 위험요소와 사람의 접촉을 방지하기 위해, 사람에게 안전대책을 수립하는 것이다. 예를 들어, 칼을 사용하는 사업장에서 칼을 없애지 못하게 되었고, 게다가 칼집을 넣어두는 것도 불가능하게 되는 경우에는 마지막으로 취하는 방법은 사람이 칼에 찔리지 않도록, 사람에게 장갑을 사용하게 하고, 안전화, 안전모, 안전장갑, 보호안경을 착용하게 하는 것이다. 하지만, 이런 작업자에게 안전보호장비를 착용하도록 하는 것은 실은 좋은 방법이 되지 못한다. 인간은 처음부터 그런 보호장비를 착용하는 것을 좋아하는 사람은 없기 때문이다. 작업자의 입장에서 생각해 보면, 매우 번거롭기 때문에, 또한 작업 효율이 떨어진다. 생산업의 근로자들은 자주 호소한다. 맨손으로 기계를 만져야 기계와 소통하는 것이 가능하다고 말하곤 한다.

만약 보호장비를 활용하여 안전대책을 세운 경우에는 작업자가 보호장비에 익숙해질 때까지 상당한 시간이 걸린다는 것을 잊지 말아야 한다.

여기서 다시 한 번 강조한다. 근원적, 방호적 대책에 최선을 다해야 하며, 도저히 방법을 찾을 수 없을 때, 그때 마지막으로 취하여야 하는 대책이 보호적인 대책임을 명심하자. 대부분의 보호적 대책은 일단 사고가 발생한 이후이다. 대부분의 보호적 대책은 재해예방에 해당된다. 사고방지를 위해 노력해야 한다.

용어를 확인해 보자. 일반적으로 보호와 방호를 거의 같은 뜻으로 사용한다. 하지만, 공학적 측면에서는 명확히 다른 의미이다.

(1) **방호** : 어떤 공격이나 해로부터 막아 지켜서 보호함.
(예; 방호구조, 방호장치, 방호벽 등)

(2) **보호** : 위험이나 곤란 따위가 미치지 아니하도록 잘 보살펴 돌봄.
잘 지켜 원래대로 보존되게 함.
(예; 소방에서는 호흡 보호장비, 화학 보호복, 방사능 보호복 등)

▪ 앞장에서 안전제일을 학습하였다. 많은 산업현장에서 안전제일을 외치고 있지만, 실제로는 그 중요성 인식하지 않고 있다고 언급하였다. 많은 현장 근로자들이 생산성과 안전은 서로 충돌하고 있다고 생각하고 있다. 그런 선입견을 가지게 된 이유 중에 하나는 바로, 보호대책이 안전활동으로 인식하고 있기 때문일 것이다. 사고와 재해의 명확한 정의와 함께, 방호대책과 보호대책을 명확히 구분할 수 있어야 한다. 안전관리의 중점은 재해가 발생을 하지 않도록 노력하는 것이 아니라, 사고가 발생하지 않도록 노력하는 것이며, 그 대책은 보호적인 대책이 아니라, 방호적 대책을 강구하는 것이 주요 활동이다. (본 교재에서의 용어정의를 재확인하자.)

8.5 표시적인 안전대책

근원적, 방호적, 보호적 대책은 안전대책 중에 직접적인 안전대책에 해당한다. 그와 동시에 간접적인 안전대책이 있다. 표시적인 안전대책이다. 위험요소를 직접적으로 통제하는 것은 아니지만, 안전표지 등을 통해 간접적으로 사람에게 위험을 알림으로써, 자기방어본능에 의해 자신을 안전하게 하도록 행동하도록 만드는 것이다.

표시적인 안전대책은 위험을 확인하기 어려운 장소나 잘못 인식할 수 있는 장소에 대하여, 또한, 안전점검에 의해 발견한 위험요소에 대해서 즉시 대처를 해야 하는 것이 가장 이상적이지만, 즉시 대처하는 경우가 어려울 때도 있다. 이때에는 위험을 다른 작업자에게 알려, 주변 사람들이 안전을 확보하도록 도와주는 것이다.

표시적인 안전대책은 큰 단점을 가지고 있다.

인간의 자기방어본능은 시간의 흐름에 따라, 무디어지는 것이다. 안전표지를 처음 보았을 때는 자기방어본능에 의해 조심하게 된다. 하지만, 오늘도 보고 내일도 보고 매일 같은 것을 보게 된다면, 감각이 무디어지고 조심하려는 의욕이 저하되게 된다. 일정 시간이 흐르면 아무런 영향이 없게 된다. 따라서, 표시적 안전대책보다는 직접적인 안전대책이 중요함을 잊지 말자.

참고로, 표시적인 안전대책은 일정한 교육적 효과도 있다. 위험을 알리는 것과 함께, 안전에 관련된 정보를 제공하는 효과도 있다. 모르면 어떤 행동도 취할 수 없지만, 알게 될수록 안전한 행동을 하게 되는 경향이 있다.

하인리히의 88대 10대 2의 법칙에서 언급한 것처럼, 산업재해의 건수 중에 대부분은 사전에 인간에 의해 발생을 억제할 수 있는 것이다. 그에 따라 현장에서는 산업재해 발생 억제를 위한 대책으로 안전교육을 통하여, 불안전한 행동을 통재하여 재해를 예방하려는 경향이 있다. 하지만, 이런 경향은 좋지 않은 경향이다. 이유는 모든 현장 근로자에게 모든 위험요소에 대하여 필요한 교육을 모두 철저히 시킨다는 것은 사실상 불가능에 가까운 일이다. 산업재해의 원인 분석 결과가 대부분 안전교육의 미흡으로 정리되고 있는 것은 가슴 아픈 현실이다.

참고로, 안전교육을 반드시 언어적인 수단을 통해서 해야 한다는 것은 아니다. 그림이나 문자를 통하여 근로자에게 위험요소를 알려주는 것이 가능하다. 또한 작업 시 주의 사항 등 작업장에서의 행동요령을 알려 줄 수도 있다. 이러한 의미에서 표시적인 안전대책은 필요한 교육을 일일이 시킬 수 없는 불안전한 행동 및 상태를 작업 근로자에게 정보를 제공하는 역할도 포함된다. 비록 직접적인 대책이 중요하며 우선적으로 실시해야 하겠지만, 간접적인 대책도 부가적으로 도움이 되는 것은 사실이다.

표시적인 안전대책으로 자주 사용하는 위험표지나 주의 표시는 현장의 근로자에게 위험을 알려 안전한 행동을 유도한다. 하지만, 이런 효과는 시간이 없어짐에 따라 그 효과가 없어짐과 동시에 또 다른 단점을 가진다. 그것은 작업자가 작업을 함에 있어 조심하게 됨으로써, 자유롭게 움직이지 못하게 되는 것이다. 그 결과 생산성이 떨어지면, 품질 또한 떨어질 수 있다. 경영의 측면에서도 마이너스가 될 수 있음을 인식하자. 경영의 측면에서 보아도, 안전, 품질, 그리고 생산성을 모두 고려한 안전대책은 직접적인 안전대책이 이상적이며, 표시적인 안전대책은 작업자가 잠재 위험을 인식하기 어려운 경우나, 특별한 상황에 따라 잠시 위험요소를 방치할 경우에 한하여, 표시적인 안전대책을 활용해야 할 것이다.

8.6 안전대책의 우선순위

위험요소가 발견되면 우선 안전 설계를 통하여 근원적으로 위험요소가 없어지도록 근원적인 안전조치를 취해야 한다. 이것이 불가능할 때 덮개와 울타리 등으로 위험요소를 봉쇄하는 방호적인 안전대책을 강구해야 한다. 만약, 작업공정의 특성상 방호조치를 취하는 것조차 어렵다면, 그때, 작업자에게 보호적인 안전대책을 취해야 한다.

이런 안전대책과 함께, 그 효과를 높이기 위해, 작업자에게도 위험요소를 알려주어야 한다. 작업자의 주의력을 높여주고, 안전하게 작업할 수 있도록 작업안전기준을 수립해 주어야 하며, 사고로 인한 중대도를 낮추기 위해, 안전보호장비 등을 지급·착용하게 하는 보호적인 안전대책도 병행해야 한다.

재해 건수 중 상당한 부분이 작업자들이 위험을 인색하지 못하고, 접근하여 발생하는 재해가 많으므로, 위험을 정확히 인식하고 있다면 안전을 확보하는 데 큰 성과가 있을 것이다. 근로자에게 위험요소에 관한 정보를 전달하는데 가장 효과적인 방법은 현장에서 안전교육을 실시하는 것이다. 하지만, 이러한 방법은 현실적으로 어려움이 있을 것이다. 그 보조적인 방법으로 안전표시가 활용될 수 있음을 인식하자.

09 기기 및 설비의 유지보수 방식

대한민국은 1970년대에 급속한 산업의 발전에 따라, 지난 50년간 빠른 경제성장을 이루었다. 그에 따라 기기 및 설비의 노후화가 진행되고 있으며, 이에 따라 유지보수에 관한 관심도 높아지고 있다. 안전관리 입장에서는 노후화된 설비를 다시 새롭게 구성하는 것이 가장 좋은 방법이지만, 사업주의 입장에서는 경제적, 시간적 관점에서는 그리 간단한 문제가 아니다. 문제는 노후화된 설비를 언제, 어떻게 교체해 나가야 하는가? 이다. 이런 유지보수 분야는 매우 어려운 또 다른 거대한 양의 학문이 존재한다. 우리는 안전관리 실시에 참고해야 하는 정보수집의 이해도를 높이기 위해, 기기·설비의 신뢰성의 개념과 기본적인 유지보수 개념을 학습하자.

9.1 설비의 신뢰성

설비는 시간이 흐름에 따라 설비의 신뢰성은 떨어진다. 동시에 시간의 흐름에 따라 고장률은 높아진다.

설비의 신뢰도와 고장률은 다음과 같다.

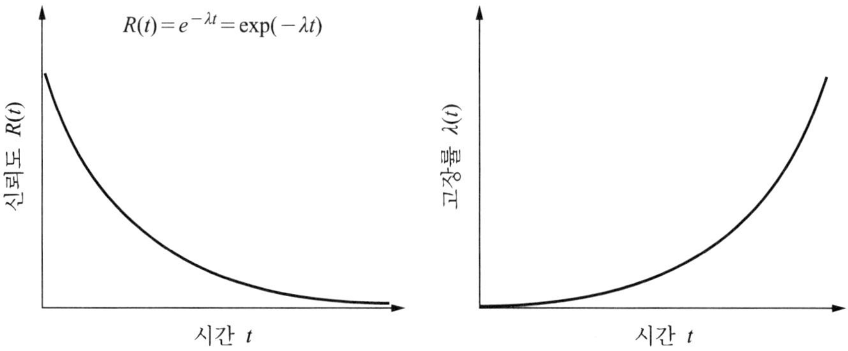

▲ 그림 **신뢰도와 고장률**

신뢰도($R(t)$)란 일반적으로 "어떤 장치나 시스템이 정해진 사용조건(사용조건, 환경조건 등) 하에서 고장 없이 일정 시간동안 우리 인간이 원하는 작동을 정상적으로 수행하는 안정성" 또는 "설계된 기능이 고장 없이 유지되는 특성(작동되는 확률)"이라고 표현할 수 있다. 설비 보전계획 시에 보전 주기를 설정할 때 대단히 중요하다. 보전 주기는 보전 비용과 생산손실을 수반한다.

고장률($\lambda(t)$)이란 설비의 시간당 고장발생률을 말한다. 어떤 설비가 t시점에서 고장나지 않는다는 조건에서 t시점에 순간적으로 고장이 날 밀도를 의미하며, 제품의 수명특성을 나타내는 중요한 척도가 된다. 고장률은 그 시간의 고장건수/그 시간의 가동시간의 합계(=1/MTBF)가 된다.

신뢰도와 고장률과의 관계는 다음과 같다.

$$R(t) = e^{-\lambda t} = \exp(-\lambda t)$$

따라서, 어떤 설비가 일정 시간에 고장 날 확률($F(t)$)은 다음과 같다.

$$F(t) = 1 - R(t) = 1 - \exp(-\lambda t)$$

그 외에, 설비의 신뢰성에 대하여, MTBF, MTTF, MTTR이라는 개념이 있다.

① **MTBF(평균 고장 간격, mean time between failure) = 1/고장률**

설비가 고장 난 시간에서 다음 고장까지의 시간, 평균 고장 발생 간격으로 그 수명이 다해 사용할 수 없게 될 때까지 걸리는 평균 시간이다. 이것이 길어질수록 신뢰성이 높다는 것을 의미한다. 두 번의 Failure 사이의 평균 시간 또는 가동시간/고장건수로 산출한다.

② **MTTF(평균 수명, 평균 고장시간, mean time to failures)**

사용 개시부터 다음 고장까지의 시간(기간)이다. 고장 날 때까지 평균 기대시간으로, 일반적으로 수리하지 않은 경우에 사용되는 시간이다.

③ **MTTR(평균 수리시간, mean time to repair)**

고장 복구(수리)시간으로 고장이 발생하였을 때부터 다음 동작하기까지의 시간을 의미한다. Failure를 해결하는데 소요되는 평균 시간이다.

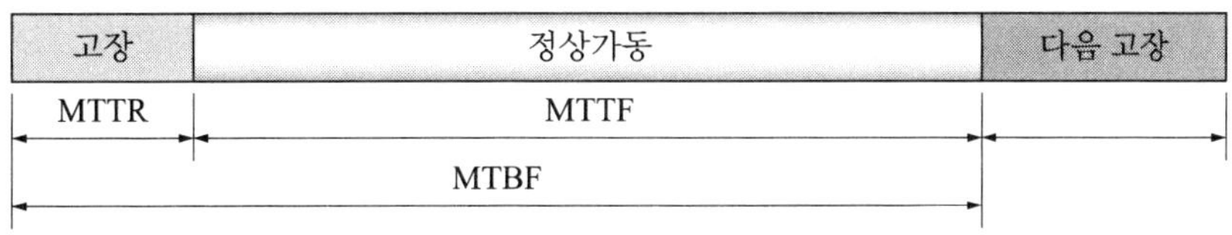

아래 예제를 통해 신뢰도, 고장률 등의 단어의 개념을 파악하기로 하고, 어려운 신뢰성공학은 다른 전문서적에 맡기도록 하자.

예제 Q&A

평균 고장률이 0.002[/시간]인 지수분포에 따르는 기기를 10시간 사용할 경우 이 기기가 고장 날 확률을 구하시오.

풀이

고장 날 확률($F(t)$)은 1에서 신뢰도를 뺀 값이 된다.

따라서, $F(t=10) = 1-$신뢰도 ← 신뢰도 $R(t) = e^{-\lambda t} = \exp(-\lambda t)$

$= 1-R(t=10) = 1-\exp(-\lambda(10)) = 1-0.98 = 0.22$

9.2 유지보수 (=보전활동)

유지보수를 한다고 하는 것이 결국은 보전활동을 의미한다. 국어대사전에서 보전이란 온전하게 보호하여 유지한다는 뜻을 가진다. 보전활동은 크게 예방보전과 사후보전으로 분류할 수 있다.

(1) 예방보전(Preventive Maintenance)

예방정비는 기기 장애나 손상이 발생하기 전에 미리 정비를 하는 유지보수를 말한다. 장비의 손상 기회를 줄이고 기기, 부품 및 예비부품의 성능저하를 최소화하는데 있다. 이 방식의 유지보수 작업을 위해서 담당자는 부품의 사용이력과 과거 장애 내역도 파악하는 것이 중요하다. 사용 이력을 근거로 장애가 발생할 수 있는 시간대를 선별해 나가는 방식이다. 시간계획보전(TBM)과 예지보전(CBM)방식이 있다.

① 시간계획보전(Time Based Maintenance, TBM)

시간기반보전이라고도 한다. 보전 계획을 수립하여, 시간의 경과에 따른 보전주기를 정하여 보전활동을 실시해 나간다. 기존에 많이 실시하고 있는 방식이다. 예를 들어, 기기 제조자가 제공한 정보에 근거하여 보전활동이 실시된다. 일반적으로는 제품의 개발과 운영 과정에서 확보한 경험에 근거하여 개발한 MTTF 등의 장애가 발생하는 메커니즘 등을 토대로 기기 개발자가 유지보수 정보를 사용자에게 제공한다.

② 상태기반보전(Condition-based Maintenance, CBM)

예지보전방식이 된다. 최근 관심이 높아지고 있다. 예방정비는 기기 장애나 손상이 발생하기 전에 미리 정비를 하는 유지보수를 말한다.

기기 사용자가 장애발생을 사전에 방지하기 위해 평상시 기기 상태를 점검한다. 유지보수의 신뢰성과 효율성을 높이기 위해, 다양한 항목의 점검을 지속적으로 수행한다. 주기적 또는 연속적인 기기 모니터링으로 해당 기기 상태를 평가하는 유지보수 방법이다. 유지보수 작업에 의해 운영을 중단하는 것을 최소화하기 위해 설비가 작동하는 동안 모니터링 하는 방법을 사용한다. 예지보전 유지보수는 통계 프로세스 제어를 원칙으로 하여 향후에 유지보수 작업이 필요한 시기를 결정하는 메커니즘을 갖고 있다. 일반적으로 진동분석, 적외선, 음향분석, 오일분석 등이 실시되고 있다. 미래지향형 안전관리에서의 보전방식이다.

(2) 사후보전

보전주기를 기다리지 않고 고장이 발생한 경우에 보전활동으로 들어가는 것이다. 사후보전이라고 해도 전혀 아무것도 하지 않는 것은 아니고 리스크가 큰 것은 예비품을 준비하여 생산장해를 최소로 하는 관리된 사후보전이 보통이다.

정비 유지보수(Corrective Maintenance)는 기기에서 결함이 발생하였을 때, 기기가 정상 작업을 수행할 수 있도록 장애가 발생한 부품을 정상화시키는 것이 주요 목적이다. 사후 유지보수방식으로, 다시 말해, 사후 안전관리에 해당된다.

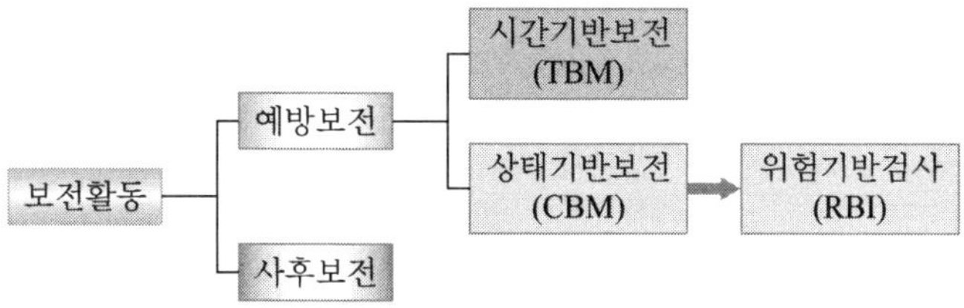

▲ 그림 **보전활동의 종류**

9.3 위험기반검사 (RBI)

앞에서 상태기반보전(CBM)이 보전에서 가장 좋은 방식이라고 언급하였다. 안전관리의 유지보수를 위한 대상선정, 점검계획 등을 결정할 때 가장 합리적이며 높은 수준의 안전관리라고 말할 수 있다. CBM을 활용하여 점검 및 보수를 하는 것이 아니라, 안전관리에서는 위험성을 확인한 후, 높은 위험성을 가진 설비에 대하여 우선적으로 대책을 실시해 나가야 할 것이다. 이런 방식은 위험기반검사(Risk Based Inspection, RBI)라고 한다.

위험기반검사(RBI)란 설비의 고장발생가능성과 사고피해 크기의 곱에 의해 결정되는 위험도에 의해 검사의 우선순위를 결정하는 기법을 말한다.

여기서 고장발생가능성(Likelihood of failure, LOG)이란 설비의 고장발생확률 및 고장발생빈도를 의미한다. 또한 사고피해크기(Consequence of failure, COF)란 사고에 의해 영향을 받는 설비의 손상범위를 의미한다.

$$\mathrm{RBI} = \mathrm{LOF} \times \mathrm{COF}$$

위험기반검사는 RBI 수행 전, 위험성 평가, 세부평가, 검사계획의 4단계로 나눌 수 있다.

▼ 표 RBI 실시 단계 및 내용

단계	내용
1단계 (RBI 수행 전 단계)	(RBI 수행 전 단계)는 RBI를 수행하기 위한 팀 구성, 시스템화(P&ID 및 PFD에 유체정보 및 인벤토리 구간을 정의), 자료 수집/분석의 단계
2단계 (위험성 평가 단계)	수집 및 분석된 자료를 RBI 프로그램에 입력하여 정성적인 방법 또는 정량적인 방법으로 개별 설비에 대한 위험도 산출하여 평가하는 단계
3단계 (세부평가 단계)	정량적으로 평가된 설비의 위험도를 기준으로 세부평가가 필요한 설비에 대하여 설비의 위험경감 방안 수립 및 잔여수명(RUL)을 평가 수행하는 단계
4단계 (검사계획 단계)	검사주기, 검사부위 및 검사방법 등을 정의하여 표준검사계획(SEIP)을 수립하는 단계이다. 표준검사계획이 수립되면 검사계획보고서에 의해 유지·관리되며, 검사를 수행 후 2단계에서 검사이력을 반영하여 지속적으로 피드백(Feedback)을 실시하는 단계

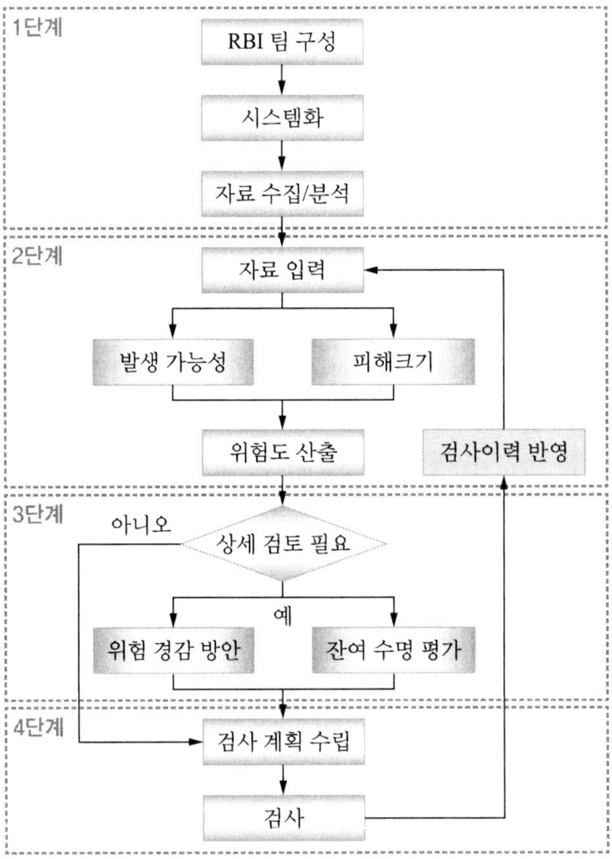

▲ 그림 RBI 수행 절차(KOSHA GUIDE P-15-2012)

RBI에 대한 상세한 내용은 KOSHA GUIDE "위험기반검사(RBI)기법에 의한 설비의 신뢰성 향상 기술지침"을 참고하도록 하자.

근년, 노후화된 산업설비에 사회적 관심이 높아지고 있으며, 특히 화학설비의 노후화는 사고에 의해 화재·폭발로 이어져 우리사회에 대규모 피해를 일으킬 잠재성을 커지고 있다. 이상과 같은 이유로 인해 일정 주기로 노후화된 설비에 대한 보전활동은 더욱더 중요성이 높아지고 있다. 높은 안전성 확보를 위해서는 미래지향적 RBI방식을 적극 활용한 보전활동을 실시해야 할 것이다.

10 기타 하인리히의 원칙들

재해예방을 위한 원칙을 정리하면 "하인리히의 산업안전 4원칙", "재해예방활동의 3원칙", "하인리히의 재해예방 5단계"로 정리하는 것이 가능하다. 재해예방을 실시함에 항상 머리와 마음속에 간직해야 할 것이다.

10.1 하인리히의 산업안전 4원칙(재해예방 4원칙)

반복적으로 이야기하고 있듯이 하인리히는 산업안전의 원칙이라는 이론을 그의 저서에서 제시하였다. 이 원칙은 산업안전에 관한 최초의 기본적인 원칙으로서 지금까지 안전관리 분야에 종사하는 사람들의 안내자적 역할을 하고 있다. 처음에 하인리히가 제시한 원칙은 10가지이었다. 다음과 같이 4가지로 요약하는 것이 가능하다. 4가지로 요약한 것을 "재해예방의 4원칙"이라고 일반적으로 부른다.

(1) 손실우연의 법칙

① 사고로 인해 재해가 반드시 발생하는 것은 아니지만, 사고로 인해 발생하는 재해는 어느 정도 피해가 날 것인지 재해의 규모를 예측하는 것은 불가능하다.
② 재해 손실은 우연에 의해 결정되기 때문에 사고 발생 자체를 방지하는데 힘써야 한다.

(2) 원인계기의 원칙

① 사고는 여러 원인이 복합적으로 서로 관계를 가지고 연속적으로 일어난다.
② 재해에는 반드시 원인이 있다. 사고와 손실의 관계는 우연적이지만, 원인은 반드시 존재한다.

(3) 예방가능의 원칙

① 사고는 방지하는 것이 가능하다는 것이다. 사고 발생은 예측할 수 있으며 반드시 그 대책이 있다는 것이다.
② 재해의 원인이 되는 위험요소를 통제하는 것은 가능하며, 그로 인해 재해를 예방할 수 있다.

(4) 대책선정의 원칙

① 사고를 방지하기 위한 안전대책은 반드시 강구되어야 한다는 것이다.
② 모든 사고는 예방이 가능하나 여러 가지 요인이 복합적으로 작용하여 발생하므로, 종합적인 연계된 대책이 강구되어야 한다.

10.2 하인리히의 재해예방활동의 3원칙

재해를 예방하는 원칙을 한마디로 말하면, 재해를 발생시킬 요인을 발견하고 이것을 적절히 제거함과 동시에 재해요인이 발생하는 그 자체를 사전에 예방하는 것이다.

(1) 재해요인의 발견

① 작업장 환경을 점검 : 불안전한 상태를 파악하고, 불안전한 행동을 발견함
② 재해사례 분석 : 재해통계와 재해사례를 조사함.
③ 작업방법의 분석 : 적절한 방법으로 작업이 실시되는지를 파악해야 함.
④ 건강검진과 적성검사 등을 실시함과 함께 작업자의 정신적인 심적 결함도 파악해야 함.

(2) 재해요인의 제거 · 시정

① 출입을 제한 : 유해 또는 위험작업에 대하여 일정 자격자만이 출입한다.
② 불안전한 상태와 행동을 억제하기 위해, 생산기술 및 작업방법을 개선한다.
③ 방호적 안전대책 실시 : 유해 · 위험요소가 있는 장소의 시설적인 개선과 방호 및 격리
④ 보호적 안전대책 실시 : 작업자 보호구의 착용을 철저히 실시
⑤ 불안전한 행동은 반드시 시정한다.
　(ㄱ) 안전보건규정을 준수. 규제는 따른다. (컴플라이언스, compliance)
　(ㄴ) 작업표준에 따른 지속적인 교육과 지도 (관리감독 포함)
　(ㄷ) 적성검사 또는 건강진단에 따라 적절히 조치

(3) 재해요인의 발생 예방

① 위험성 평가의 활용
② 제도와 기준의 이행 상태 검토
③ 사고사례 분석에 따른 재해예방대책의 이행
④ 사업장 내 원재료, 시설 및 설비, 환경 등의 관리
⑤ 신규 채용자에 대한 안전교육
⑥ 안전보건의식 고취와 지속적인 유지관리
　(ㄱ) 직장 내 안전위원회 개최
　(ㄴ) 평상시에 작업자와의 개인별 접촉을 통하여 안전의식 고취를 위한 동기부여

11 재해통계

11.1 재해통계의 의미

(1) 재해사례의 개요

재해사례를 공부해야 하는 이유는 한마디로 이야기하면 재해통계를 이용하여 위험요소를 발견 또는 제거하는 활동에 도움이 되기 때문이다. 재해는 반복된다. 무언가 깜짝 놀랄 정도의 거대 재해를 맞이하는 것도, 가만히 생각해보면, 완벽히 새로운 재해가 아니라, 대부분의 재해는 반복되어 온 재해였으며, 단지 규모가 거대해진 것일 뿐이다. 따라서, 재해사례를 학습하면, 동종 재해 및 유사한 재해의 발생을 억제할 수 있다. 또한 거대한 재해일수록 많은 위험요인들이 복잡하게 연결되어 발생하는 경향이 있다. 거대한 재해를 발생시키는 트리거(trigger) 중에 하나를 제거하면 재해를 예방할 수 있다는 것이다.

재해 발생 메커니즘을 파악함에 따라, 잠재되어 있던 다양한 위험요소를 발견할 수 있다. 지난 시간동안 어떠한 재해가 발생하였는가. 그 재해로 인해 우리 인간은 무엇을 배웠는가를 학습해야 한다. 명심하자. 재해사례는 누군가가 아주 비싼 대가를 치르고 우리들에게 전달하는 소중한 교훈인 것이다. 재해통계에 의해 재해 원인이 되는 위험요소를 파악하고 그것에 근거하여 해당 사업장의 재해발생 경향과 특성 등을 정량적으로 평가할 수 있다.

이러한 정보를 통하여 효과적인 위험요소 발굴과 효율적인 안전대책을 강구함으로써 동종 재해 및 유사한 재해의 발생을 억제할 수 있다.

재해사례를 수집하여 활용함에 있어서 다음과 같은 사항을 주의해야 한다.

① 재해사례를 많이 알고 있다고 하여 재해를 막을 수 있는 것은 아니다. 비록, 과거의 재해 발생 메커니즘을 파악하고 있다고 그것으로 충분한 것은 아니다. 기업의 특유의 시스템, 다른 물질, 다른 제조공정, 다른 설비로 인한 사업장 특성을 고려해야 함에 주의하자.

② 잠재된 위험요소의 발견은 재해에서가 아닌, 위험성 평가 등을 통해 발견하도록 노력하자.

③ 사람이 원인이 되는 재해사례도 소중한 교훈이다. 절대로, "인간은 실수를 하니까 어쩔 수 없어"라고 하지 말자. 실수의 패턴을 배우려 노력하자.

④ 최신의 재해통계를 지속적으로 학습하자.

⑤ 재해통계를 이용하여 재해의 원인과 발생 조건을 여러 가지 각도에서 조사(위험발견)하고 이것들을 종합하여 재해대책을 강구하는 수단으로 활용하자.

(2) 상해의 구분

상해가 발생하였을 때, 사업주의 입장에서 생각해 보면, 근로자가 출근을 하여 생산활동을 계속할 수 있느냐 없느냐가 가장 큰 관심일 것이다. 일단은 아래와 같이 국내와 국외의 기준을 참고로 하여 상해를 구분해 본다.

① 국내에서의 상해 구분

산업안전보건법상 사망은 명확히 정의되어 있지만, 중상, 경상 등은 정의되어 있지 않고, 재해 통계 데이터도 없는 상황이다. 산업안전관리 분야에서 사용하는 용어를 다음과 같이 정리해 본다.

㈀ **사망** : 산업현장에서 업무와 관련된 일을 수행 중에 소중한 목숨을 잃게 된 경우이다. (의사에 의해 사망진단서가 발급된 경우에 해당한다.)

㈁ **중상** : 재해를 입어 3일 이상의 휴업을 필요로 하는 경우로 치료를 위해 병원에 입원해야 하는 중대한 상태를 말한다. (이 경우 고용노동부에 산업재해조사표를 제출하여야 한다.)

㈂ **경상** : 재해를 입어 3일 미만의 치료가 필요한 경우를 말한다.

㈃ **무상해 사고** : 다른 말로 불휴재해라고도 한다. 재해 정도가 극히 미약하여, 잠시 사업장을 떠나 통원으로 충분히 치료할 수 있는 정도를 말한다.

㈄ **휴업재해** : 산업현장에서 작업을 지속적으로 수행하기가 곤란하여, 치료를 위해 업무를 중단해야만 하는 재해를 말한다. 위에서 언급한 사망, 중상, 경상으로 인해 근로자가 생산활동을 지속할 수 없는 재해를 의미한다.

㈅ **불휴재해** : 현장의 작업을 중단하지 않고 계속 작업을 수행할 수 있는 재해를 말한다. 재해가 발생하여, 치료는 필요하지만, 생산활동을 지속할 수 있는 재해를 말한다.

* 산업안전보긴법상의 **중대재해**는 산업재해 중 사방 등 재해정도가 심하거나 다수의 재해자가 발생한 경우를 말한다.
- 사망자가 1명 이상 발생한 재해
- 3개월 이상의 요양이 필요한 부상자가 동시에 2명 이상 발생한 재해
- 부상자 또는 작업성 질병자가 동시에 10명 이상 발생한 상태

- 상해의 분류와 정량적인 숫자에 큰 의미를 두지 말자. 사업장 특성을 고려하여야 한다. 다른 분야에서는 사망, 중상, 중경상, 경상, 미상, 불휴재해 등으로 나누기도 하며, 휴업을 필요로 하는 기간도 다른 경우가 있다.

3일 이상의 휴업을 필요로 하는 상해가 발생하면 빨리 상해자를 후송하여 대응한 후 산업재해 조사표를 작성하여 1개월 이내에 지방고용노동관서에 제출하여야 한다. 단, 중대재해는 지체 없이 보고하도록 의무화되어 있다. 또한 재해 기록을 보존하여야 하며, 재발방지를 위해 재해발생원인과 재해방지계획을 작성하여 보관하여야 한다.

보고 및 조치흐름은 다음 그림과 같다.

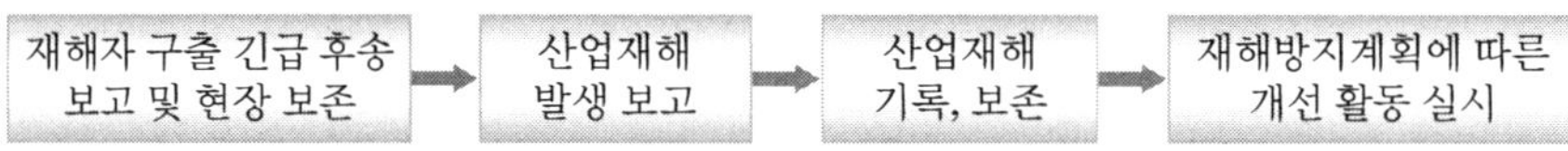

▲ 그림 3일 이상 휴업 상해 시 사업주의 보고 및 조치사항

근로자는 산업재해보상을 받기 위해 요양급여 신청서를 제출하여야 한다. 산업재해보상법에 따라 보험을 들어 있어 근로복지공단에 요양급여를 신청할 수 있다.

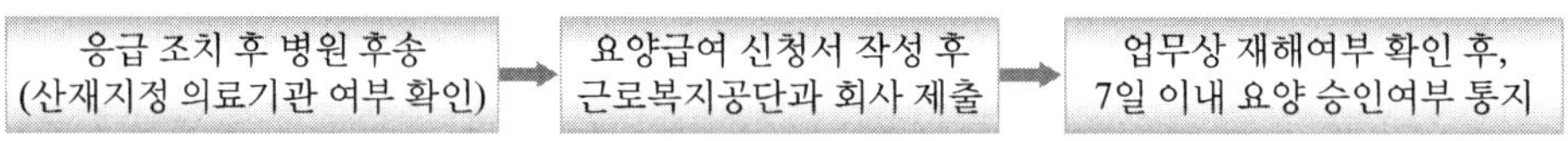

▲ 그림 재해요양 신청 절차

■ 산업안전보건법 시행규칙 [별지 제30호서식]

산업재해조사표

※ 뒤쪽의 작성방법을 읽고 작성하시기 바라며, [ ]에는 해당하는 곳에 √ 표시를 합니다. (앞쪽)

Ⅰ. 사업장 정보	①산재관리번호 (사업개시번호)		사업자등록번호			
	②사업장명		③근로자 수			
	④업종		소재지	(-)		
	⑤재해자가 사내 수급인 소속인 경우(건설업 제외)	원도급인 사업장명	⑥재해자가 파견근로자인 경우	파견사업주 사업장명		
		사업장 산재관리번호 (사업개시번호)		사업장 산재관리번호 (사업개시번호)		
	건설업만 작성	발주자	[ ]민간 [ ]국가・지방자치단체 [ ]공공기관			
		⑦원수급 사업장명	공사현장 명			
		⑧원수급 사업장 산재관리번호(사업개시번호)				
		⑨공사종류	공정률	%	공사금액	백만원

※ 아래 항목은 재해자별로 각각 작성하되, 같은 재해로 재해자가 여러 명이 발생한 경우에는 별지에 추가로 적습니다.

Ⅱ. 재해 정보	성명		주민등록번호 (외국인등록번호)		성별	[ ]남 [ ]여
	주소				휴대전화	- -
	국적	[ ]내국인 [ ]외국인 [국적:	⑩체류자격:]		⑪직업	
	입사일	년 월 일	⑫같은 종류업무 근속기간		년 월	
	⑬고용형태	[ ]상용 [ ]임시 [ ]일용 [ ]무급가족종사자 [ ]자영업자 [ ]그 밖의 사항 [ ]				
	⑭근무형태	[ ]정상 [ ]2교대 [ ]3교대 [ ]4교대 [ ]시간제 [ ]그 밖의 사항 [ ]				
	⑮상해종류 (질병명)		⑯상해부위 (질병부위)		⑰휴업예상 일수	휴업 [ ]일
					사망 여부	[ ] 사망

Ⅲ. 재해 발생 개요 및 원인	⑱ 재해 발생 개요	발생일시	[ ]년 [ ]월 [ ]일 [ ]요일 [ ]시 [ ]분
		발생장소	
		재해관련 작업유형	
		재해발생 당시 상황	
	⑲재해발생원인		
Ⅳ. ⑳재발 방지 계획			

※ ⑳재발방지 계획 이행을 위한 안전보건교육 및 기술지도 등을 한국산업안전보건공단에서 무료로 제공하고 있으니 즉시 기술지원 서비스를 받으려는 경우 오른쪽에 √ 표시를 하시기 바랍니다.	즉시 기술지원 서비스 요청 [ ]
※ 근로복지공단은 재해자의 개인정보를 활용하는 것에 동의하는 사람에 한정하여 해당 재해자에게 산재보험급여의 신청방법을 안내하고 있으니 관련 안내를 받으려는 재해자는 오른쪽에 √ 표시를 하시기 바랍니다.	산재보험급여 신청방법 안내를 위한 재해자의 개인정보 활용 동의 [ ]

작성자 성명
작성자 전화번호 작성일 년 월 일
사업주 (서명 또는 인)
근로자대표(재해자) (서명 또는 인)

( )지방고용노동청장(지청장) 귀하

재해 분류자 기입란 (사업장에서는 적지 않습니다)	발생형태	□□□	기인물	□□□□□
	작업지역・공정	□□□	작업내용	□□□

210mm×297mm[백상지(80g/㎡) 또는 중질지(80g/㎡)]

(뒤쪽)

작 성 방 법

Ⅰ. 사업장 정보

①산재관리번호(사업개시번호): 근로복지공단에 산업재해보상보험 가입이 되어 있으면 그 가입번호를 적고 사업장등록번호 기입란에는 국세청의 사업자등록번호를 적습니다. 다만, 근로복지공단의 산업재해보상보험에 가입이 되어 있지 않은 경우 사업자등록번호만 적습니다.

※ 산재보험 일괄 적용 사업장은 산재관리번호와 사업개시번호를 모두 적습니다.

②사업장명 : 재해자가 사업주와 근로계약을 체결하여 실제로 급여를 받는 사업장명을 적습니다. 파견근로자가 재해를 입은 경우에는 실제적으로 지휘·명령을 받는 사용사업주의 사업장명을 적습니다. [예: 아파트를 건설하는 종합건설업의 하수급 사업장 소속 근로자가 작업 중 재해를 입은 경우 재해자가 실제로 하수급 사업장의 사업주와 근로계약을 체결하였다면 하수급 사업장명을 적습니다.]

③근로자 수: 사업장의 최근 근로자 수를 적습니다(정규직, 일용직·임시직 근로자, 훈련생 등 포함).

④업종: 통계청(www.kostat.go.kr)의 통계분류 항목에서 한국표준산업분류를 참조하여 세세분류(5자리)를 적습니다. 다만, 한국표준산업분류 세세분류를 알 수 없는 경우 아래와 같이 한국표준산업명과 주요 생산품을 추가로 적습니다.

[예: 제철업, 시멘트제조업, 아파트건설업, 공작기계도매업, 일반화물자동차 운송업, 중식음식점업, 건축물 일반청소업 등]

⑤재해자가 사내 수급인 소속인 경우(건설업 제외): 원도급인 사업장명과 산재관리번호(사업개시번호)를 적습니다.

※ 원도급인 사업장이 산재보험 일괄 적용 사업장인 경우에는 원도급인 사업장 산재관리번호와 사업개시번호를 모두 적습니다.

⑥재해자가 파견근로자인 경우: 파견사업주의 사업장명과 산재관리번호(사업개시번호)를 적습니다.

※ 파견사업주의 사업장이 산재보험 일괄 적용 사업장인 경우에는 파견사업주의 사업장 산재관리번호와 사업개시번호를 모두 적습니다.

⑦원수급 사업장명: 재해자가 소속되거나 관리되고 있는 사업장이 하수급 사업장인 경우에만 적습니다.

⑧원수급 사업장 산재관리번호(사업개시번호): 원수급 사업장이 산재보험 일괄 적용 사업장인 경우에는 원수급 사업장 산재관리번호와 사업개시번호를 모두 적습니다.

⑨공사 종류, 공정률, 공사금액 : 수급 받은 단위공사에 대한 현황이 아닌 원수급 사업장의 공사 현황을 적습니다.

가. 공사 종류: 재해 당시 진행 중인 공사 종류를 말합니다. [예: 아파트, 연립주택, 상가, 도로, 공장, 댐, 플랜트시설, 전기공사 등]

나. 공정률: 재해 당시 건설 현장의 공사 진척도로 전체 공정률을 적습니다.(단위공정률이 아님)

Ⅱ. 재해자 정보

⑩체류자격: 「출입국관리법 시행령」 별표 1에 따른 체류자격(기호)을 적습니다.(예: E-1, E-7, E-9 등)

⑪직업: 통계청(www.kostat.go.kr)의 통계분류 항목에서 한국표준직업분류를 참조하여 세세분류(5자리)를 적습니다. 다만, 한국표준직업분류 세세분류를 알 수 없는 경우 알고 있는 직업명을 적고, 재해자가 평소 수행하는 주요 업무내용 및 직위를 추가로 적습니다.

[예: 토목감리기술자, 전문간호사, 인사 및 노무사무원, 한식조리사, 철근공, 미장공, 프레스조작원, 선반기조작원, 시내버스 운전원, 건물내부청소원 등]

⑫같은 종류 업무 근속기간: 과거 다른 회사의 경력부터 현직 경력(동일·유사 업무 근무경력)까지 합하여 적습니다.(질병의 경우 관련 작업근무기간)

⑬고용형태: 근로자가 사업장 또는 타인과 명시적 또는 내재적으로 체결한 고용계약 형태를 적습니다.

가. 상용: 고용계약기간을 정하지 않았거나 고용계약기간이 1년 이상인 사람

나. 임시: 고용계약기간을 정하여 고용된 사람으로서 고용계약기간이 1개월 이상 1년 미만인 사람

다. 일용: 고용계약기간이 1개월 미만인 사람 또는 매일 고용되어 근로의 대가로 일급 또는 일당제 급여를 받고 일하는 사람

라. 자영업자: 혼자 또는 그 동업자로서 근로자를 고용하지 않은 사람

마. 무급가족종사자: 사업주의 가족으로 임금을 받지 않는 사람

바. 그 밖의 사항: 교육·훈련생 등

⑭근무형태 : 평소 근로자의 작업 수행시간 등 업무를 수행하는 형태를 적습니다.

가. 정상: 사업장의 정규 업무 개시시각과 종료시각(통상 오전 9시 전후에 출근하여 오후 6시 전후에 퇴근하는 것) 사이에 업무수행하는 것을 말합니다.

나. 2교대, 3교대, 4교대: 격일제근무, 같은 작업에 2개조, 3개조, 4개조로 순환하면서 업무수행하는 것을 말합니다.

다. 시간제 : 가목의 '정상' 근무형태에서 규정하고 있는 주당 근무시간보다 짧은 근로시간 동안 업무수행하는 것을 말합니다.

다. 그 밖의 사항: 고정적인 심야(야간)근무 등을 말합니다.

⑮상해종류(질병명): 재해로 발생된 신체적 특성 또는 상해 형태를 적습니다.

[예: 골절, 절단, 타박상, 찰과상, 중독·질식, 화상, 감전, 뇌진탕, 고혈압, 뇌졸중, 피부염, 진폐, 수근관증후군 등]

⑯상해부위(질병부위): 재해로 피해가 발생된 신체 부위를 적습니다.

[예: 머리, 눈, 목, 어깨, 팔, 손, 손가락, 등, 척추, 몸통, 다리, 발, 발가락, 전신, 신체내부기관(소화·신경·순환·호흡배설) 등]

※ 상해종류 및 상해부위가 둘 이상이면 상해 정도가 심한 것부터 적습니다.

⑰휴업예상일수: 재해발생일을 제외한 3일 이상의 결근 등으로 회사에 출근하지 못한 일수를 적습니다.(추정 시 의사의 진단 소견을 참조)

Ⅲ. 재해발생정보

⑱재해발생 개요: 재해원인의 상세한 분석이 가능하도록 발생일시[년, 월, 일, 요일, 시(24시 기준), 분], 발생 장소(공정 포함), 재해관련 작업유형(누가 어떤 기계·설비를 다루면서 무슨 작업을 하고 있었는지), 재해발생 당시 상황[재해 발생 당시 기계·설비·구조물이나 작업환경 등의 불안전한 상태(예시: 떨어짐, 무너짐 등)와 재해자나 동료 근로자가 어떠한 불안전한 행동(예시: 넘어짐, 끼임 등)을 했는지]을 상세히 적습니다.

[작성예시]

발생일시	2013년 5월 30일 금요일 14시 30분
발생장소	사출성형부 플라스틱 용기 생산 1팀 사출공정에서
재해관련 작업유형	재해자 000가 사출성형기 2호기에서 플라스틱 용기를 꺼낸 후 금형을 점검하던 중
재해발생 당시 상황	재해자가 점검중임을 모르던 동료 근로자 000가 사출성형기 조작 스위치를 가동하여 금형 사이에 재해자가 끼어 사망하였음

⑲재해발생 원인: 재해가 발생한 사업장에서 재해발생 원인을 인적 요인(무의식 행동, 착오, 피로, 연령, 커뮤니케이션 등), 설비적 요인(기계·설비의 설계상 결함, 방호장치의 불량, 작업표준화의 부족, 점검·정비의 부족 등), 작업·환경적 요인(작업정보의 부적절, 작업자세·동작의 결함, 작업방법의 부적절, 작업환경 조건의 불량 등), 관리적 요인(관리조직의 결함, 규정·매뉴얼의 불비·불철저, 안전교육의 부족, 지도감독의 부족 등)을 적습니다.

Ⅳ. 재발방지계획

⑳ "19. 재해발생 원인"을 토대로 재발방지 계획을 적습니다.

[별지 제2호서식]

산 업 재 해 보 상 보 험

요 양 급 여 신 청 서

※ 굵은 선 안은 필수 기재사항이므로 반드시 기재해 주시기 바랍니다. (앞 면)

접수번호		접수일자		처리기간	7일

재해자

성 명(외국인은 외국인등록증상 영문명 대문자)	주민등록번호(외국인등록번호) □□□□□□-□□□□□□□
주 소	휴대전화: 전화번호:
재해발생 일 시 □□□□년□□월□□일□□시□□분	채용일자: 년 월 일

출근시간: 퇴근시간: 직 종:

보험가입자(사업주)와의 관계	사업주여부	[ ] 해당없음 [ ] 실제사업주(동업자포함) [ ] 하수급사업주
	친인척여부	[ ] 해당 없음 [ ] 배우자 [ ] 부모 [ ] 자녀 [ ] 형제자매 [ ] 기타 친인척( )
근로자유형		[ ] 근로자 [ ] 노무제공자 [ ] 중소기업사업주 [ ] 중소기업사업주 가족종사자 [ ] 학생연구자 [ ] 건강손상자녀 [ ] 특수형태근로종사자('23.6.30. 이전 재해) [ ] 현장실습생

사업장 및 재해 관련 내용

신청 구분: [ ] 업무상 사고 [ ] 업무상 질병(진폐 · CS2 포함) [ ] 출퇴근 재해

사업장명		사업주명		연락처(☎)	

사업장관리번호 (이용개시번호, 플랫폼화물차주관리번호) □□□-□□-□□□□□-□ (사업개시번호:)

사업장 주소

재해 발생 경위(별지사용 가능)

※ 작성방식: 어디에서(구체적 장소), 무엇을 하기 위해(작업내용, 목적), 무엇을 사용하여(작업도구, 취급물질), 어떻게 하다가(경위, 동작, 움직임), 어떤 이유 때문에 어떻게 재해를 당하였는지 작성하여 주시기 바랍니다.

① 위 재해와 관련하여 교통사고, 음주, 폭행 등의 사유로 경찰서에 신고(접수)된 사실이 있습니까? [ ] 예 [ ] 아니오

② 위 재해와 관련하여 119 또는 소방서에 구조구급 · 재난 신고(접수)된 사실이 있습니까? [ ] 예 [ ] 아니오

③ 위 재해와 관련하여 자동차 보험사에 사고를 신고한 사실이 있습니까? [ ] 예 [ ] 아니오

목격자가 있는 경우: 성명( ), 연락처( ), 재해자와의 관계( )

재해 발생 후 현재 요양 중인 의료기관 전에 진료(치료) 받은 의료기관

의료기관명: 소재지:

의료기관명: 소재지:

< 요양급여신청 의료기관 대행 제출 위임(동의)장 >

본인은 요양급여 신청서를 아래 의료기관이 대행하여 근로복지공단[고용 · 산재보험토탈서비스(total.comwel.or.kr) 포함]에 제출하는 것을 위임·동의합니다.

위임하는 자(신청인) (서명 또는 인)	위임받는 자(의료기관) (서명 또는 인)

※ 첨부서류: : 산업재해보상보험 요양급여신청 소견서(별지 제3호 서식)

위와 같이 업무상재해 인정 및 요양급여를 신청합니다.

년 월 일

신청인 (서명 또는 인)

대 리 인 (서명 또는 인)

② 국제노동기구의 구분

국제적으로 사용하는 기준은 우리와 좀 다를 수 있다. 예를 들어 국제노동기구(ILO)의 기준은 다음과 같다.

㈀ **사망** : 부상의 결과 죽은 상태

㈁ **영구 전체 노동 불능** : 부상의 결과로 인하여 근로자가 노동할 수 있는 능력을 완전히 잃어버린 경우이다. (근로기준법 신체장해등급 제1급, 2급, 3급에 해당)

㈂ **영구 일부 노동 불능** : 부상한 결과로 인해 근로자의 노동 능력이 일부분 상실한 경우이다. (장해등급 4～14급)

㈃ **일시적 노동 불능** : 치료시의 의사의 소견에 따라 다를 수 있다. 부상 다음날 또는 그 이후 일정 기간까지 노동에 종사할 수 없는 것. 이 경우에는 신체장해가 남지 않는다.

㈄ **일시 일부 노동 불능** : 일시 취업시간 중에 업무를 떠나는 치료를 받는다.

㈅ **구급처치재해** : 재해 발생 후 즉시 응급구급처치와 의료처치를 받아 후유증 없이 부상당한 다음날에 정상적으로 작업을 실시하는 것이다.

③ 근로손실일수의 산정기준

근로손실일수는 노동력의 상실이라는 측면에서 매우 중요하다. 근로손실일수를 산정할 때 다음과 같은 표가 활용되기도 한다. (요양급여 신청 시에 다음과 같이 산정된다.)

㈀ 사망 및 영구 전 노동 불능(신체장해등급 1～3급) : 7,500일

㈁ 영구 일부 노동 불능(신체장해등급 4～14급) : 아래표 참조

㈂ 일시 전 노동 불능 = 휴업일수 × 300/365

▼ 표 **산업재해 환산일수**

장해등급	1	2	3	4	5	6	7	8	9	10	11	12	13	14
손실일수	7,500	7,500	7,500	5,500	4,000	3,000	2,200	1,500	1,500	600	400	200	100	50

11.2 산업재해율의 정량적 평가

(1) 산업재해율 개요

① 사업장에서의 안전확보를 위해서는 그 현장의 재해발생 정도를 알아야 한다. 재해의 발생경향을 알기 위해서는 그 재해의 원인을 조사하여야 한다.
② 발생경향을 알아야 안전관리의 방향성을 알 수 있다.
③ 재해율은 단위가 없는 숫자로 나타내, 정량적으로 비교가 가능하다. 재해율은 안전사고로 인해 나타나는 인명상해의 결과(사망, 부상 등)를 바탕으로 한 여러 가지 형태의 재해율(발생빈도, 발생강도 등)을 나타내는 척도를 말하는 것이다.
④ 산업재해율은 발생하는 재해의 빈도와 발생한 재해의 피해크기를 정량적으로 나타낸 수치로서, 천인율, 도수율, 강도율 등으로 보는 각도에 따라 여러 가지 재해율로 표현한다. 각 사업장에 적용하여야 할 것이다.

(2) 천인율(연천인율)

천인율이란 특정 기간 동안 근로재해자수이다. 보통은 1년을 사용한다. 따라서, 연천인율과 동의어로 사용되기도 한다. 업무상으로 인해 발생한 재해자수를 일정 기간 동안의 평균 근로자수로 나눈 후에, 이것에 1,000배 곱한 것이다. 다시 말해, 재해근로자 1,000명당 일정 기간 동안의 근로재해자수로 표시한 것이다. 이 연천인율이 각 사업장 간의 재해율을 비교하기 위해 자주 사용된다. 여기서, 근로자의 숫자는 연간에 걸쳐 증감이 있을 수 있으므로, 반드시 평균값을 내어 재해비교를 실시해야 한다. 참고로, 상근 근로자가 아닌 경우에는 연간 근로시간수를 2,400시간이라 가정하여 계산한다.

연천인율(근로자 1,000명당 재해자수)은 다음과 같은 식으로 나타낸다.

$$\text{연천인율} = \frac{\text{근로재해자수}}{\text{연(평균)근로자수}} \times 1,000$$

가장 많이 사용하는 재해통계로는 사망만인율(근로자 1,000명당 사망자수)이 있으며 다음과 같이 나타낸다.

$$\text{사망만인율} = \frac{\text{사망자수}}{\text{연(평균)근로자수}} \times 10,000$$

예제 Q&A

평균 근로자수가 500명이 있는 어떤 사업장에서 연간 4명의 재해자가 발생하였고 그중에 1명이 사망하였다면 연천인율은 얼마인가? 사망만인율은 얼마인가?

풀이

근로재해자수가 2명이고, 근로자수가 500명이므로,

연천인율 $8 = \frac{4}{500} \times 10^3$

사망만인율 $20 = \frac{1}{500} \times 10^4$

(3) 빈도율(재해도수율, 도수율)

빈도율 또는 도수율 또는 재해도수율이라고 표현하기도 한다. 특정 기간(보통은 1년) 동안에 업무상 발생한 재해의 건수를 빈도로 표시한다. 일반적으로 산업재해의 발생빈도를 말할 때 이 빈도율을 사용한다. (산업현장에서는 도수율을 많이 사용하고 있지만, 여기서는 쉽게 개념을 파악하기 위해 빈도율이라는 단어를 사용한다.)

앞에서 언급한 천인율만으로는 특정 기간 동안의 재해건수를 판단하기가 어렵기 때문에 근로자수나 근로가동시간을 포함시킨 것이 빈도율이다.

따라서 일정 기간 동안에 발생한 업무상 발생한 재해건수를 동 기간 동안의 연간 근로시간으로 나눈 후에 이것에 백만(1,000,000)배한 것이다. 다시 말해, 빈도율은 연간 노동시간의 합계인 100만 시간 동안에 재해 발생이 몇 건 일어났는지를 표현한 것이다.

빈도율(100만 시간당 재해발생건수)은 다음과 같은 식으로 나타낸다.

$$빈도율 = \frac{재해발생건수}{근로자수 \times 근로시간} \times 10^6 = \frac{노동재해건수}{연노동시간수} \times 10^6$$

재해가 발생한 빈도를 표현한 수치로서, 연간 노동시간 숫자에 대하여 재해발생건수의 비율인 것이다.

일반적으로 각종 산업간 또는 동종의 산업의 규모가 다른(대, 중, 소) 기업과 비교할 때도 사용된다.

참고사항으로 연간 평균 노동시간수는 1일을 8시간, 1개월을 25일이기 때문에, 1년간에 있어 1명의 노동자가 근무하는 시간은 2,400이 된다.

예) 50명의 근로자가 1년 동안에 근무하는 시간은 50명×8(시간/일)×300(일/명)=120,000시간/1년이 된다.

연천인율과 빈도율을 살펴보면 상호간에 관련성을 가지고 있는데 수식적으로 살펴보면 다음과 같은 관계를 가진다. 참고로, 8시간×300일=2400이다.

$$\text{연천인율} = \text{빈도율} \times \frac{2.400}{1.000}$$

$$\text{빈도율} = \frac{\text{연천인율}}{2.4}$$

예제

평균 근로자수가 1,000명이 있는 어떤 사업장에서 연간 4건의 재해가 발생하였다. 빈도율은 구하시오.

풀이

근로재해건수가 4건이고, 근로자수가 1000명이므로,

$$\text{빈도율 } 1.7 = \frac{4}{1{,}000 \times 2{,}400} \times 10^6$$

(4) 강도율(재해강도율)

재해의 결과로 거대 재해를 재난이라 표현한 적이 있다. 재해의 크기를 표현한 것이 강도율이다. 상해의 정도나 그 범위의 크기를 정량적으로 표현하기 위해 강도율을 사용한다.

강도율은 재해의 크기를 표현하는 척도로 사용되며, 연근로시간 1,000시간당 발생한 근로손실일수를 말한다.

연천인율 또는 빈도율은 단순히 근로재해의 발생건수(빈도)만을 알 수 있다. 예를 들어 사망사건도 1건으로 처리되어 재해의 경중의 정도는 표시되지 않는다.

그에 비해 강도율은 사상건수에는 관계없으며 그 크기를 나타내는 척도가 된다.

강도율의 공식은 특정 기간(1년 또는 1개월) 동안에 발생한 업무상의 재해로 인한 근로손실일수를 그 기간 동안의 연간 근로시간수로 나눈 후에 이것에 1,000배 한 것이다.

$$강도율 = \frac{근로손실일수}{연근로시간수} \times 10^3 = \frac{손실작업일수}{근로노출작업시간} \times 10^3$$

예제

평균 근로자수가 1,000명이 있는 어떤 사업장에서 연간 사망 1명, 6급 장애 1명, 휴업일수 20일 때, 강도율을 구하시오.

풀이

사망 1명 : 7500일, 6급 장애 3000일, 휴업 20일

$$강도율\ 4.38 = \frac{7500 + 3000 + \left(20 \times \frac{300}{365}\right)}{1000 \times 8 \times 300} \times 10^3$$

※ ILO(국제노동기구)에서도 우리와 같이 1,000 근로시간당 재해 발생으로 인한 근로손실일수를 사용하고 있다.

① 강도율의 장점

(ㄱ) 서로 다른 종류의 사업체들의 비교 또는 동일 사업체 내에 다른 부서간의 재해율을 비교하는 것이 가능하다.

(ㄴ) 피해의 크기를 알 수 있다.

(ㄷ) 위험요소에 노출되는 빈도의 영향을 크게 받지 않는다.

② 강도율의 단점

(ㄱ) 우연히 발생한 하나의 대규모 재해가 발생한 경우에 강도율이 커져 마치 사업장 안전수준이 매우 낮은 것으로 인식될 수 있다. (소수의 재해에 의해 높은 강도율로 표현될 수 있다. 예를 들어, 대구 지하철화재는 강도가 너무 커서 이것을 참고하여 위험성을 평가하면, 지하철은 너무 위험하여, 지하철을 이용할 수 없다는 결론이 난다.)

(ㄴ) 사업장의 전반적인 분위기인 사고방지에 대한 노력이나 성과가 반영되기가 어렵다.

(5) 평생빈도율과 평생강도율

① 평생빈도율이란 근로자 1명이 회사에 입사하여 퇴직할 때까지(직장인으로 평생 생활동안) 맞이하는 재해의 평균적인 횟수를 말한다.
② 평생강도율이란 퇴직할 때까지 경험하게 되는 총 근로손실일수를 의미한다.
③ 일생 연시간수는 일반적으로 10만 시간(8시간×300일×40년＋잔업수)로 계산한다.
④ 빈도율 식에 100만이 아니라 10만으로 바꾸고, 강도율 식에 1000을 10만으로 바꾸면 그것이 평생빈도율과 평생강도율이 된다. 따라서, 빈도율을 10으로 나누고, 강도율을 100배 해주면 평생빈도율, 평생강도율이 된다.
⑤ 재해통계로 나타나는 숫자의 의미를 확인해 보자.
예를 들어, 우리나라 건설업 빈도율 14이고, 강도율 2이라 가정하면

$$\text{평생빈도율} = \text{빈도율} / 10 = 14 / 10 = 1.4\text{회}$$
$$\text{평생강도율} = \text{강도율} \times 100 = 2 \times 100 = 200\text{일}$$

입사에서 퇴직까지 1.4회 부상을 입으며, 그로 인한 손실은 200일이 된다는 것을 의미한다.

(6) 평균강도율

우리가 위험한 사업장인지 아닌지 알 수 있는 또 다른 참고 숫자가 재해 1건당 근로손실일수가 될 수 있을 것이다. 이것은 평생강도율을 평생빈도율로 나누어 구할 수 있다. 위에서 언급한 계산을 계속하면, 건설업은 1건의 재해로 인해 근로손실일수가 200/1.4＝142일이 되는 것이다(건설업은 평생재해 1건당 142일의 근로손실일수). 숫자를 보면 알 수 있듯이 건설업의 재해는 다른 업종보다 매우 크다. 특히 건설안전 분야가 산업안전 분야에서 큰 비중을 차지하는 이유도 이런 이유 때문이다. 평균강도율을 나타내면 다음과 같다.

$$\text{평균강도율(일/건)} = \frac{\text{강도율}}{\text{빈도율}} \times 10^3 = \frac{\text{평생강도율}}{\text{평생빈도율}}$$

(7) 종합재해지수

이 종합재해지수가 일반적으로 재해통계에 가장 많이 사용되고 있다. 앞에서 언급한 빈도율, 강도율, 등이 있으나, 기업간의 비교수단을 위해 재해발생 빈도와 재해의 크기를 종합하여 숫자로 나타냄으로써 좀 더 정확히 얼마큼 위험한지를 비교하는 것이 가능해진다. 식은 다음과 같다. 그리 어렵지 않게 외울 수 있을 것이다. 이것이 가장 많이 사용하기에 반드시 기억해 두자.

$$\text{종합재해지수} = \sqrt{\text{빈도율} \times \text{강도율}}$$

그럼 예제를 통하여 각 재해율의 관계를 확인해보자.

예제 Q&A

평균 근로자수가 1,000명이 있는 어떤 사업장에서 재해빈도율은 10이고 재해강도율이 6인 경우에 1. 종합재해지수, 2. 재해건수, 3. 근로손실일수, 4. 연천인율은 얼마인지 계산해 보자.

풀이

1. 종합재해지수 $= \sqrt{\text{빈도율} \times \text{강도율}} = \sqrt{10 \times 6} = 7.75$
2. 재해건수 : $10 = \dfrac{x}{1000 \times 2400} \times 10^6,\ x = 24$건
3. 근로손실일수 : $6 = \dfrac{x}{2400} \times 10^3,\ x = 14.4$일
4. 연천인율 $= 10 \times 2.4 = 24$

(8) 안전활동률

이상의 재해율은 재해가 발생한 결과를 의미한다. 잠시 멈추고 한번 생각해 보자. 산업안전보건법에 의하면 사업주는 사업장 내의 근로자를 위하여 안전하게 하기 위해 노력을 해야 한다. 노력이 의무임을 의미한다. 따라서, 재해율만을 가지고는 노력의 성과를 평가하기가 어렵다. 그래서, 노력을 평가하기 위해 안전활동률이라는 것이 도입되었다. 안전활동률은 안전관리를 위한 활동건수를 통해 표현한다. 식은 다음과 같다.

$$\text{안전활동률} = \frac{\text{안전활동건수}}{\text{연근로시간수} \times \text{평균근로자수}} \times 10^6$$

(9) Safe T Score

절대적인 안전도보다는 얼마나 향상되고 있는가를 평가하는 방법도 기업의 노력을 증명하는 것의 하나의 방법이 될 것이다. 지난 시간 동안의 재해율과 현재의 재해율을 비교하여 얼마나 재해율이 줄었는지를, 얼마나 안전도가 향상되었는지를, 판단하는 지표로 사용된다.

$$\text{Safe T Score} = \frac{\text{현재 빈도율} - \text{과거 빈도율}}{\sqrt{\frac{\text{과거 빈도율}}{\text{현재 근로총시간수}} \times 10^6}}$$

판정기준은 다음과 같다.

T Score가 +2.0 이상인 경우 : 과거보다 현재가 악화되고 있음.

T Score가 −2.0 ~ +2.0 사이인 경우 : 과거와 비슷함.

T Score가 −2.0 이하인 경우 : 재해율 감소하고 있음. 안전도가 향상되고 있음.

(10) 기타 재해율

사회적으로 비정규직 근로자에 관하여 많은 관심이 있다. 한번쯤은 이런 것이 있다는 것도 눈으로 확인할 필요가 있을 것이다.

$$\text{업무상 재해율} = \frac{\text{재해자수}}{\text{업무의 생활시간} \times \text{근로자수}} \times 10^4$$

또한 위에서 종합재해지수가 중요하다고 언급하였다. 국제적으로 서로 비교하는 경우도 많다. 하지만, 우리의 것과 외국의 것이 다를 수 있음을 기억해 두자. 한국과 미국의 종합지수의 차이를 확인하기 위해 다음과 같이 열거해 둔다.

$$\text{한국 종합재해지수} = \sqrt{\text{빈도율} \times \text{강도율}}$$

$$\text{미국 종합재해지수} = \sqrt{\frac{\text{빈도율} \times \text{강도율}}{1,000}} = \frac{\text{한국 종합재해지수}}{\sqrt{1000}}$$

12 재해손실비용

산업의 복잡화와 산업규모의 증대로 인해 안전보건관리를 적절히 실시하지 못한다면, 재해가 발생하고 그로 인한 경제적 손실비용은 사업주의 입장에서는 큰 부담이 된다. 현재 우리나라는 재해손실비용은 하인리히 방식을 채택하여 직접비 대 간접비의 비율을 1 : 4로 적용하고 있다. 현재 재해손실비용은 지속적으로 증가하고 있는 추세이다. 근로손실일수 또한 지속적으로 매년 증가하는 추세이며, 노사분규로 인한 생산차질로 인한 손해보다 매우 커서, 산업재해로 인한 총경제적 손실 추정 금액보다 두 세배 크게 나타나고 있다.

- 우리사회의 특성 중에 하나로, 산업안전의 기본 정책이 재해발생건수의 감소를 위해 추진되고 있는 경향이 있다. 재해발생건수를 줄이는 것에 급급한 나머지 재해예방을 위한 안전관리를 실시하고 있으며, 사고방지를 위한 안전관리를 중시하지 않고 있는 것이 현실이다. 하루빨리 사고방지를 위한 정책으로 추진되어야 할 것이다. 사고방지를 위한 노력이야말로, 산업안전을 통해 국가경쟁력 및 기업경쟁력을 강화해 나간다는 흐름과 같은 방향으로 나갈 수 있을 것이다.

어떤 외국의 연구사례를 살펴보면 산업재해 발생에 따라 발생된 기업의 부담금이 기업의 총매출이익에 크게는 10%를 차지하는 것으로 나타나고 있다. 산업안전을 통하여 산업경쟁력 강화를 효과적으로 이루어내기 위해서는 산업재해에 따른 경제적 손실비용의 파악이 반드시 필요하다.

일반적으로 손실비용은 안전공학의 거장인 하인리히의 방식과 미시간주립대학의 시몬즈 방식이 대표적인 방식이다. 이들 방식의 동일한 특성은 총 손실을 간단히 파악할 수 있다는 것과 손실을 두 개의 그룹으로 나누어 파악하는 방식을 채택한다는 것이다. 그 외에도 여러 방식이 제안되고 있으나 여기서는 대표적인 두 가지 방식에 대하여 학습한다.

12.1 하인리히 방식

하인리히는 노동재해에 의해 재해자에게 지불해야 하는 노동보상금액을 직접손실로 하였고, 그 이외에 생산이 중지됨에 따른 손실과 물적 재해로 인한 재산상의 손실 등을 간접손실로 조사하여 발표하였다(1926). 그 결과, 노동재해에 의한 기업의 간접손실은 직접손실의 4배가 된다는 것이다. (직접손실비용 : 간접손실비용＝1 : 4)

따라서, 하인리히의 재해비용은 직접손실비용과 간접손실비용을 합한 값이 된다.

국내의 재해손실비용 산정방법은 이런 하인리히 방식을 채택하고 있다. 산재보상보험법에 의하여 재해손실비용을 산정하는 기준으로 직접비용대 간접비용의 비용을 적용하고 있다.

직접비와 간접비의 비율은 1 : 4이지만, 실제로는 어떤 재해비용이 발생하였을 때 명확히 두 그룹으로 나누기는 쉽지 않다. 이것은 하인리히 방식만이 아니라, 시몬즈 방식도 동일한 현상을 나타낸다. 직접비용(보험비용)과 간접비용(비보험비용)의 비용항목의 구분이 쉽지 않아 현장에서도 혼란스러워하고 있는 실정이다.

▼ 표 하인리히의 재해손실비용

구분	세무항목변수	비고
직접비	• 치료비, 휴업보상비, 장해보상비, 유족보상비, 장례비	재해보상비
간접비	• 부상자의 시간 손실 • 작업중단으로 인한 다른 사람의 시간 손실 • 관리/감독자 및 관리부서 직원의 시간 손실 • 구호자 또는 병원 관계 직원을 만나거나 보험회사에서 보상받지 않는 사람의 시간 손실 • 기계, 공구, 재료 등 그 밖의 재산의 손실 • 생산 손실에 의한 납기지연에 의한 벌금의 지불, 그 밖에 이에 준하는 사유의 손실 • 종업원에 대한 복리후생제도에 있어서의 손실 • 부상자의 부상이 치료되어서 직장에 돌아왔을 때, 상당한 시간에 걸쳐서 본인의 능률이 현저히 저하되었음에도 불구하고 종전의 임금을 지불하는데 따르는 손실 • 부상자의 생산력 감퇴에 의한 이익의 감소 및 기계를 100% 가동시키지 못한데서 오는 손실 • 재해로 말미암아 사기가 떨어지고, 혹은 주위를 자극하여 다른 사고를 유발시키는 것에 의한 손실 • 부상자가 쉰다고 하더라도 변함없는 광열비라든가 그밖에 이런 것과 같은 1인당 평균 코스트의 손실	재료나 기계, 설비 등의 물적 손실과 가동정지에서 오는 생산손실 및 작업을 하지 않았는데도 지급한 임금 손실

12.2 시몬즈(R. H. Simonds) 방식

(1) 개요

미국 미시간주립대학의 교수인 시몬즈는 하인리히의 1 : 4의 직접비용과 간접비용을 사용하는 대신에 보험비용과 비보험비용으로 구분하였으며, 재해손실비용의 산출방식을 평균치 계산방식으로 도출하였다. 시몬즈 방식이 하인리히 방식과 다른 점을 좀 더 구체적으로 설명하면 다음과 같다.

첫째, 재해손실비용을 보험비용과 비보험비용으로 구분하였다. 사업장 입장에서는 불확실한 하인리히의 직접비용보다는 보험비용은 비교적 쉽게 산출하는 것이 가능하다는 장점을 가진다. 보험비용은 산재보상보험에 따른 보험료로서 법에 의해 강제성을 가진다. 여기서 보험비용은 순보험비용을 의미한다. 순보험비용이란 보험기간에 사고기록을 기초로 하여 보험료의 배당금 상환 또는 기금운영에 따른 이익비용이 환불되기 때문에 그것을 제외한다. 이것은 사업체가 지불한 총 산재보험료와 근로자에게 지급된 보상금과의 차이를 하인리히가 가산하지 않고 있는데 비하여 시몬즈는 보험비용을 활용하여 계산에 포함하고 있다.

둘째, 하인리히의 간접비와 시몬즈의 비보험비용은 같은 개념이지만 그 구성 항목에는 차이가 있다.

▼ 표 시몬즈의 재해손실비용

구분	세부항목변수
보험비용	• 총 순보험금(보험회사의 보험에 관련된 제경비, 배당금과 이익금 등은 제외)
비보험비용	• 재해를 입지 않은 근로자의 근로손실시간(감독자의 조치에 소요된 시간)에 대한 임금 손실 • 재해로 인해서 손상 받은 설비 또는 재료의 수선, 교체, 정돈하기 위한 손실비용 • 산재보험에서 지불되지 않는 부상자의 작업 중지 시간에 대해 지불되는 임금 • 재해 발생에 따른 초과 근무로 인한 추가 임금 손실 • 재해자가 직장에 복귀 후 생산 감소에도 불구하고 이전과 동일한 임금을 지급함으로 인한 손실 • 새로운 근로자의 교육훈련에 필요로 하는 비용 • 회사부담의 비보험 의료비 • 산재서류 작성과 자세한 재해조사에 필요한 시간비용 • 그 밖의 제경비(소송비용, 임차료, 계약해제로 인한 손해, 교체근로자 모집경비 등)

셋째, 하인리히 방식인 1 : 4에 대해서는 전면적으로 부정하고 새로운 산정방식인 평균치법을 채택하고 있다.

(2) 시몬즈 재해손실비용 계산

앞에서 언급했듯이 시몬즈 방식은 재해비용은 보험비용과 비보험비용을 합한 값이다. 보험비용은 순보험금을 의미하며 이것은 보험사에 지급한 보험금 총액에서 보험회사로부터의 보험료의 배당금 상환 또는 기금운영에 따른 이익 등에 의해 환불받은 것을 제외한 것을 뜻한다.

보험비용 : 영업보험료 ± 기타 (유지비, 환불금 등)

그리고 비보험비용은 작업재해에 대한 측정 및 기록 방법에 관한 미국 표준에 근거하여 근로 손실을 초래하는 상해, 통원치료를 필요로 하는 상해(종업원이 결근을 하지 않지만, 의사의 진료를 필요로 하는 경우), 구급조치가 필요한 상해, 그리고 무상해사고에 대한 건수를 고려한다. 물론 이 무상해사고를 어떻게 잡을 것인가는 명확하지 않아 어려움이 많다. 각 건수에 대하여 평균적으로 필요한 경비를 기존의 데이터를 활용하여 평균적인 코스트를 정해두는 것이다. 사전에 정해두어 각각에 곱한 값으로서 비보험비용을 결정하는 것이다.

비보험비용 : A × 휴업상해건수 + B × 통원상해건수
+ C × 구급조치건수 + D × 무상해사고건수

여기서, A, B, C, D가 일정치의 금액으로 각기 재해에 대한 평균적인 비보험비용이 된다.

그럼, 실제로 재해손실비용을 산출하면서 좀 더 이해도를 높이기로 하자.

예제 Q&A

어느 기업의 재해건수 중 휴업상해는 1건, 통원상해건수는 2건, 구급조치상해는 5건, 무상해사고건수는 10건인 발생하였다. 이 기업의 근로자는 1000명인데 연간 재해건수는 18건이었다. 지난해에 납부한 산재보험료는 1,500,000원이며, 산재보상금은 1,200,000원을 받았다. 이 기업의 재해손실비용을 하인리히 방식과 시몬즈 방식에 따라 각 손실비용을 구하라. (단, 시몬즈 식의 A : 1,000,000원, B : 300,000원, C : 200,000원, D : 100,000원)

풀이

1. 하인리히 : 직접비(산재보상금) + 간접비(산재보상금의 4배)
   직접비 : 1,200,000원
   간접비 : 1,200,000 × 4 = 4,800,000원
   손실비용 : 1,200,000 + 4,800,000 = 6,000,000원
2. 시몬즈 : 보험비용 + 비보험비용(A × 휴업상해건수 + B × 통원상해건수 + C × 구급조치건수 + D × 무상해사고건수)
   보험비용 : 1,500,000원
   비보험비용 : (1,000,000 × 1) + (300,000 × 2) + (200,000 × 5) + (100,000 × 10) = 3,600,000원
   따라서, 손실비용은 1,500,000 + 3,600,000 = 5,100,000원

13 작업지침(SOP)

13.1 안전지침

산업현장에서 안전관리의 목적을 달성하기 위해 공학적으로 대책을 마련하는 기본적인 방법은 먼저 여러 가지 형태로 존재하는 위험요소들을 근원적으로 없애주는 것이 가장 이상적이다. 그러나 이런 위험요소들은 생산현장에서 없어서는 안 되는 반드시 필요한 물질 또는 작업이 되는 경우가 많다. (원자력발전소에서 방사능물질이 위험요소라고 방사능물질은 없애는 것은 불가능하다.) 따라서, 위험요소를 근원적으로 제거하는 것은 쉬운 일이 아니다. 현실적으로 높은 수준의 안전을 확보하기 위한 방법은 위험요소를 통제함으로써, 위험요소로 인한 사고발생의 가능성을 최소화하는 방향으로 진행되어야 한다. 사고발생의 가능성을 가진 위험요소의 위험성을 최소화할수록 상대적으로 안전성은 높아지는 것이다.

그러나 이러한 과정에서 등장하는 첫 번째 문제는, 아무리 위험요소를 통제한다고 하더라도, 위험성을 영(Zero)으로 떨어뜨리는 것은 불가능하다는 것이다. 따라서 사업장에서 위험요소가 발견되었을 때, 해당 위험을 수용하여 받아들일 것인지, 또는 위험으로 판단한 후, 어느 정도까지 위험요소를 억제하기 위한 대책을 마련해야 할지를 판

단하는 기준이 필요하게 된다. (뒤에서 F-N curve를 학습하겠지만, 빈도가 10^{-5}건/year이라는 숫자가 나온다. 이러한 것이 판단기준이 된다.)

높은 수준의 안전성을 확보하기 위한 방법을 간략히 이야기해 보자. 우선 안전지침을 잘 만들어야 할 것이다. 또한 작업자에게 안전지침을 잘 지키도록 유도하는 것이다. 하지만 이것을 실천하는 데는 적지 않은 어려움이 있다. 이런 지침을 지키도록 작업자를 설득하는 것도 어렵고, 또한 좋은(적절하고 합리적인) 안전지침을 만드는 것은 더욱 어렵다.

안전기준을 정하는데 일반적으로 NFPA, KOSHA GUIDE 등이 많은 참고가 된다. 위험성이 큰 위험에 대해, 정부에서는 정해놓은 법과 지침(예; KOSHA GUIDE 등)이 있어 그 안전기준을 참고하는 것이다. 하지만, 명심하자. 각종 지침은 최소한 이정도만이라도 지켜달라는 최소한의 안전확보를 위한 것이다. 이것을 지켰다고 해서 안전이 확보되는 것은 아니다. 게다가, 각 지침에서 정한 기준이 각 현장의 상황과 맞지 않은 경우도 있다. 지침은 일반적이고 보편적인 생산현장을 대상으로 만든 것이기 때문이다. 따라서, 각 사업장에서는 사업장의 고유한 특성을 고려하여 자체적으로 안전기준을 만들어야 한다. 사업장의 안전은 사업주의 자율안전임을 잊지 말자. NFPA, IEC, ISO 코드를 들여다보면, 대부분이 should이다. must가 적다.

법은 최소한의 도덕이다.

우리가 안전관리를 실시해야 하는 이유는 인간존중일 수도 있고, 법에 의한 강제성에 따라 실시할 수도 있다. 현재의 우리 사업장을 돌아보면, 인간존중을 이유로 안전관리를 실시하는 경우보다는 법에 의한(강제성에 의해) 안전관리를 실시하고 있는 경우가 많다. 현장에서는 많은 경우, 법의 강제성에 따라 안전관리를 실시하고 있기 때문에, 법만 지키면 안전이 확보된다는 잘못된 인식이 현장 근로자에게 깊이 침투되어 있는 것 같다.

법은 최소한의 도덕이다. 재난 및 안전관리 기본법에 따른 모든 하위법은 안전관리를 실시함에 있어, 최소한 이것만이라도 지켜달라는 사회적 부탁인 것이다.

법을 완벽히 실시하였다 하더라도, 재해가 발생하지 않는다는 것은 아니다. 허용범위 내에 들어왔다고 재해가 발생하지 않는 것은 아니다.

지난 시간 대한민국 안전관리는 재해가 발생하였기에 법이 잘못되었다고 생각하며, 규정을 변경하는 경우가 많았다. 그렇지 않다. 법은 최소한의 안전이며, KOSHA CODE, NFPA CODE와 같은 가이드라인은 권장사항이지 반드시 지켜야만 하는 것은 아닌 것이다. 가이드라인을 참고하여, 사업장 고유의 특성을 고려하여 더 높은 수준의 안전관리를 실시해야 한다.

재해가 발생할 때마다. 법과 가이드라인이 변경된다면, 더욱더 법 준수가 안전관리에 최우선 업무로 인식되어, 높은 수준의 안전성 확보와는 반대의 길을 걸어가게 될지도 모른다.

13.2 작업안전분석

안전관리를 순조롭게 수행하기 위해서(가장 기본이 되는 것으로) 명심해야 하는 것은 근로자가 어떤 작업을 실시함에 있어 작업을 자유롭게 할 수 있도록, 그와 더불어 안전에 대해 주의하는 것 없이 신경을 쓰지 않도록 모든 위험요소를 완벽하게 제거해 주는 것이다. 하지만, 그렇게 하기 위해서는 근원적인 안전대책을 철저히 세워야 하는데 앞에서 언급했듯이 근원적인 안전대책을 수립하는 것은 매우 어려운 일이다. 칼이 위험하다고 칼을 사업장에서 없애는 것은 현실적으로 매우 어렵다. 현장에서는 위험요소는 반드시 존재한다는 것을 인식하자. 따라서, 할 수 있는 한의 안전대책을 세우고 그 후에 적절히 안전교육을 실시하여 모든 작업이 가능한 안전하게 수행될 수 있도록 유도해야 한다.

일반적으로 산업현장에서 이야기하는 작업기준은 표준작업지침(Standard Operating Procedure, SOP)과 표준안전작업지침으로 나누어 생각할 수 있다.

표준작업이란, 생산활동을 실시함에 있어, 작업이 가장 효율적이고, 또한 안전한 작업이라는 의미를 포함한 것이다. 많은 관계자들이 참여하여 만들어 냈기에, 이대로만 작업을 한다면, 큰 문제가 발생하지 않는다는, 가장 바람직한 생산활동이 진행된다는 것이다.

그리고, 표준안전작업은 여러 가지 표준작업 중에서, 안전과 관련하여 만약 사고 발생 가능성과 사고 시 피해규모가 크다고 인정되는 중대한 문제에 대하여, 특별한 관심을 가지기 위해, 따로 뽑아내어 높은 안전성을 확보할 수 있도록 관리하기 위한 것이다. 따라서, 안전작업지침을 어기게 되면, 곧 바로 큰 재해의 가능성이 발생하게 되는 것이다.

이상과 같은 작업 특히나 큰 사고로 이어질 가능성이 있는 작업에 대해서 시스템으로 파악하고 평가할 필요가 있다. 이때, 어느 작업이, 어떻게 작입하면 어느 정도 위험한지를 파악할 필요가 있다. 이것을 작업안전분석(Job Safety Analysis, JSA)라는 것이 있다. 작업안전분석이란 작업위험성평가를 통하여 선정된 중요작업을 주요 단계로 구분하여 각 단계별 유해위험요인을 파악하고, 해당 작업을 안전하게 수행할 수 있도록 작업절차를 마련하는 과정을 말한다. 작업안전분석을 작업위험성평가라고도 한다. 위험성평가의 방법에 대해서는 다음 장에서 상세히 학습하기로 하자.

안전작업을 위해서는 아래 그림과 같이 먼저 표준작업지침이 마련되어 있어야 하며, 그에 따른 해당 작업의 특성을 고려한 작업안전분석을 실시하여, 표준안전작업지침을 마련해야 한다. 충분히 안전작업을 검토 후 작업이 실시되어야 할 것이다. 일상에서 실제로 작업하기 직전에는 해당 작업의 안전성을 확인하기 위하여 안전관리자는 작업허가서를 확인해야 하며, 작업 직전에 근로자에게 작업을 지시할 때, 주의사항도 함께 알려주어야 한다. 마지막으로, 실제 작업 수행할 때는 현장 관리/감독도 중요한 역할을 한다.

▲ 그림 **안전작업 실시 흐름**

13.3 지침 제정 시 고려사항

많은 대부분의 사업장에서 위에서 언급한 작업지침을 구비하고는 있으나, 실제 작업하는 현장을 살펴보면 이것들을 제대로 따르고 있다고 말하기는 어렵다. 이러한 현실은 작업지침이 실제 작업하는 상황과 잘 맞지 않아, 현장 근로자들이 이행을 포기하는 경우가 많다. 혹은, 현장 작업자에게 위 내용이 정확히 전달이 되지 않아서, 무지(無知)에 의해, 작입자가 작업지침과는 다르게 임의대로 행동을 하는 경향이 있다.

작업지침이 현장의 작업상황과 맞지 않는다면, 문제를 작업자에게서 찾는 것이 아니라, 이런 작업지침을 제대로 수립하지 못했다는 것을 의미하며, 문제해결을 위해 노력해야 한다. 그리고, 만약 작업자들이 이를 제대로 전달받지 못한 경우라면, 이것은 적절한 안전교육이 진행되지 못했다는 것을 의미하는 것이다. 근로자를 어떤 시스템 내부로 인도하려 하는 안전관리보다는 근로자는 자유롭게 활동할 수 있도록 시스템을 만들어 주어야 한다.

참고로, 현장에서는 안전관리를 수행할 때, 위험발견 활동을 실시하게 된다. 이때, 여러 가지 위험요소를 발견한 후, 받아들일 수 있는 위험인지, 그렇지 않은지를 판단하는 경우에, 이런 표준안전작업지침이 판단기준이 되기도 한다.

물론, 많은 사업장에서 위험요소를 판단할 때 표준안전작업지침을 활용하고 있다고 해서 이것으로 안전관리를 잘 수행하고 있다고 말할 수는 없다. 잠재적 위험요소를 발굴하는 것까지 요구하는 것이 현재 사회의 트렌드임을 기억하자.

참고로 현장 안전관리 수행에 의해 위험요소를 찾아내었으나, 관련된 표준안전작업지침이 없어, 받아들일 수 없는 위험인지를 판단하기 어렵다면, 관계자들이 모여 새롭게 표준안전작업지침을 정해야 할 것이다.

현장 근로자들과의 대화를 해보면 작업지침을 수행하고 싶어도 현실과 너무 동떨어져 있다는 이야기를 많이 듣는다. 이런 경우가 없도록 제정된 기준은 실시 후 항상 피드백이 되어야 한다(PDCA의 원리). 사업주를 포함한 관계자들은 작업자들이 작업지침을 지킬 수 있도록 개선해 주어야 한다. 사업주에 맞추는 방향으로 움직여서는 안 된다. 반복되는 이야기이지만, 작업 현장을 고려하며, 불안전한 행동과 상태가 발생하지 않도록 해야 한다.

새롭게 안전기준이 개선되거나 새롭게 정해지게 되면, 그 사실을 현장 작업자에게 전달해 주어야 한다. 작업자는 자기방어 본능이 있다. 위험하다고 인식하면 피하게 된다. 일부러 위험하게 하려는 사람은 없다. 만약, 작업자가 위험요소에 노출되어 있다면, 그 문제를 작업자에게 찾아서는 안 된다.

작업방법이 하나가 개선될 때 Know-How는 10개가 새롭게 얻어진다고 한다. 새롭게 얻어진 Know-How과 작업안전기준은 즉시 작업현장에 전달되어야 한다. 우리나라는 세계 최대의 IT 국가이다. 이를 활용하여 정보를 공유할 수 있도록 노력해야 할 것이다.

14 안전마인드와 안전교육

14.1 안전마인드

오늘 하루도 수많은 재해가 발생하고 있고 소중한 목숨을 잃고 있다. 안전관계자는 이런 사실을 인식하고 지속적으로 재해가 발생한다는 생각을 가지고 자신이 속한 사업장에서도 충분히 발생할 수 있다고 인식해야 한다. 사고사례 및 위험성 평가를 통한 지속적인 학습을 게을리 해서는 안 된다. 이런 학습 결과는 관계자 전원과 공유해야 한다. 현장 작업자에서부터 위로는 사업주까지의 모든 사람들의 노력이 필요하다.

지난 사고를 돌이켜 보면, 대부분 사전에 다른 사업장에서 비슷한 지속적인 사고가 발생하고 있었다. 사고 전에 반드시 피해가 없었던 작은 사고들이 있었다. 그 징조들이 사업장에서 지속적으로 발생하고 있음을 잊지 말자. 재해로부터 배운 학습보다 아차사고로부터 학습하여야 높은 수준의 안전을 확보하는데 도움이 된다.

현장 근로자와 대화를 해보면 "우리들이 사고를 당하는 것이 아니라, 사고를 만나게 되었다"라는 표현이 많다. 안전관계자들조차 이런 이야기를 지속적으로 듣다보니, 그것을 받아들이게 되고 있다. 사고는 방지할 수 있다는 하인리히가 주장하는 예방가능의 법칙을 잊지 말자.

또한 어제까지 안전했다고 하여도 내일도 안전하다는 것을 보장하지 않는다는 것을 명심하자. 하인리히의 300 : 29 : 1 법칙을 인식하자. 숫자는 의미가 없다. 여기서 이야기하고자 하는 것은 큰 재해가 발생하기 전에 수많은 작은 사고, 어떤 징조가 존재한다는 것이다. 어떤 징조가 있었음에도 이를 방치해 둔다면, 지금까지 큰 재해가 발생하지 않았다는 것은, 큰 재해가 발생할 때가 되었다는 것을 의미한다.

안전관계자들은 근로자의 입장을 이해하는 것은 안전관리의 출발점이 될 수도 있다. 근로자들이 사고를 일으키는 여러 요인을 다른 각도에서 살펴보면 다음과 같다.

(1) 위로부터의 잘못된 지시

위에서 발생한 잘못된 지시를 아래에서 채워나간다는 것은 불가능하다.

(2) 운전자가 작업지시를 위반함으로써 사고가 발생

위반하는 이유를 파악하여 개선해야 한다. 표준작업과 안전수칙의 중요성을 인식시켜야 한다.

(3) 적절한 교육

운전 및 작업 시 그 작업을 실시하는 명확한 이유를 설명해 주어야 한다. Know how의 결과만을 전달하는 것이 아니라, 그 메커니즘을 설명해 주어야 한다. Know how에서 더나가 know why가 필요하다. 비록 이것은 매우 어려운 일이다. 하지만, 입에 쓴 음식이 몸에 좋다고 한다. 높은 안전을 위해서는 노력해야 할 것이다.

14.2 안전교육

안전교육은 크게 안전의식을 고취시키기 위한 교육[안전고취교육]과 안전에 관한 지식을 전달하는 교육[안전지식교육]으로 나누어서 진행하는 것이 바람직하다. 또한 각 교육은 이론 교육과 함께, 실제로 상황에서 적절히 행동할 수 있도록 훈련을 반드시 동반해야 한다.

안전지식교육을 실시할 때는 가급적 작업현장에서 표준작업지침과 표준안전작업지침을 펼쳐 놓고 실시해야 하며, 각 위험요소에 대한 특성과 함께 이런 작업지침이 만들어지게 된 이유를 발생 메커니즘을 포함하여 반드시 작업자가 이해할 수 있도록 설명해 주어야 한다.

지식을 위한 이론 교육을 실시하였다고 모든 작업자가 안전한 작업을 하는 것은 아니다. 그러기 위해서는 반드시 지속적인 훈련(시범 및 실습 등)이 동반되어야 한다. 교육을 했다고 작업자가 원하는 데로 행동하는 것은 아니다. 지속적이고 반복적인 안전교육이 필요하다. 그 반복의 중요성 또한 작업자가 납득할 수 있도록 설명해 주어야 할 것이다.

또한 안전교육은 시간이 지날수록 교육의 효과가 낮아진다. 헤르만 에빙하우스의 망각곡선이라는 가설에 의하면, 시간이 지남에 따라 기억은 점차 망각되어 진다. 일정 주기적으로 반복적인 교육이 필요한 이유이다.

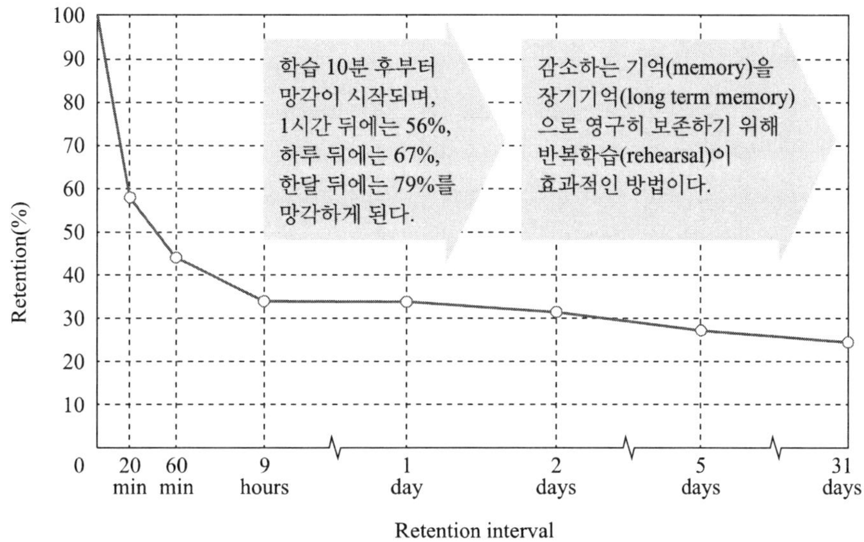

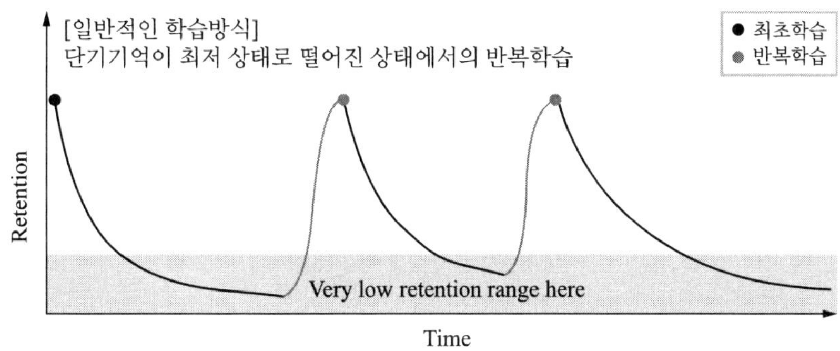

▲ 그림 헤르만 에빙하우스의 망각곡선

학습 후 10분 후부터 망각이 시작되며, 9시간 뒤에는 약 70%가 망각하며(30% 정도를 기억하며) 그 이후는 천천히 망각하게 된다. 따라서 높은 학습효과를 위해서는 지속적으로 교육이 되어야만 한다는 것이다.

이상과 같이 안전교육을 계획하는 부서에서는 교육의 시기와 강사의 선정 및 교육내용의 검토에 상당한 신경을 써야 한다. 다시 말하면 안전교육을 누가 언제 어디에서 누구에게 무엇을 어떻게 교육하게 할 것인가를 정확히 정하고, 그 결과를 확인하는 체제를 갖추는 것이 필요하다.

14.3 안전관리의 불신 이유

앞에서 안전제일의 의미에 대해서 학습하였다. 안전, 품질, 생산의 우선순위로 사업장을 경영하는 것이 얼마나 중요한지를 앞서 여러 사례를 통해 설명하였다. 하지만, 우리나라 많은 사람들의 의식은 그렇지 못한 경향이 있다.

지난 시간동안 다양한 산업현장에서 안전관리를 실시해 온 결과(재해 통계, 앙케트 결과 등)를 돌이켜 보면, 유감스럽게도 안전관리에 대하여 작지 않은 불신이 존재한다는 것이다. 쉽게 이야기하면, 안전관리비는 지속적으로 지급이 되는데도 불구하고, 산업재해율은 줄어들지 않았다는 것이다. 따라서, 이런 현상은 사업주 및 안전관계자 조차도 안전관리에 대한 관심이 저조해지는 이유 중에 큰 부분을 차지하고 있다.

이런 현상이 발생하는 이유 중 하나는 산업재해의 발생 가능성이 큰 위험에 대해서 우선적으로 그에 필요한 대책을 마련하지 못하였기에 발생한 결과이다. 이것은 의도적인 것이 아니며, 안전관리를 실시함에 있어, 대책선정 시 우선순위를 적절히 판단하지 못해 일어난 것이라 생각되어진다. 사고방지대책과 재해예방대책을 구별한 후 사고방지대책을 우선 적용해야 한다.

사업장의 규모가 작은 과거에 있어서는 그 사업장의 작업자도 많지 않았기 때문에, 발견된 위험에 대해서 쉽게 적절한 안전대책을 취하는 것이 가능하여 재해율을 낮추는 것이 가능하였다. 하지만, 현대 사회는 사업장 규모가 점점 더 커지고 있으며, 그로 인해 사업장은 더욱 복잡화되고, 사업장 내의 근로자의 숫자도 더불어 늘어난 상태에서 안전관리의 출발점인 위험 발견이 쉽지 않을 것이다. 설사, 위험요소가 발견되었다고 하더라도, 발견된 위험에 대해 적절한 안전조치를 취하는 것이 기술적으로, 경제적으로 큰 문제를 맞이하게 된 것이다.

따라서 안전관리를 실시할 때, 발생 가능성이 크고 피해규모가 크다고 판단되는 높은 위험성을 가진 위험요소를 제거하기 위한 안전대책을 강구해야 한다. 이때 완전히 위험요소를 제거하는 것이 불가능할 때는 위험성을 낮추어, 빈도 및 강도를 낮추어 받아들일 수 있는 위험으로 제어해야 한다. 안전관리 수행 시, 할 수 있는 것을 하는 것이 아니라, 위험성이 높은 위험요소를 통제하기 위해 노력해야 한다. 그러기 위해서는 정확한 위험성 평가의 중요성이 대두된다. 가능성과 중대도를 분석한 위험성(Risk) 평가를 통해 우선순위를 맞추어 선택과 집중의 안전을 확보하기 위한 대책을 수립해야 할 것이다.

위험성 평가의 가능성 분석은 시스템 안전에서 많이 활용하고 있으며 다양한 위험성분석 프로그램 또한 존재한다. 이들을 적극 활용할 필요가 있을 것이다. 또한, 중대성 판정의 경우는 현장의 작업 및 안전관계자들에 의한 난상토론(Brainstorming) 등에 의한 토론의 결과가 위험하다는 것을 판단하는데, 도움이 되는 자료가 될 것이다. 물적 피해보다는 인적 피해가 그 규모가 크므로, 많은 경우 강도를 결정할 때 사업장 주변의 거주자 및 근로자의 숫자를 고려하기도 한다. 사고영향평가(Consequence Analysis)를 실시할 때 많이 사용된다.

이와 같이 위험성 평가를 위해 사업장을 각 작업장의 단위로 또는 각 공정단위로 나누어, 사고가 발생하는 가능성과 피해규모를 예측한 중대도를 결정한 후, 가능성과 중대도의 곱이 큰 위험요소를 순서대로 나열하여, 우선적으로 안전대책을 수립해야 한다. 기술과 예산의 범위를 고려하여 위험도를 낮추기 위한 적절한 대책을 도모해야 한다.

참고로, 안전대책을 실시할 때 사고방지대책은 발생 가능성을 낮추는 역할을 하고, 재해국한대책은 피해규모를 낮추는 효과가 있다. 따라서, 일반적으로, 안전대책을 적용할 때, 발생 가능성을 낮추는 대책을 우선적으로 적용해야 할 것이다.

대책 실시 후 중요한 것은 대책을 실시하였다고 안심해서는 안 된다는 것이다. 안전대책을 적용한 후에는 반드시 관계자를 소집하여 다시 한 번 위험성 평가(가능성과 중대도)를 실시하여야 한다. 왜냐하면, 해당 사업장의 시설, 작업공정 등이 개선되었다는 것은 무언가의 변화가 생겼다는 것이다. 변화된 상황에 맞추어 다시 평가를 실시해야 한다. 그 실시된 결과에 따라 사업장의 안전대책의 우선순위가 바꾸어진다. 그 다음 순위에 해당하는 위험에 대하여 새롭게 안전대책을 준비하면 된다. 이러한 흐름에 따라 안전관리의 방향성이 확립되게 되며, 지속적인 안전관리활동에 의해 사업장 내의 위험성은 충분히 낮아지게 된다.

15 높은 수준의 안전관리

15.1 보이는 위험보다 보이지 않는 위험에 관심

하인리히가 언급한 사고방지 5단계 중, 두 번째 단계는 사실발견의 단계이었다. 너무 당연한 이야기이지만, 발견된 위험요소에 대해서는 적절히 안전조치를 강구할 수 있다. 하지만, 발견되지 않는 위험에 대해서는 충분한 시간이 지나 사고가 발생할 때까지 우리 인간은 인식할 수 없다. 이 사실은 매우 큰 의미를 가진다. 위험발견은 안전관리를 실시함에 있어 첫발걸음이기 때문에 매우 중요한 부분이다. 안전관리의 수준이 어느 정도인가를 평가하는데 있어, 이런 위험요소의 발견을 어떻게 실시하고 관리하고 있는지 그 방법이 해당 사업장의 안전관리의 수준을 평가하게 된다. 최근 고용노동부와 환경부에서 유해위험방지계획서 등을 요구하는 것 또한 각 사업장 고유의 위험요소를 찾아 그것을 인식하기 위함이다. 발견하지 못한 잠재된 위험요소가 존재하는 한 높은 안전을 확보하기는 어렵다.

과거 안전관리 수준평가는, 일반적으로 산업재해의 통계결과에 따라 분석이 이루어지고 이를 근거로 안전관리가 전개되고 있었다. 하지만 이것은 안전관리에 있어 매우 초보적 단계로 재해예방을 위한 안전관리이다. 재해사례를 통해, 안전관리가 전개된다면, 이것이 재해예방을 위한 안전관리가 되는 것이다. 또한 아차사고 및 사고조사 보고서를 통한 안전관리를 실시한다면 사고관리차원의 안전관리가 될 것이다. 만약에, 현장에서의 위험요소를 발견한 결과(예; 유해위험방지계획서 등)를 모두 포함한 위험요소를 발견하여, 안전관리를 실시한다면 이것이 높은 수준의 안전관리가 될 것이다. 위험관리차원에서의 안전관리가 실시되어야 한다.

세계 선진국과 비교하면, 현재의 우리나라 안전수준은 그리 자랑스럽지 못하다. 어느 평가 결과를 보면, 우리의 머릿속에 떠오르는 몇몇 대기업은 높은 수준의 위험관리차원에서의 안전관리가 실시되고 있지만, 불행히도, 많은 중소기업의 안전관리는 사고관리차원에서의 안전관리에 머물러 있는 상태다. 소규모 사업장에서는 재해관리차원의 수준에 있는 경우가 많이 발견된다.

사업장의 문제만이 아닐 것이다. 정부의 안전정책도 아직도 재해율을 근거로 하는 경우가 많다. 다시 말해, 재해관리차원의 결과를 관리하는 것에 집중되어 있다. 예를 들면, 앞으로 공부하게 될 도수율과 강도율을 함께 고려하는 종합재해지수에 따른 결과를 관리하는 것이 아니라, 빈도율에 해당하는 재해율을 가지고 그 결과(정량적 숫자)를 관리하고 있는 실정이다. 이 때문에, 산업현장에서 높은 안전성을 확보하는데 아직 갈 길이 멀다는 것을 느낄 수 있다.

따라서 현실적으로 사업장 내에서 높은 안전성을 확보하는 안전한 작업장으로 거듭태어나기 위해서는, 안전관리가 재해 발생한 후의 통계를 근거로 결론적 관리를 벗어나, 위험을 인식하여 사고를 사전에 예측함과 동시에, 사고발생가능성과 재해의 중대도를 분석하여 통제함으로써 재해율을 낮추는 예측관리로 하루빨리 변화되어야 할 것이다. 현재, 국제적인 흐름 또한 높은 안전관리(예; 안전보건경영시스템 ISO 45001 등)가 요구되고 있는 상황이다. 우리사회의 글로벌화를 위해서라도 빠른 변화가 요구된다.

15.2 사양규제에서 성능규제로 변화

(1) 우리의 현실

앞장에서 공학적 안전대책을 포함하여 안전관리를 실시하는 방법들을 학습하였다. 각종 법과 규정 또한 안전관리를 위하여 많은 규정을 가지고 있다. 지난 시간 많은 사망사고를 경험하면서 많은 법이 변화하다보니 결론적으로 매우 상세한 사항까지 법과 규정에서 언급하고 있다.

사고를 방지하고 재해를 예방하기 위하여, 행정기관은 안전에 관련된 법률 등에 근거하여 규제를 실행하고 있지만, 현재의 법률의 개정은 기본적으로 (누군가가 거대한 대가를 지불한) 재해가 발생한 경험에 근거하여 만들어지고 있다. 특히, 사회적으로 주목되고 있는 중대사고·재해가 발생할 때마다 규제는 개정되어 더욱 강화되는 경향을 나타내고 있다. 그 결과 우리의 산업안전에 관한 법률의 대부분은 상세한 부분까지 규제하는 사양규정을 가지고 있다.

이러한 사양규정에서는 기술과 사회 환경의 변화에 대응하는 지속적인 재검토가 필요하지만, 그 변화속도가 빠르기 때문에, 규제의 내용이 변화를 따라가기에는 많은 어려움이 있다. 또한, 근로자를 위한 높은 수준의 안전관리에 도움이 되지 못하는 경우가 자주 발생한다.

(2) 사양규정의 문제점

① 사양규정은 산업발전 발목을 잡는다.

사양규정만을 지키기 위해 노력하다보면, 결과적으로 기술개발을 등한시하게 되고, 합리적이지 못한 지출이 발생하여 경비를 증대시킨다. 그로 인해, 안전관리에 투자를 하여도, 합리적이지 못한 지출이 지속될 뿐이며, 성과를 기대할 수 없게 된다. 결국 사업주는 재해 발생은 당연하고 어쩔 수 없다는 인식이 정착하게 된다.

사업장은 살아 있는 생명체와 같다. 산업현장은 급격한 속도로 변화한다. 공정은 더욱더 다양해지고 복잡해진다. 지속적으로 기술개발을 통해 높은 수준의 안전관리를 필수불가결하다. 사양규정을 통한 안전관리를 실시하는 사업장은 지속적인 기술개발을 동반하는 성능위주의 개념을 중요시하는 국제사회에서, 경쟁력을 잃게 된다.

② 사양규정은 높은 수준의 안전관리에 방해가 된다.

규격화된 사양규정은 사업자에게 좋지 않은 선입관을 안겨주게 된다. 사업자는 법 규제만을 지키면, 규정 내용만을 충족하고 있으면, 안전이 확보된다고 생각하게 된다. 만약 재해가 발생하더라도 법 규제에 위반하지 않고 있기에 형사책임을 묻지 않으며, 사회적 비판에 대해서도 핑계를 댈 수 있다고 생각한다. 이러한 사업주의 가치관은 사업장 자율안전 확보에 큰 걸림돌이 되고 있다.

규제만을 지키기 위해 노력하다보면, 결과적으로 기술개발을 소홀하게 되고, 합리적이지 못한 지출이 발생하여 경비를 증대시킨다. 그로 인해, 안전관리에 투자를 하여도, 합리적이지 못한 지출이 지속될 뿐이며, 현저한 성과를 기대할 수 없게 된다. 결국 사업주는 재해 발생은 당연하고 어쩔 수 없다는 인식이 정착하게 된다.

또한 사양규정은 경우에 따라서는 가끔은 심각한 문제를 발생시킨다. 근로자의 안전을 확보하기 위한 규제가 경우에 따라서는 도리어 근로자를 더욱 위험한 상황에 처하게 만드는 경우가 발생한다.

예를 들어, 산업현장에서 사다리에서 추락하는 사고가 많이 발생하기 때문에, 근로자의 안전을 위해 사다리를 사용하는 것을 금지한다고 생각해보자. 물론, 사다리에서 추락하는 사고는 줄어들 것이다. 하지만, 근로자는 일을 해야만 하고, 사다리가 없으니, 다른 대체 물건(=위험요소를 많이 포함한 물건)을 사용하여 작업을 하게 될 것이다. 근로자를 위한 대책이 도리어 근로자를 위험한 상황에 노출되게 할 수도 있다.

마치 종이의 앞면과 뒷면처럼, 상세한 규정은 사업장내에서 하나의 위험요소에 대한 안전대책이 되겠지만, 그와 동시에 또 다른 위험요소를 창출하고 있다.

(3) 자율안전과 성능규정

이상의 문제점을 해결하고자 여러 법률이 조금씩 변화를 도모하고 있다. 산업안전보건법에 일정부분에 대해 자율안전을 언급하고 있으며, 소방법의 성능위주설계가 일부 도입되고 있다. 하지만, 아직 현재 규정들이 사업장의 자율안전 및 성능위주를 위한 규정이라고 말하기는 어렵다.

하루빨리 성능규정 중심으로 변화하여, 안전 확보를 위한 구체적인 방법은 사업주의 자율에 의해 높은 수준의 안전 확보를 강구하는 시스템으로 변화해야 한다. 이러한 자율안전은 기술개발이 밑받침되어야 하며, 기술개발을 위해서는 성능위주의 규정이 뒷받침되어야 한다.

법은 최소한의 도덕이라는 이야기가 있다. 법은 최소화되어야 하며, 사업장 안전은 사업장에 맡겨야 한다.

이러한 이상과는 달리 현실은 매우 어둡다. 이를 위해서는 고도의 자율안전을 실시할 수 있는 일정 수준 이상의 능력이 필요하지만, 현장에서는 일부 대기업을 제외하고, 대부분의 사업자가 충분한 자율안전을 위한 능력을 가지고 있다고 보기는 어렵다. 그로 인해, 현 산업에서는 근로자의 안전 확보를 위해 행정 개입이 필요하게 되고, 사양규정이라는 틀을 벗어나기는 매우 어려운 상황이 지속되고 있다.

(4) 안전규제가 나가야 할 길

이상의 문제를 타파하기 위해서는 산업안전보건법, 고압가스안전법, 소방법 등과 같은 안전과 관련된 법에서 많은 가이드 및 예시기준을 준비하여야 한다. 이것을 인허가의 판단재료로 사용하는 것이 가능할 것이다. 이때, 국내외의 공적기관과 민간단체에서 작성한 규격, 기준 등을 지속적으로 평가하여, 인허가재료에 도입하는 시스템을 갖추어야 할 것이다.

그와 동시에 사업자가 안전을 확보할 수 있는 대책과 방법을 제시하고, 전문가로 구성하는 평가위원회에서 인정하면, 예시기준 이외에 대해서도 인허가의 판단재료로 활용되는 시스템을 갖추어야 할 것이다.

이상과 같이 사업장의 자율안전을 위해서는 행정의 개입은 최소한으로 하고, 높은 수준의 안전관리를 확보하는 것이 이상적이지만, 그렇게 하기 위해서는 사업자의 높은 수준의 안전관리 능력을 갖추어야 하며, 이러한 노력에 대한 사회적 신뢰를 얻을 필요가 있다.

최근에는 자율안전의 중요성이 커짐에 따라 산학관 협력에 의한 사업장 자율안전 확립이 추진되고 있지만, 해결해야 할 과제가 산적하여 원활하게 진행될 때까지는 많은 시간이 필요할 것이다. 아마도 많은 시행착오를 거치게 될 것이다. 중요한 것은 시행착오 과정에서 퇴보를 하지 않고 자율안전을 위해 지속적으로 앞으로 진행되어야 할 것이다. 안전인은 새로운 아이디어를 지속적으로 내어야 하며, 안전에 관해서는 기업을 넘어 정보를 교환해야 하며, 자율안전능력을 지속적으로 유지 및 발전시켜나가야 한다.

당연한 이야기이지만, 자율안전을 실시하기 위해서는 어떠한 잠재위험을 가지고 있는가를 스스로 충분히 파악하고 적절한 대책을 강구해야만 한다. 잠재위험을 파악하기 위해서는 현장 근로자의 리스크에 대한 의식이 있어야 하며, 안전 staff의 리스크 추출에 필요한 기술력과 해석력을 높여야 하며, 사업주는 근로자의 능력을 향상시키는 시스템을 만들어야 한다.

현장 근로자(안전관리자와 관리감독자 포함)의 능력에만 의존하는 것은 한계가 있고, 총체적으로 잠재위험을 망라할 수 있는 시스템을 구축하기 위한 노력과 동시에 그 시스템이 확실히 기능하는가를 확인하는 과정도 필요하다.

이러한 체제를 확실히 구축할 수 있는 기업은 많지 않다고 생각된다. 따라서, 그것을 지원하는 기관 및 단체 또한 필요하다. 또한 구축된 안전관리 시스템은 시간의 흐름과 함께 노후화된다. 물질, 공정과 환경의 변화에 대응하여 착실히 재검토가 되고 있는가를 확인할 필요가 있다. 소위 PDCA 사이클에서 피드백에 많은 관심이 필요하다. 규정은 이러한 자율안전이 잘 진행되고 있는지 외부의 눈으로 체크하는 것에 중요하다.

우리 인간은 자신이 익숙한 상황에서는 새로운 것을 발견하기가 어렵다. 보던 것만 보게 된다. 또한, 제멜바이스 반사작용(Semmelweis reflex)[3]에서 언급되는 것으로, 우리 인간은 자신의 세계관과 맞지 않는 것을 맞이할 때, 그것을 부정하거나 무시하려는 경향을 가진다.

안전관리에서 위험요소 발굴은 기존 내부의 눈으로는 한계가 존재하며, 외부의 눈으로 자신을 볼 수 있도록 시스템을 강구해야 한다.

15.3 Safety-I & Safety-II

최근 Safety-I, Safety-II라는 단어를 자주 접하게 되었다. 여러분들도 안전관리를 학습하다보면 앞으로 접할 기회가 많을 것이라 생각된다. 여기서는 간단히 알아보기로 하고, 자세한 내용은 다른 전문서적에 맡기기로 하자.

먼저, 이들 단어의 탄생의 출발점은 재해는 인간의 잘못된 행동에 의해서 발생한다는 의식에서 시작된다. 한때 재해율을 줄이기 위해서, 휴먼에러(Human error)를 억제하기 위하여 노력한 시기가 있었다. 휴먼에러 억제가 높은 안전성 확보를 위해서 중요한 역할을 한다고 믿었었다.

안전관리론의 대상은 인적재해라는 것에 한정해서 이야기하면, 재해는 인간이 존재하기 때문에 발생한다. 인간이 잘못을 하지 않으면, 재해가 발생하지 않는다. 따라서, 인간이 잘못한다는 휴먼에러를 어떻게 하면 줄일 수 있는가 하는 것이 주요 관심이 된다. 하지만 인간은 잘못을 하는 것이 정상이지 잘못을 하지 않는 것이 비정상이다.

Safety-I, Safety-II의 탄생은 비교적 최근이다. 2015년경에 Erik Hollnage 교수에 의

3) 기존의 믿음이나 패러다임과 서로 충돌한 경우 새로운 사실을 무시하려는 경향

해 제안된 안전관리의 철학이라고 할 수 있다.

Safety-I의 방법론은 재해는 원인이 있고, 원인을 제거함으로써, 안전을 확보한다는 본 교재의 대부분의 내용은 바로 Safety-I의 개념을 근본으로 하고 있다.

Safety-II의 방법론은 리질리언스공학(Resilience Engineering)이라는 개념이 도입되어야 안전을 확보할 수 있다는 개념이다. 여기서 Resilience Engineering라는 단어의 정확한 번역은 쉽지가 않다. 무리하여 번역하면 '안전탄력성공학'이라고 번역할 수 있을 것이다. "탄력적이다"라는 것은 무언가 외부로의 자극에 의해 반사적으로 자연스럽게 일정한 반응이 나타난다는 뜻으로 이해하자. 일을 하다보면 주변 상황은 변화한다. 주어진 상황에 따라 어떻게 일을 진행해야 할지에 대한 개념을 제공해 준다.

산업의 발전은 더욱더 복잡해지는 시스템을 요구하고 있다. 이러한 거대 시스템을 구성하고 있는 요소들은 각각 개별의 요소로 완전히 분해하는 것이 불가능해진다. 따라서, 일상적인 기능 및 성능이 작동함에 있어, 이론과 실제에 차이가 발생하며, 실제 상황에서 발생하는 주변 환경의 영향에 따라 여러 변동성이 발생한다. 결과적으로, 우리가 충실히 올바르게 작업을 실시하더라도, 목적한 일이 성공할 수도 있고, 실패할 수도 있다는 생각에서 출발한다.

따라서, Safety-I에서처럼 사고를 발생시킨 원인요소를 찾아내어 제거하는 것이 아니라 정상적 작동에서 조금 벗어나더라도, 자연스럽게 정상적으로 돌아오는 시스템을 구축하여, 전체 시스템이 안전적으로 정상적인 상태를 유지할 수 있도록 하는 것이다.

경력이 풍부하고 장인정신을 가진 근로자는 이런 말을 자주한다. 아침에 출근하여, 기계에 전원을 넣어 작동을 시작할 때, 기계 소음에서 오늘 이 기계가 기분이 좋은지 나쁜지를 알 수 있다고 한다. 몇 십년간 기계와 같이 작업을 하다보면, 기계와 대화하는 것이 가능하다고 한다.

기계라고 하더라도, 어떤 날은 기계가 기분이 좋아 성공하기도 하고 어떤 날은 기분이 나빠서 실패할 수도 있다는 관점이다. 이러한 변동성을 최소화하기 위한 방법론이 Safety-II이다.

▼ 표 Safety-I와 Safety-II의 차이

Safety-I	Safety-II
• 모든 현상은 성공 또는 실패로 표현됨 (1 or 0) • 성공 이외는 모두가 실패 • 실패를 만들지 말자.	• 실패와 성공은 연속적으로 표현됨 • 실패 이외는 성공 • 결과적으로 성공하더라도 더 좋은 방법이 있을 수 있음. • 완벽한 성공은 없음. • 모두가 잘못을 한다. (잘못을 없애는 것이 안전이 되는 것은 아님.) • 큰 길로 가는 것만이 옳은 것이 아님, 뒷골목으로 가는 길도 목적지로 갈 수 있음.

Safety-II는 Safety-I의 한계에서 출발한다고 생각할 수도 있다. Safety-I에서는 일반 기계공학에서는 올바르게 작업하면 사고가 발생하지 않는다고 생각한다. 하지만, 아무리 기계가 올바르게 작동하고 있어도, 이 사회는 우리가 원하지 않는 사고가 발생하고 있다.

예를 들어 자동차를 생각해보자. 우리들이 목적지를 가기 위해서 자동차를 정기적으로 점검하고, 교통법규를 지키면서 운전을 한다. 그렇다고 해서 안전이 확보되는 것은 아니다. 운전 중에 운전을 방해하는 여러 가지 상황이 발생할 수 있다. 예를 들어, 눈이 오고, 비가 와서 도로가 미끄러워져 정상적으로 운전하다가도 사고가 발생할 수 있으며, 심지어 반대편 차선에서 자동차가 추월하다가 충돌사고가 발생할 수도 있다.

Safety-I에서 이야기하는 올바른 작업을 충실히 실시하더라도 사고는 발생한다는 것이다. 적설량을 고려하는 상황, 반대편 차량이 추월하는 상황 등을 모두 고려하여, 올바른 운전을 학습/습득하는 것은 불가능에 가깝다.

안전은 상황변화에 대응하는 능력이 필요한 것이다. Safety-II의 Resilience는 이런 변화에 대응하는 능력이 중요함을 강조하는 것이다.

참고로, Safety-I이 좋다든지 Safety-II가 우수하다는 것은 아니다. Safety-I가 옛날 것이고, Safety-II가 새롭다는 것은 아니다. 안전확보를 위해 토론하는 대상에 따라 적절하게 다르게 적용되어야 한다. 처음 제품을 생산할 때는 Safety-I가 중요할 수 있으며, 제품을 사용하는 단계에서는 Safety-II의 개념이 중요할 수 있다는 것이다. 성공을 이루어내기 위해 어떠한 응용문제가 나와도, 그 문제의 답을 찾아가는 능력을 키우는 것이 중요하다. 이 부분은 근로자에게 요구할 수 없는 부분이지만, 안전인이 걸어가야 할 안전관리의 길을 보여주는 개념이라고 생각된다.

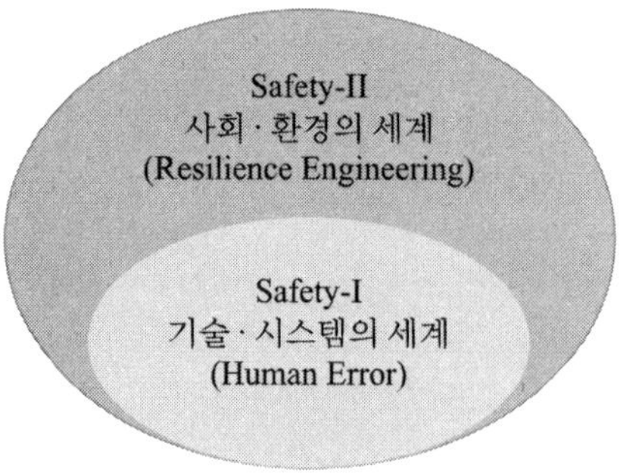

▲ 그림 Safety-I, Safety-II의 세계

3

위험성 평가

01 위험성 평가의 개요
02 4M 위험성 평가
03 위험성 평가 종류 및 특징
04 사고 분석기법

01 위험성 평가의 개요

1.1 위험성 평가 정의 및 활용

우리는 앞에서 안전관리의 5단계를 학습하였다. 1단계의 조직을 제외하고, 2단계, 3단계, 4단계를 한마디로 표현하면, 위험을 발견하고 위험성을 평가하고 허용가능한 위험으로 변화시키는 대책을 선정하는 단계이다. 따라서, 2～4단계가 안전관리의 가장 핵심이 되는 부분이다. 이 핵심에 해당하는 부분이 바로 위험성 평가라는 말할 수 있을 것이다.

그럼, 위험성 평가를 정의해 보자. 위험성 평가란, 사업장 내에 존재하는 위험요소(유해요소)를 현장의 근로자와 안전보건조치에 대한 책임을 가지는 사업주가 관리감독자, 안전관리자, 현장 근로자가 서로 협력하여 지속적으로 유해·위험요소를 찾아내어 요인을 개선하는 종합적인 위험관리 활동이라 정의할 수 있다. 위험성 평가는 각 사업장 특성에 맞도록 방법 및 양식 등을 개선하고 대책을 수립해야 한다. 완벽히 동일한 사업장은 없기 때문이다.

생산과 생산 활동을 지원하는 과정에는 반드시 재해를 발생시킬 수 있는 위험요소가 존재한다는 생각을 가지고 위험요소를 조사하여야 한다. 사업장 내 위험요소를 파악한 후 그것을 평가하여 관련 업무에 활용한다.

이때 위험요소 파악은 앞으로 공부하게 될 체계적인 위험성 평가 방법을 활용하여 실시하며, 눈에 보이는 단편적이고 감각적인 위험뿐만 아니라 잠재된 위험요소까지 발굴할 수 있어야 할 것이다.

그럼, 위험성 평가(Risk Assessment)에 대해 본격적으로 학습해 보자.

1.2 위험성 평가의 주체

산업안전보건법에 명시되어 있듯이 위험성 평가는 사업주가 책임자가 되도록 되어 있다. 실시는 실무자로 하여금 평가하며, 부서별로 평가를 하거나 제삼의 팀을 조직함으로써 실시할 수도 있다.

현장의 이야기를 들어보면, 위험성 평가의 책임은 사업주가 지기 때문에 사업주의 의견이 거대하고, 근로자의 목소리가 작게 반영되는 경우가 많다.

위험성 평가는 현장의 위험요소를 파악하여 대처하기 위함이다. 따라서, 위험성 평가는 실효성을 높이는 결과물이 나오도록 노력해야 한다. 잊지 말아야 할 것은 위험요소 확인이나 개선대책을 수립할 때에는 관련 업무에 작업하는 근로자의 의견을 적극적으로 수렴하여 실시해야 한다. 현장에 있는 근로자가 가장 위험요소를 잘 알고 있다는 것이다.

1.3 평가 시기

사업주가 사업장 내의 위험성 평가에 대해 의무를 가지고 있다. 크게 3가지 종류의 평가 실시 의무가 있다.

(1) 최초 평가

공정을 처음으로 실시할 때 위험성을 평가한다. 사업장 내 모든 작업 및 공정이 대상이 된다.

(2) 정기평가

최초 평가 이후 사업장 전반에 대해 정기적으로 매년 1회 실시하여야 한다. 기록물은 사업주 결재 후 보관이 의무시된다.

(3) 수시평가

그때그때 필요에 의해 실시한다. 다음과 같은 사항에 해당될 때 또는 공정상 어떤 변화를 초래하는 계획이 존재할 때, 그 계획이 실행되기 전에 수시평가를 한다.

① 산업재해 또는 중대산업사고가 발생하였을 때
② 작업장 내에서 설비, 작업방법, 작업절차 및 작업자 등의 변경이 발생할 때
③ 건설물, 기구·기계, 설비 등의 보수 또는 정비 등

1.4 평가 절차

위험성 평가의 절차는 평가대상 공정을 선정하는 것으로 시작된다. 선정된 공정을 조사함으로써 위험요소를 도출한다. 도출된 위험요소에 대하여 사고가 일어나는 발생 정도를 조사함과 동시에 어디에 얼마만큼 피해를 줄 수 있는지 피해크기를 계산해 낸다. 위험요소의 발생빈도 및 피해강도를 종합하여 종합적인 위험성을 평가한다. 평가된 위험성을 통해 받아들일 수 없는 위험이라고 판단될 경우에는 그것은 반드시 개선되어야 함으로 개선대책을 수립해야 한다. 이런 위험성 평가의 절차는 간단히 5단계로 실시된다. 위험성 평가 절차 5단계는 다음과 같다.

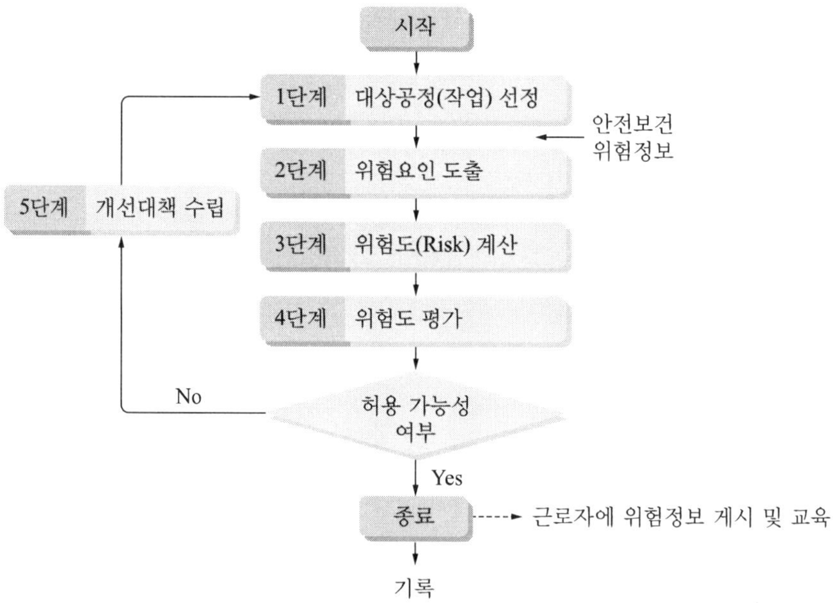

▲ 그림 위험성 평가의 절차

(1) 세부실행 방법

① 1단계 : 위험성 평가 대상의 공정(작업)별 선정

위험성 평가의 대상은 전체 사업장 모두가 된다. 하지만, 위험성 평가를 실시할 때 사업장 전체를 하나로 묶어서 실시하는 것은 아니다. 생산에 관련된 모든 공정 및 작업을 작업별 또는 공정별로 분류하여 위험성 평가를 실시한다. 분류된 공정은 단위공정이 된다. 단위공정이란 단위공장 내에서 원료처리공정, 반응공정, 증류추출 등 분리공정, 회수공정, 제품저장·출하 등 각각의 공정을 의미한다. (참고로, 단위공장이 아니다. "단위공장"이란 동일 사업장 내에서 제품을 생산하는데 필요한 원료처리공정에서부터 제품의 생산·저장까지의 일관공정을 이루는 설비를 말한다.)

이렇게 분류된 단위공정별로 재해나 사고(아차사고를 포함)를 활용하여 평가대상 및 범위를 결정한다. 공정을 나누어 공정별 위험성 평가를 실시하기 때문에, 사업장 전체의 위험성 평가를 실시하는데 방대한 시간이 필요하며, 결과물 또한 방대한 양이 된다.

대상 공정을 선정하였으면, 위험성 평가 실시계획서를 작성하여, 평가에 필요한 각종 자료를 수집하는 것으로 본격적으로 위험성 평가가 시작이 된다.

- 아차사고 : 산업재해까지 발생하지 아니한 잠재적 사고.
  = 사고가 발생하지 않았지만, 사고 발생에 거의 가까워진 상태/현상

② 2단계 : 위험요소의 발견

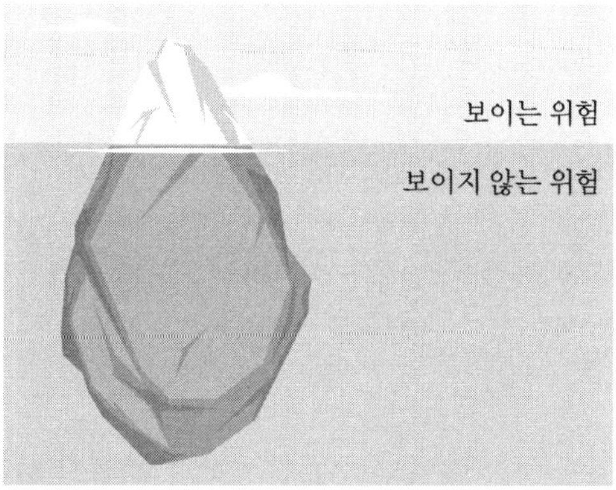

▲ 그림 빙산의 일각

㈀ 1단계에서 발견된 평가대상별 공정 및 작업에 대하여 내재되어 있는 다음과 같은 안전 및 보건상의 위험요소에 대해 확인한다.
- 사용 기구/기계, 사용되는 물질 자체의 위험요소
- 진동, 분진, 유해·위험물질 등 작업환경에 존재하는 위험요소
- 작업방법과 작업 중 근로자들의 불안전한 행동
- 안전에 관련된 조직, 교육 및 검사 등 관리적 결함사항

㈁ 쉽게 이미지를 잡기 위해, 사업장을 순회하면서 체크리스트 등을 활용하여, 사업장 내에 존재하는 위험요소를 발굴한다.

㈂ 사업장에서 취급하고 있는 화학물질, 기계 및 설비 등의 안전/보건상의 위험요소 확인하기 위해서는 관련 전문가의 조언 및 도움을 받아야 한다. 반복되는 이야기이지만, 각 사업장마다의 특성이 다름을 항상 인식해야 한다.

㈃ 위험요소 확인은 가능한 한 작업자와 평가자가 함께 참여하여야 한다. 편하고 자유롭게 토의할 수 있도록 진행되어야 하며, 특히 현장 근로자가 경험한 아차사고를 최대한 살려야 한다. 아차사고는 잘 보고되지 않고 있다. 편하고 자유로운 토의 분위기를 통해 아차사고를 살릴 수 있다.

㈄ 다음 장에서 4M의 위험성 평가를 학습할 것이다. 4M[인간(Man), 설비(Machine), 작업(Media), 관리(Management)]의 관점에서 위험요소를 찾는다면 좀 더 효율적으로 위험요소를 찾아낼 수 있을 것이다.

㈅ 우리는 "안전제일"이라는 완장을 차고, 사업장을 돌아다니는 사람을 쉽게 생각해 낼 수 있다. 많은 경우, 사업장을 돌아다니면서 위험요소를 찾는다. 하지만, 보이는 위험보다 보이지 않는 위험이 더욱 큼을 기억하자. 위험요소의 발견이 가장 어렵다. (보이는 위험은 빙산의 일각일 수 있다.)

③ 3단계 : 위험성 계산

㈀ 위험성을 추정한다고 말하기도 한다. 위험성의 크기를 산출하는 단계이다.

㈁ 위험성의 도출은 발견된 안전·보건상의 모든 위험요소에 대하여 실시한다.

위험성 = 사고 발생 확률×피해의 크기
= 가능성×중대성
= 빈도×강도

㈂ 위험성의 크기는 사고가 발생할 확률(가능성, 빈도)과 재해 발생 시 피해의 크기(중대성, 강도)의 곱으로 산출한다.

㈃ 가능성이란 작업자의 의도한 것과 다른 사건이 발생할 확률을 의미한다. 위험요소에 노출되는 빈도(시간), 유해·위험한 사건이 발생할 확률 그리고 사고를 쉽게 피할 수 있는 것인지 등을 고려하여야 한다.

㈄ 중대성은 사고가 발생한 후에 그로 인해 재해가 발생한 경우에, 그 피해가 미치는 영향의 정도를 의미한다. 피해의 범위, 건강장해의 정도, 치료기간 등으로 평가한다. 재해통계데이터가 많은 참고가 될 것이다.

㈅ 위험성을 평가할 때에는 사고가 발생한 경우에 근로자의 부상, 사망 및 건강

상의 장해가 발생할 우려가 큰 위험요소에 대해 위험도가 높아지도록 산출하여야 한다. 일반적으로 물질적인 재해보다 인적인 재해로 인한 피해가 크다는 것을 인식해야 한다. 위험성 추정은 가능성과 중대성을 조합한다. 일반적으로 곱한 값으로 산출된다.

(ㅅ) 위험성 도출 시에는 사업장 내 모든 인원들이 동의하는 일정한 기준을 만들어, 그 근거에 따라 계산을 도출해야 한다.

(ㅇ) 가능성을 평가하는 기준의 하나의 예를 다음과 같이 표에 나타낸다. 세단계로 나누었으며, 발생할 가능성이 높은 것을 3으로 낮은 것을 1로 정의하였다. 내용을 보면, 정성적으로 평가하는 것도 가능하지만, 시간이나 부품의 고장률 등을 사용하여 정량적으로 평가하는 것도 가능하다.

(ㅈ) 중대성(강도)에 대해서도 3단계로 나누었다. 정성적으로 사망할 수 있다고 표현할 수도 있고, MSDS 등을 활용하여 정량적으로 평가하는 것도 가능하다. 높은 수준, 신뢰도 높은 위험성 평가를 위해서는 정량적인 기준이 높은 평가를 받는다는 것은 언급할 필요도 없을 것이다. 이것을 3단계로 할지 4단계 또는 5단계로 할지 사업장 특성을 고려하여 자율적으로 실시한다.

MSDS란

물질안전보건자료(Material Safety Data Sheets, MSDS)란 화학물질 및 화학물질을 함유한 물질의 특성을 설명한 자료를 말한다. 안전 및 보건상의 취급주의사항, 건강 유해성 및 물리적 위험성 등을 설명한다.

화학물질을 양도하거나 제공하는 자는 MSDS를 작성하여 제공해야 한다. (화학물질 제조, 수입, 유통업체 사업주 포함)

MSDS 포함내용

- 화학제품과 회사에 관한 정보
- 유해성 및 위험성
- 구성성분의 명칭 및 함유량
- 응급조치 요령
- 폭발 및 화재 시 대처방법
- 누출사고 시 대처방법
- 취급 및 저장방법
- 누출방지 및 개인보호구

https://msds.kosha.or.kr/kcic/msdssearchAll.do

▼ 표 가능성(빈도)

구분	가능성	기준
상	3	발생할 가능성이 높음 실제로 유해·위험요소에 노출되는 시간이 하루에 6시간 이상인 경우
중	2	발생할 가능성이 있음 유해·위험요소에 노출되는 시간이 하루에 2~6시간인 경우
하	1	발생할 가능성이 낮음 유해·위험요소에 노출되는 시간이 하루에 2시간 미만인 경우

▼ 표 중대성(강도)

구분	중대성	기준
대	3	사망을 초래할 가능성이 있는 사고 화학물질, 분진, 진동 등 권고기준(노출기준)을 초과하는 경우 독성, 발암성, 변이원성을 가진 물질의 취급 직업병 및 질병의 발생
중	2	절단과 실명과 같은 상해가 발생할 가능성이 있는 사고 의료기관의 치료를 일정기간 요하는 사고 분진, 화학물질, 진동 등 권고기준(노출기준)의 50% 이상인 경우
소	1	아차사고의 발생 분진, 화학물질, 진동 등 권고기준(노출기준)의 50% 미만인 경우

㈜ 정량적인 숫자를 가지는 위험성의 결정은 유해·위험요소에 의해 사고가 발생할 가능성과 사고로 인한 피해의 중대성을 평가하여 그 곱의 값을 가지고 다음과 같은 표로 최종 위험도를 결정(추정)한다.

▼ 표 위험도(성) 추정

중대성(강도) 가능성(빈도)	대 (3)	중 (2)	소 (1)
상 (3)	높음 (9)	높음 (6)	보통 (3)
중 (2)	높음 (6)	보통 (4)	낮음 (2)
하 (1)	보통 (3)	낮음 (2)	낮음 (1)

사회의 변화와 함께 변화하는 리스크

이상과 같이 위험성(Risk)을 산출하는 방법을 학습하였다. 위험성은 외래어인 리스크라는 단어로 사용하고 있다. 위험성의 의미를 가진 리스크는 어떤 사상으로 인해 발생되는 주변으로의 영향에 대한 불확실성을 검토할 때 사용되며, 우리 사회생활에서 다양한 경우에 활용된다. 이때 기억하고 있어야 하는 것은 리스크는 영향을 주는 것과 영향을 받은 것과의 관계로 검토되어야 한다. 리스크 분석에는 쌍방의 이해가 필요하지만, 이 두 개를 분석하기 위해 필요한 지식 또는 기술에는 차이가 있을 수 있다.

리스크 분석하여 어떤 대책을 강구할 때, 그로 인한 변화는 영향을 주는 것과 영향을 받는 것을 동시에 변화시킨다. 사회, 산업, 기술의 변화만이 아니라, 리스크에 대한 가치관 및 리스크 기준의 변화를 고려해야 한다. 우리가 앞으로 실시할 리스크 분석도 이런 쌍방의 변화를 반영하기 위한 수법을 개발할 필요가 있다.

④ 4단계 : 위험도 평가

(ㄱ) 위험성을 결정한다 라고도 한다.

(ㄴ) 3단계에서 실시한 각 위험요소에 대한 위험성을 평가한 결과(위험도, 어떤 위험요소에 대하여 발생 가능성과 피해 규모를 곱한 정량적인 값)를 가지고 4단계에서 위험도를 평가한다.

(ㄷ) 위험도를 평가한다는 것이 다른 말로는 각 위험이 우리 인간이 받아들일 수 있는 위험인지 그렇지 않은 지를 평가하는 것이다. 다시 말해, 허용가능한 범위인지를 판단하는 것이다.

(ㄹ) 물론, 매우 주관적인 평가가 될 수 있기 때문에, 사전에 일정한 기준을 만들어 두어야 한다. 예를 들어 다음과 같은 표를 사전에 사업장 내 모든 사람들과의 협의에 의해 결정을 해 두어야 한다.

▼ 표 위험성 결정

위험성 수준		관리기준	비고
1~2	낮음	현재의 상태 유지	근로자에게 유해·위험 정보를 제공하는 교육이 필요
3~4	보통	개선이 요구	근본적 안전보건대책을 수립하여 개선
6~9	높음	지금 즉시 개선	작업을 지속하기 위해서는 지금 즉시 개선을 실행해야 함

(ㅁ) 본 예에서는 낮음(1 ~ 2), 보통(3 ~ 4), 높음(6 ~ 9)로 구분하며, 점수를 평가하였다. 대책을 수립할 때에는 이 표에 근거하여, 평가점수가 높은 요인을 우선적으로 관리하여야 한다.

(ㅂ) 최종적으로는 모든 위험에 대한 위험도는 허용가능범위까지 낮은 수준으로 유지되도록 노력해야 한다.

(ㅅ) 만약 허용가능한 범위를 넘어선 경우에는 5단계로 이어진다.

⑤ 5단계 개선대책 수립

허용할 수 없는 위험요소에 대하여, 구체적인 개선대책(=위험성을 감소하기 위한 대책)을 수립하여, 실행하여야 한다. 여기서 개선대책은 위험으로부터 위험하지 않게 하는 것이 아니라, 허용가능한 위험의 범위내로 들어오도록 하는 것이다. 이때, 위험성을 감소하기 위한 대책을 수립하는 경우에는 다음과 같은 원칙을 고려하여야 한다.

(ㄱ) 위험은 가능한 근원적으로 제거하거나 대체되어야 한다.

(ㄴ) 규정, 규칙은 준수되어야 한다. (산업안전보건법의 산업안전기준에 관한 규칙, 산업보건기준에 관한 규칙 등)

(ㄷ) 관련법에서 요구되는 법적 의무사항 (소방법, 가스법 등)

(ㄹ) 최근 안전보건에 대한 정보, 이론 및 기술을 고려

(ㅁ) 개선대책은 종합적으로 실시되어야 한다. 작업조직, 작업환경, 안전보건에 관한 정보/기술 등이 적절히 연계

(ㅂ) 해당 위험 작업근도 중요하지만, 항상 전체를 보고, 전체 근로자의 보호를 우선 고려한다.

(ㅅ) 임산부, 고령근로자 등 특별 보호를 필요로 하는 근로자를 고려한다.

(ㅇ) 상황에 맞추어 적정한 안전보건 수칙/지침 등을 근로자에게 제공한다.

구체적인 감소대책은 예를 들어 다음과 같은 것들이 있다.

(ㄱ) 기계설비의 안전화

(ㄴ) 안전장치, 국소배기장치의 설치

(ㄷ) 작업/공정의 자동화/기계화

(ㄹ) 작업방법의 개선, 안전보건 작업절차의 작성

(ㅁ) 안전위생 보호구의 착용

(ㅂ) 안전장치의 설치

개선대책은 관련 담당자가 조치하여 완료하는 시점을 명시한다. 그래야, 담당

자가 책임감을 가지고, 개선하게 된다. 개선대책을 시행하는 과정에서 대책의 실효성 등을 검토하며, 발생된 문제점은 보완한다.

마지막으로, 개선대책은 위험성이 높은 위험요소에 대해 우선적으로 대책을 세워야 하며, 하인리히의 사고방지의 원리에서 언급한 것처럼, 재해예방을 위해서가 아닌 사고방지를 위해서 실시해야 한다. 구체적으로는 공학적 안전대책에서 학습하였다. 근본적인 대책, 방호적인 대책, 보호적인 대책의 순서로 실시하도록 노력해야 할 것이다.

⑥ 6단계 : 기록

일반적으로 위험성 평가 절차를 이야기할 때 5단계까지 이야기하지만, 위험성 평가를 실시할 때 빼놓을 수 없는 중요한 단계가 있다. 바로 기록이다. 위험성 평가가 종료되면, 위험성 평가를 실시한 결과물을 반드시 기록한다.

기록에 포함될 사항은 다음과 같다.

㈀ 평가서 평가일 및 번호
㈁ 구체적 작업내용 및 평가대상의 공정명, 공정내용
㈂ 유해·위험요소 파악
㈃ 현상의 안전보건 조치
㈄ 개선대책의 내용
㈅ 평가대상별 공정의 개선 전과 개선 후의 위험성을 기재
㈆ 개선을 실행하는 일정 및 담당자 등
㈇ 그 외에 필요하다고 고려되는 사항으로 사업장에서 정한 부분

- 최근 위험성 평가를 심사해보면 개선의 일정 및 담당자의 중요성이 매우 큼을 느낀다. 아무리 위험성 평가를 잘 실시하여도, 그 대책이 실제로 적용되지 않으면 아무런 의미가 없다. PDCA 사이클에서 언급하였지만, 평가하여 수정이 되어야 그 다름 단계로 넘어갈 수 있다. Feed-back이 중요함을 강조한다.

매년 실시한 위험성 평가는 사업주의 결재에 의해 보관되어야 한다. 또한, 특별한 경우에(중대재해가 발생한 경우 등) 산업안전공단으로의 보고가 필요한 경우도 있다. 법적 대응을 위해 다음과 같은 사항을 명심하자.

㈀ 위험성 평가와 관련된 기록은 반드시 관리되어야 한다. 주기적으로 출력하여 대표에게 승인받아야 한다. 필요에 따라 산업안전보건공단에 온라인으로 보

고하여야 한다.

(ㄴ) 위험성 평가에 관련된 기록은 회사 내 안전보건 기록 관리 규정에 따라 보관하며, 3년 이상의 보관을 의무화한다.

(ㄷ) 기록은 1년에 1회 정기적으로 검토를 한다. 근로자의 의견을 충분히 반영하여, 변경 여부를 결정한다. 최종적으로는 전체 근로자가 쉽게 관련정보를 접촉할 수 있도록 게시 또는 배부해야 한다.

1.5 위험성 평가 시 주의 사항

앞에서 위험성 평가 각 단계에서의 실시내용을 설명하였다. 위험성 평가를 실시할 때 항상 마음에 담고 있어야 하는 주의 사항을 아래에 열거한다.

(1) 안전관리의 5단계의 1단계에 해당하는 것이 조직이라는 것을 앞에서 학습하였다. 조직을 구성할 때 팀원에게는 마인드, 경험, 지식 등이 필요하다고 언급하였다. 위험성 평가를 실시함에 있어도, 평가 시 회의에 참석하는 인원에 대해 특별한 고려가 필요하다. 평가를 실시할 때에 안전 staff, 안전관리자, 관리감독자만이 아니라, 현장에서 위험에 직접적으로 노출되고 있는 현장 근로자가 참가해야 한다.

(2) 위험요소 파악을 위해서는 근로자의 아차사고를 반영할 수 있도록 실시되어야 하며, 회의 참가자 전원의 브레인스토밍(Brainstorming) 방식으로 진행되어야 한다.

- 브레인스토밍이란, 어떤 문제에 대해 대책을 만들어 낼 때, 사용하는 방법이다. 가급적 많은 사람이 모여, 자유롭게 자신의 생각을 이야기하는 회의 방식이다. 하나의 문제에 대해 회의를 통하여 많은 아이디어를 내놓는 것이 요구되므로, 가급적 많은 사람이 모여서 토론하는 것이 좋다. 브레인스토밍을 실시할 때 가장 중요한 것은, 자유로운 분위기에서 실시해야 한다. 토론에서는 윗사람과 아랫사람이 없다. 동일한 발언권을 가진다. 자유로운 분위기에서 많은 양질의 아이디어가 발생한다. 그 이유는 좋은 대책을 만들기 위해서는 많은 아이디어가 나와야 한다. 또한, 그 어떤 의견도 절대로 비판하거나 멸시되어서는 안 된다. 하나하나의 의견을 소중히 하여 지속적으로 토론하다보면 여러 아이디어가 뭉쳐지게 되고 더욱 좋은 아이디어가 도출될 수도 있다.

(3) 앞에서 언급한 빈도, 강도, 위험도의 표를 위험성 평가 전에 작성하여야 한다. 작성 시 주의해야 할 점은, 허용가능한 위험 수준을 정할 때에 사업장의 규모와 특성을 충분히 고려하여야 한다. (참고로, 근로자의 의견을 듣기 위해 많은 사업장에서 노동조합과 협업하기도 한다.)

⑷ 위험성 평가 실시 시 필요한 정보를 평가원들과 공유해야 한다. 기본적으로 모든 정보를 포함해야 하나, 일부 기밀사항에 많은 어려움이 있는 것이 현실이다. 또한 필요 시 외부 전문가의 자문을 받도록 노력한다. 동일한 물질에 대한 위험성일지라도 시간이 지나면서 학문의 발전에 따라 그 특성이 다르게 평가될 수도 있다.

⑸ 위험성을 감소시키기 위한 안전대책은 경제성 및 기술력 등을 고려하여, "As Low As Reasonably Practicable(ALARP, 합리적으로 실행 가능한 낮은 수준으로 감소)"로 위험성이 유지되도록 한다.

⑹ 상세한 위험성 평가 방법을 위해서 안전보건공단의 "리스크 분석방법에 관한 지침"을 참고하면 많은 도움이 될 것이다.

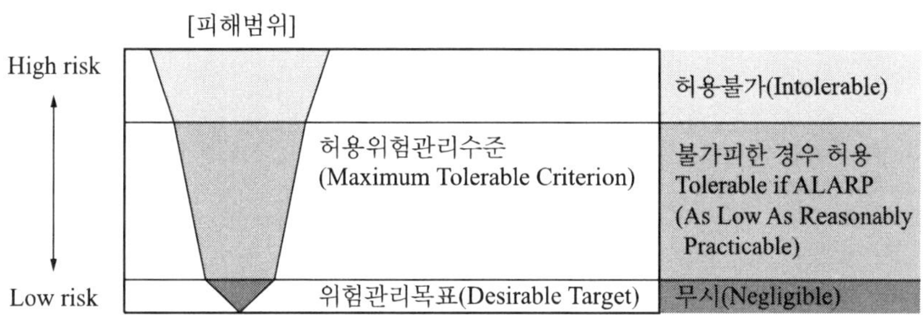

▲ 그림 위험성 감소 대책 개념

02 4M 위험성 평가

2.1 4M 위험성 평가의 개요

여기서는 위험성 평가의 하나의 방법인 4M 위험성 평가를 소개한다. 산업안전보건법상 위험성 평가를 실시하도록 규제하고 있다. 위험성 평가 방법 기법에는 여러 가지 방법이 있으며, 어떤 것을 실시하여도 상관없다. 당연히 쉬운 방법이 일반 사업장에서 많이 사용되고 있을 것이고, 그 중에 많이 사용하고 있던 방법이 바로 4M 위험성 평가이다. 이 방법의 특징은 4M에 의해 위험요소를 찾고 거기에 따라 대책을 수립하기에 비교적 쉽게 접근하는 것이 가능하다. 이 방법을 통해 사업장 위험성 평가의 흐름을 파악하기로 하자.

- 참고 : 4M에 의한 위험성 평가는 정통의 위험성 평가 방법이라고 말하기는 어렵다. 원래 4M은 위험요소를 발굴하기 위해 사용된 것이다. 비전문가가 안전관리를 실시하기 위해 위험요소를 찾는데 도움을 주기 위한 것이었다. 하지만, 각 위험요소를 찾은 후에 그에 따라 대책을 수립하는 것이기에 쉽게 안전관리를 수행할 수 있어, 한때, 많은 사업장에서 사용되기도 하였다. 하지만, 현재 산업은 거대화, 다양화, 복잡화가 진행됨에 따라 그 대책을 종합적으로 수립할 필요성이 커지고 있다. 소규모 사업장이라면 아직도 사용할 수는 있겠지만, 일정규모 이상의 사업장에서는 크게 추천할 방법은 아니다.

자 그럼, 본인이 위험성 평가를 실시하는 담당자라고 생각하며, (앞에서 위험성 평가 절차를 학습한 적이 있지만) 다시 한 번, 4M 위험성 평가 절차를 보면서 이미지를 잡아보자.

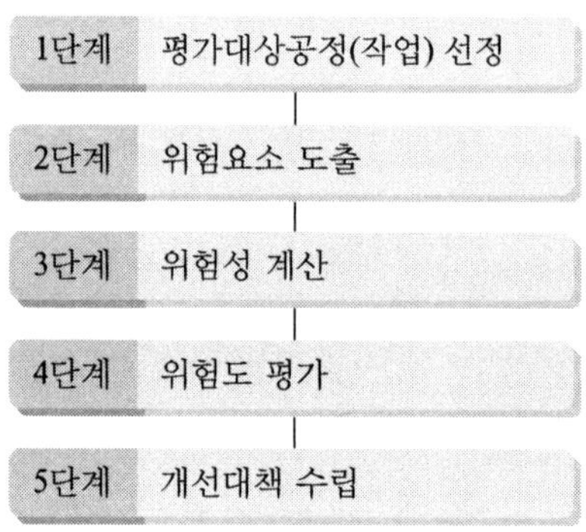

▲ 그림 **위험성 평가 절차**

1단계 : 위험성 평가는 전체 사업장이 아닌 하나의 공정에 대하여 위험성 평가를 실시한다. 따라서, 사업장 전체 공정을 나누어 하나의 단일 공정으로 나눈 후 위험성 평가를 실시할 대상 공정을 선정한다.

2단계 : 다음의 표를 참고하여 4M을 활용하여 공정에 존재하는 모든 위험요소를 도출한다.

3단계 : 위험도를 계산한다. 사고발생확률과, 피해정도의 크기를 추론한 후 위험도를 결정한다.

4단계 : 위험도를 평가한다. 받아들일 수 있는 위험인지, 받아들일 수 없는 위험인지 대책을 어떻게 진행할지(공정 작업 stop인지, 부분 공정 지속인지 등)를 결정한다.

5단계 : 받아들일 수 없는 것에 대하여, ALARP에 따라, 대책을 수립한다.

▼ 표 4M의 항목별 위험·유해 요인(예)

항목	위험·유해 요인
Machine (기계적)	• 기계/설비 설계에서의 결함 • 위험방호설비 및 장비의 불량 • 본질적 안전화의 실패 • 사용 유틸리티(물, 전기, 압축가스)의 결함 • 설비를 사용하는 운반 수단의 결함 등
Media (물질/환경적)	• 작업공간(작업장 구조 및 상태)의 불량 • 증기 및 가스, 진동, 분진, 소음, 미스트, 흄 발생 • 방사선, 산소결핍, 유해광선, 병원체, 초음파, 이상 온도 • 취급하고 있는 화학물질의 물질안전보건자료(MSDS) 확인 등
Man (인적)	• 근로자 특성(여성, 장애자, 외국인, 고령자, 비정규직, 미숙련자 등)에 따른 불안전 행동 • 작업 관련 정보의 부적절 • 작업동작, 작업자세의 부적절 • 작업방법 부적절 등
Management (관리적)	• 관리하는 조직의 결함 • 매뉴얼을 미작성 및 규정 부재 • 안전관리 계획의 부재 및 미흡 • 훈련 및 교육의 부족 • 관심 부족에 따른 감독 및 지도의 결여 • 안전수칙을 포함하여 각종 표지판 미게시 • 건강관리 및 사후관리의 미흡 등

2.2 4M 위험성 평가의 수행

(1) 4M 평가 팀 구성

① 위험성 평가 팀 구성

안전관리의 5단계에서도 학습하였다. 시작은 조직을 만들어야 한다. 먼저 위험성 평가 팀을 구성해야 한다. 구성원으로는 다음과 같은 관계자로 구성한다.

㈀ 팀의 리더 선정 : 일반적으로 해당 평가대상 공정의 책임자가 된다.

㈁ 평가하는 대상에 대한 작업책임자 : 생산라인의 반장(작업을 가장 잘 알고 있는 현장 근로자)

㈂ 공정의 정비작업자 : 기계 설비에 대해서 가장 잘 알고 있는 전문가

㈃ 공정의 안전보건관리자 : 안전 staff 주관하여 실시

※ 위험성 평가는 일반적으로 작업반장을 리더로 한다. 관련 근로자의 참여 하에 작업반별로 수행하며, 수행 결과는 대상 공정 책임자를 리더로 구성한다. 참고로, 작업반에서 작성한 위험평가서를 검토하여 의견을 조절하는 시스템을 갖추어야 한다.

② 팀 리더 역할

팀 리더의 역할은 매우 중요하다. 이하와 같이 많은 경험과 지식도 중요하지만, 먼저 안전마인드로 필요함을 잊지 말자.

㈀ 평가대상의 작업(공정)에 대하여 작업에 관련된 지식과 경험을 보유함
㈁ 위험성 평가 기법을 사전에 숙지할 것
㈂ 대상 공정별로 안전보건에 관한 정보(아차사고를 포함) 수집함
㈃ 팀원 간의 안전보건에 관한 정보를 교환하며 해당 내용을 이해함

(2) 위험성 평가 진행 방법

① 위험성 평가를 수행하는 팀은 팀 리더가 중심이 되어 체계적으로 실시하여야 한다.
② 리더의 주요 업무는 팀원이 4M[Man(작업행동), Media(작업환경), Management(관리), Machine(위험기계)]에 대해 중심적 역할을 수행하면서 다양한 위험요소를 도출할 수 있도록 분위기를 만들어가야 한다.
③ 발견된 위험요소에 대해서 사고발생 가능성 및 피해 위험도를 결정한다.
④ 위험성 평가 결과 값이 허용가능한 위험인지, 아니면 허용불가능한 위험인지를 판단한다.
⑤ 허용 범위를 넘어선 위험요소로 판단한 경우에는 반드시 개선대책을 수립해야 하며, 개선대책은 실행하는데 무리가 없는 합리적인 대책이어야 한다.
⑥ 개선대책을 실행한 후에는 다시 한 번 해당 위험요소에 대한 위험성 평가를 실시하여, 허용가능한 범위 이내에 있는지 확인해야 한다.

(3) 평가대상 공정 선정

① 사업장 내 모든 공정을 공정별 또는 작업별로 나눈다. 만약 하나의 단위 작업이 여러 가지 복수의 세부공정으로 구성되어 있다면, 세부공정을 묶어서 하나의 평가대상 공정으로 선정할 수 있다.

② 공정 흐름도를 참고하여, 평가대상을 결정하며, 위험기계기구 매뉴얼, 물질안전보건자료(MSDS) 등을 참고하여 안전보건 위험정보를 수집한다. 관련 필요 정보를 수집한 후, 평가대상 및 평가범위를 결정한다.

③ 기타 위험정보를 파악한다.
(아차사고, 근로자 특성, 근로자 고용형태 및 작업경력, 자격증 소유여부 등)

(4) 위험발견

① 표에 재해발생의 기본원인(4M)을 소개하였다. 4개의 항목에 맞추어서 유해·위험요소를 발견한다.

② 위험요소를 찾을 때, 표를 외워서 찾으려 하지 말 것. 전체적인 내용을 파악하여 이미지를 머릿속에 잡아두자.

③ 눈에 보이는 위험보다는 눈에 보이지 않는 위험이 더 많다.

④ 현장 근로자가 현장을 가장 잘 알고 있기 때문에, 현장 근로자의 목소리에 귀를 기울여야 한다. 하지만, 현장 근로자는 현장에 익숙해져 있기 때문에 오히려 위험을 인지하지 못하는 경우도 있음을 염두에 둔다.

(5) 위험성 추정 및 평가방법(예시)

위험성 추정 및 평가방법을 하나의 예를 들어 설명한다. 참고하여 각 사업장에 맞는 형태의 변형이 필요할 것이다. 위험성 추정을 위한 계산에 필요한 사고가 발생하는 확률(=발생 빈도)의 수준을 5단계로 나누고, 재해의 피해크기(강도)를 4단계로 나누었다.

① 사고발생 빈도

각 재해통계 및 아차사고를 포함한 재해통계를 활용하여 재해가 발생할 빈도를 예측하여 그에 합당한 빈도를 추정한다. 참고로, 위험성 평가 실시 전에 사전에 아래와 같이 위험발생 빈도 표를 작성해 두어야 한다. 여기서는 3단계로 나누었지만, 4단계, 5단계, 등 사업장 특성을 고려하여 작성한다.

▼ 표 위험발생 빈도 예

빈도 구분	수준	내용
발생 가능성 거의 없음	1	100년에 1회 발생함
발생 가능성 있음	2	10년에 1회 발생함
빈번히 발생함	3	1년에 1회 발생함

② 피해(재해) 강도

재해발생 시 어느 정도 피해가 발생하는지를 예측하는 강도를 다음과 같이 정하였다. 인적 피해도 없고 작업에 아무런 영향이 없는 경우, 영향 없음으로 결정한다. 또한 사람이 사망하거나 노동력이 상실하는 재해를 가져오는 경우를 치명적인 재해라 하여 중대재해로 분류한다. 인명에 영향이 있는지가 강도를 평가함에 가장 중요함을 인식하자. 참고로, 예로 4단계로 위험발생 강도 표를 만들었다. 각 사업장 특성을 고려하여 작성한다.

▼ 표 위험발생 강도 예

강도 구분	수준	내용
영향 없음	1	재해로 인해 손실 없음
경미한 재해	2	물적 손실 있음
재해	3	인적 손실 있음
중대재해	4	사망 또는 영구노동력 상실

위험도 산출은 빈도와 강도의 곱으로 산출한다. 이로써, 각 위험요소의 위험도를 정량적으로 표현하는 것이 가능하게 되었다.

▼ 표 위험도 산출 예

강도 \ 빈도	1	2	3
1	1	2	3
2	2	4	6
3	3	6	9
4	4	8	12

▼ 표 위험도 평가 예

위험도 수준		관리기준	비고
1~4	무시가능한 위험	현재의 안전대책 유지	현 상태로 작업 지속
5~8	위험	안전감소대책 수립	조건부 위험작업수용
9~12	작업 허용불가능	즉시 작업 중단(개선 후 작업 실행)	작업 중지

(6) 위험성 평가 기록의 예

위험요소의 4M을 적용하여 유해·위험요소를 찾아내고 그 위험성을 평가하여 개선

대책을 수행해나가는 과정을 통해 도출한 사례를 표에 소개한다. 다음에 나타내는 "4M 위험성 평가표"와 "개선실행계획서"의 예를 표에 나타낸다.

▼ 표 4M 위험성 평가표

평가대상 공정(작업)명	재료 입고 및 출하	4M 위험성 평가표	평가자 (팀장 또는 팀구성원)	홍길동, 김동준	
평가일시	202○.○○.○○		평균위험성	개선 전	개선 후
				5.4	2.8

작업내용	평가구분	유해·위험요소	개선 전(현재)의 안전보건조치	개선 전 위험성 가능성	개선 전 위험성 중대성	개선 전 위험성 위험성	개선대책	코드번호	개선 후 위험성 가능성	개선 후 위험성 중대성	개선 후 위험성 위험성
지게차에 의한 철판운반	기계적	전조등 및 후미등 불량(충돌)	전조등만 설치	3	3	9	후미등 교체	A-1	1	3	3
		지게차 경보음(충돌)	양호	1	2	2	-	-	1	2	2
		타이어의 마모 (충돌, 낙하)	양호	1	2	2	-	-	1	2	2
		안전벨트의 없음(협착)	없음	2	4	8	안전벨트를 부착	A-3	2	1	2
	물질·환경적	작업장 바닥에 장애물 (전도)	양호	1	2	2	-	-	1	2	2
		작업장의 조명 불량 (전도, 충돌)	양호 (180 lux)	2	1	2	-	-	2	1	2
		지게차의 전용통로 없음 (충돌)	있음	2	2	4	-	-	2	2	4
	인적	자격증 없음(충돌, 협착)	자격증 없음	3	4	12	자격증 유자격자만 운전(정기적 확인)	A-5	1	4	4
		지게차 포크 이용 고소 작업 실시(추락)	없음	3	4	12	안전난간대를 사용 및 전용운반구 제작 사용	A-6	1	4	4
		화물의 중량초과 적재 (전도)	없음	3	4	12	- 중량초과 적재를 금지 - 대형 지게차 구입 건의	A-4	2	2	4
	관리적	운행구간별 제한속도 표지판	양호	2	1	2	-	-	-	-	2
		표준안전작업수칙 게시	게시	1	3	3	-	-	-	-	3
		지게차 열쇠 방치(무자격 운전)	없음	1	1	1	-	-	-	-	1

* 산업안전공단 위험성 평가서 양식 4M-RA-002

▼ 표 개선실행계획서

개선대상 공정(작업)명	브라켓트 공정	개선실행계획서	실행 부서	담당	팀장	공장장
작성일시	202○.○○.○○		확인 부서	담당		팀장

개선대상 단위작업	코드 번호	재해 형태	개선대책 (위험성 평가서 대책보다 구체적 제시)	개선대책의 실시 조치결과	일정	담당자	확인 일자	비고
지게차 철판 운반	A-5	충돌, 협착	일정 자격증 소지자만이 운전하도록 함.	조치	7/21	작업반장		작업 전 안전 교육 실시
	A-4	낙하	- 지게차에 초과 하중 적재 금지, 중량 기록 - 대형 지게차 구입을 위한 내년 예산 반영 건의	조치	7/21	작업반장		
	A-3	협착	- 안전벨트 부착(미착용 시 자동으로 운전 정지, Fool proof) - 운전자 불안전한 행동금지, 교육 실시	조치예정	7/25	정비반장		
	A-1	충돌	지게차의 후미 등을 교체 (운행 시 전조 & 후미등을 동시 점등)	조치예정 (정비점검 시)	8/10	정비반장		
	A-6	추락	- 안전난간대 설치 - 전용운반구 설치	조치예정	7/31	작업반장		
	A-7	충돌	- 보관함을 지정하여, 열쇠를 관리	조치예정	7/31	작업반장		

* 산업안전공단 위험성 평가서 양식 4M-RA-003

① **4M 위험성 평가표**

(ㄱ) 각 공정마다 위험성 평가를 실시하므로, 공정의 명의 기입으로 시작된다.

(ㄴ) 시행한 날짜를 기입한다. 매년 실시해야 하며, 수년간 보관이 의무시되고 있다.

(ㄷ) 본 위험성 평가를 수행한 평가자의 이름을 기입한다.

(ㄹ) 공정의 내용을 기입한 후, 4M의 평가항목에 따라서 위험요소를 기입한다.

(ㅁ) 현재의 안전대책을 기입하고, 현재의 위험성 평가 결과를 기입한다.

(ㅂ) 받아들일 수 없는 위험에 대해서는 개선대책을 제시한다. 개선대책에는 코드번호를 붙여서 개선실행과정을 추적할 수 있도록 한다. 최근에는 사진을 찍어서 기입함으로써, 정확한 정보전달에 도움을 주고 있다.

(ㅅ) 개선 후의 위험성 평가 결과를 기입한다. 이로 인해 그 결과 허용가능한 위험에 도달하였는지를 확인한다.

② 개선실행계획서

(ㄱ) 공정을 기입한다.
(ㄴ) 위험성 평가표의 코드번호를 가지고 온다.
(ㄷ) 재해형태를 간단히 기재한다.
(ㄹ) 개선대책을 구체적으로 제시한다. 개선대책의 실시에는 일정과 담당자를 명시한다.
(ㅁ) 추후, 담당자에 의한 확인을 받는다.

- 우리나라의 안전관리의 발전을 돌이켜보면, 과거의 재해사례로 인한 학습이 제대로 이루어지지 않는 면이 없지 않다. 재해사례를 분석하여, 동종 사고방지를 위해 안전관리를 실시하는데 있어, 많은 경우 실시결과에 따른 Feed-Back이 잘 이루어지지 않고 있다. Feed-Back의 명확한 실시를 위해서 담당자를 결정해 두는 것이(이름을 명시하는 것이) 큰 도움이 될 것이다.

(7) 위험성 평가 서류의 구성

① 사업장의 안전보건상 위험정보

(ㄱ) 제조 작업(공정)별로 작성한다.
(ㄴ) 생산품, 원(재)료, 근로자수를 파악하여 기재한다.
(ㄷ) 제조공정을 세부적인 작업흐름에 맞추어 기재한다.
(ㄹ) 운반 및 전동 기계를 포함하여 공정내의 모든 기구·기계를 파악한다. (사양 기재)
(ㅁ) 유해·위험물질에 대해서는 주원료만이 아니라 첨가제 등 공정 내에 소량으로 사용하는 물질에 대해서도 파악하여 기재한다.
(ㅂ) 기타 안전보건상의 정보로는 과거에 발생한 재해사례, 아차사고 및 근로자(비정규직, 미숙련자, 여성, 고령자, 장애자, 외국인 등)의 특성을 기재한다.

② 위험성 평가표의 구성내용

(ㄱ) 평가대상의 공정명 및 공정에 관련된 구체적인 작업내용을 포함하여 기재한다.
(ㄴ) 위험 및 유해 요인을 4M으로 구분하여 해당 항목마다 나누어 기재한다.
(ㄷ) 위험요소와 사고 및 재해 형태와 재해의 정도를 추론하여 기재한다.

㈃ 현재의 안전조치 사항을 기재한다.

㈄ 빈도와 강도의 항목을 만들어 정량적으로 기재한다.

㈅ 필요한 개선대책을 제시한다.

㈆ 평가대상 공정의 개선 전과 개선 후의 평균위험도를 기재한다.

③ **개선 및 실행 계획서**

㈀ 위험 및 유해 요인별로 개선대책 내용을 기재한다.

㈁ 개선대책을 실시하는 일정을 기재한다. 특히 담당자를 정해두어야 한다.

㈂ 개선을 시행 후의 결과를 확인한다.

(8) 위험성 평가 수행 시 세부 유의 사항

① 위험성 평가가 실시에 유의하여야 하는 사항으로는 다음과 같은 것들이 있다. 모든 근로자(협력업체, 방문객을 포함)에게 안전·보건상 좋지 않은 영향을 주는 모든 것을 포함하여야 한다. 사업장 내는 소유 사업주가 안전관리의 의무가 있다는 대원칙을 잊지 말자. (특히, 협력업체의 재해도 원청에 그 책임이 있음)

㈀ 회사 내부만이 아니라 외부를 포함하여 작업장에 관련된 위험시설

㈁ 작업장에서 취급 또는 보유하고 있는 모든 유해·위험물질

㈂ 협력업체를 포함하여 일상적인 작업과 수리 및 정비 등의 비일상적인 작업 등

㈃ 발생할 가능성이 있는 비상시의 조치 및 작업

② 사업장은 위험성 평가결과에 따라, 위험을 감소(가능하다면 제거)시키기 위한 필요한 조치 및 계획을 안전보건활동의 추진계획에 포함하여야 하며, 실시되는 과정을 모니터링할 필요가 있다.

③ 위험성의 감소를 위한 대책을 실행한 후에는 허용가능한 위험 수준인지를 확인하여야 하며, 만약 허용할 수 없는 수준이라면 추가적인 감소대책을 수립하여 실행할 필요가 있다.

④ 반드시 중대재해, 중대산업사고 및 심각한 질병이 발생할 우려가 있으며 그 위험성을 감소시키는 대책을 실행하는데 많은 시간이 걸리는 경우에는 그 즉시 임시 조치를 강구한 후, 근본적인 대책을 실행하여야 한다.

⑤ 위험성 평가를 종료 후, 낮은 수준의 유해·위험요소에 대해 근로자에게 게시, 교육 등을 통해 알려주어야 한다.

(9) 위험성 평가 결과의 모니터링

① 해당 안전담당부서에서는 각 공정별로 남아 있는 위험요소의 위험도를 낮추기 위해 지속적인 노력이 필요하다. 대책을 세워 실시했다고 끝나는 것이 아니다. 반드시 잔존하는 위험이 있음을 인식해야 한다.

② 위험성 평가 결과는 반드시 근로자에게 알려야 한다. 대책 또한 그 이유와 함께 대책으로 인해 발생한 위험요소를 포함하여, 적절히 교육을 실시해야 한다.

③ 위험감소를 위한 대책을 실행한 후 재해가 감소하고 있는지 생산성에 어떤 영향을 미치고 있는지에 대해 지속적인 모니터링이 필요하다.

- 우리나라의 재해사례 데이터를 조사해보면, 그 특성 중에 하나는 동종 재해가 지속적으로 발생한다는 것이다. 앞에서 그 이유를 PDCA의 피트백이 잘 안 되기 때문이라 언급한적 있다. 위험성 평가 결과가 아무리 잘 되었다고 하더라도 지속적인 피드백은 반드시 실시되어야 한다.

(10) 위험성 평가의 개선 결과물

앞에서 위험성 평가 방법을 학습하였다. 위험성 평가 결과물로 표 4M 위험성 평가표를 작성한 후 표 개선실행계획서를 작성하면 일단 위험성 평가는 종료가 된다. 하지만, 안전관리가 종료된 것이 아니다. 개선까지 완료되어야 한다. 개선이 완료되었으면 완료보고서를 작성해야 한다.

예를 들어보자. 표 개선실행계획서의 코드 A-7에 대한 개선 결과물이다.

지게차에 열쇠가 꽂혀져 있고, 작업자는 자리를 비운 상태이다. 여러분은 이것에 대해 어떻게 생각하는가? 아무렇지 않은 사람도 있을 수 있지만, 아무나 운전을 할 수 있는 상태를 뜻한다. 그렇다보면 무자격자도 운전을 할 수 있는 것이다. 지게차는 유자격자만이 운전을 해야 한다. 따라서, 사용 후 열쇠는 일정 장소에 보관을 해 두어야 한다. 잘못된 운행을 방지하는 것이므로, 빈도를 낮추는 방법이 된다.

<table>
<tr><th>지게차 열쇠 방치</th><th colspan="3">개선 전</th><th colspan="3">개선 후</th></tr>
<tr><td>입고 및 출하</td><td colspan="3"></td><td colspan="3">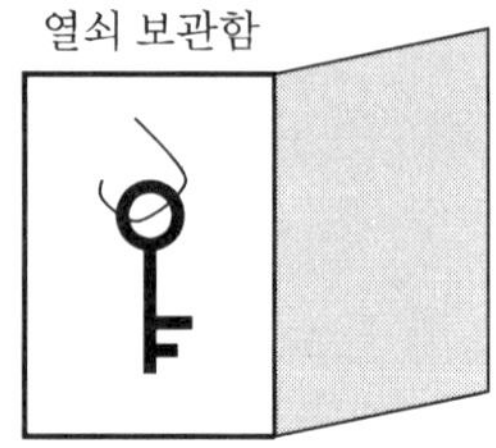
</td></tr>
<tr><td>유해/위험요인</td><td colspan="3">지게차 열쇠를 분리하지 않은 상태로 주차하고 있음. 무자격자의 운행으로 인한 사고 발생 위험</td><td colspan="3">• 지게차 주차 시 열쇠 분리하여 별도 보관함에 보관
• 지게차 유자격자만이 열쇠 취급 가능</td></tr>
<tr><td rowspan="2">개선 전 위험성</td><td>빈도</td><td>강도</td><td>위험성</td><td>빈도</td><td>강도</td><td>위험성</td></tr>
<tr><td>3</td><td>3</td><td>9</td><td>1</td><td>3</td><td>3</td></tr>
</table>

▲ 그림 개선결과 예시 (열쇠 관리)

몇 개의 예를 더 소개해본다. 다음은 크레인의 경우이다. 크레인은 중량물을 끈으로 묶어 훅에 걸어 들어 올린다. 작업 중 끈이 빠져 나오지 못하도록 훅 해지장치가 있어야 한다. 하지만, 초기 설계에서부터 미부착일 수도 있고, 사용 중에 탈착될 수도 있다. 이런 상황에서 사용하다보면, 걸어둔 끈이 빠져 나올 수 있고, 결과적으로 중량물이 낙하하는 사고가 발생할 수 있다. 반드시 훅 해지장치를 설치 및 정상작동을 확인해야 할 것이다. 이런 대책은 가능성(빈도)을 낮추는 방법이 된다.

<table>
<tr><th>크레인 훅 해지장치</th><th colspan="3">개선 전</th><th colspan="3">개선 후</th></tr>
<tr><td>중량물 이동</td><td colspan="3">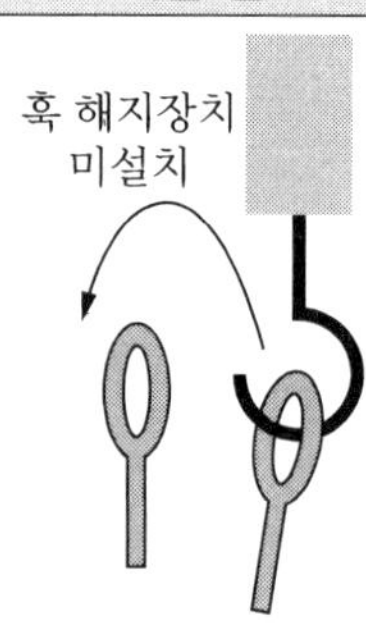
</td><td colspan="3">
</td></tr>
<tr><td>유해/위험요인</td><td colspan="3">주행 중인 크레인에 훅 해지장치가 없이 중량물 운반작업을 실시하고 있음.</td><td colspan="3">• 크레인 훅 해지장치 설치
• 작업 전 방호장치 정상 상태 점검
• 방호장치 이상 시 작업중지</td></tr>
<tr><td rowspan="2">개선 전 위험성</td><td>빈도</td><td>강도</td><td>위험성</td><td>빈도</td><td>강도</td><td>위험성</td></tr>
<tr><td>3</td><td>3</td><td>9</td><td>1</td><td>3</td><td>3</td></tr>
</table>

▲ 그림 개선결과 예시 (훅 해지장치 설비)

다음은 대형 트럭의 경우이다. 사업장에서 재료나 제품을 입고 및 출하를 위해 상하차작업을 하게 되는 경우를 생각해보자. 트럭에 실린 화물에 대한 작업을 위해 근로자가 상부에 올라가서 작업을 한다. 높은 곳에서 작업하는 고소작업이 된다. 이때 근로자의 추락을 방지하기 위해, 안전모, 안전대를 착용해야 한다. 이 경우 추락하는 가능성을 낮추는 대책(사고방지대책)이 어렵다고 판단되기에, 이러한 경우에는 추락이라는 사고를 방지하는 것이 아닌, 추락에 의한 피해를 줄이기 위한 강도를 낮추는 방법으로 안전대책을 세워보았다.

고소작업	개선 전			개선 후		
트럭 상하차작업	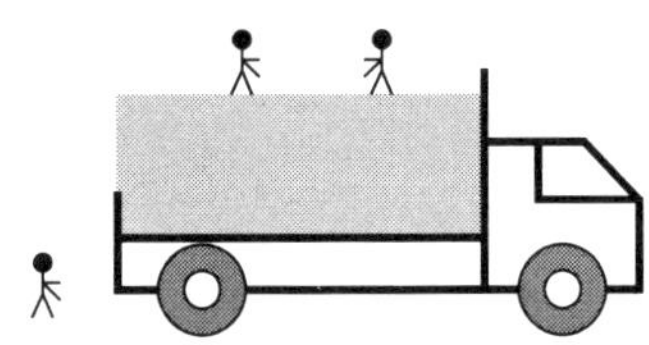			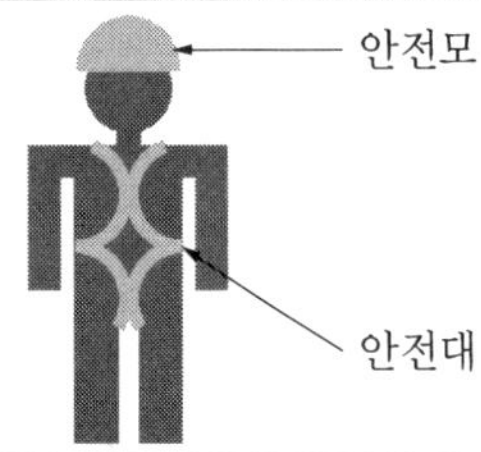		
유해/위험요인	제품 위에 올라 제품을 고정작업하고 있음. 고소작업 시 추락위험			추락재해 예방을 위해, 안전모, 안전대 등 착용 후 작업 실시		
개선 전 위험성	빈도	강도	위험성	빈도	강도	위험성
	3	3	9	3	1	3

▲ 그림 개선결과 예시 (낙하 방지)

이러한 평가결과는 작업안전분석(JSA) 또는 작업위험성평가와 비슷한 내용이다. 산업안전보건법에 따라 "사업장 위험성 평가에 관한 지침"이라는 노동부 고시가 있으며, 작업위험성평가는 모든 사업장에 의무화가 되어 있다. 4M 위험성 평가와 개선 결과물과 대동소이하다.

2.3 KRAS 기법

최근 안전에 관한 사회적 이슈가 커짐에 따라, 고용노동부에서도 많은 변화가 나타나고 있다. 산업안전보건법상에 사업장 위험성 평가에 근로자의 참여를 중요시하고 있으며, 사업장 위험성 평가에 관한 지침 또한 지속적으로 개정되고 있다. 이런 변화에 하나로, 평가 기법도 변화되고 있다. 여기서는 사업장 위험성 평가의 하나의 방법인 KRAS 기준 방법을 소개한다. 최근에는 4M 기법 보다는 KRAS 기법을 사용하는 추세이다. 기본적인 전체 위험성 평가방법의 4M 기법과 동일하다. 단지, 4M을 통해 위험요소를 평가해 가던 것을 6개의 종류로 분류 방법을 변경한 것이 특징이다.

▼ 표 4M 기법과 KRAS 기법 차이

4M 기법	KRAS 기법
1. Man (인적) 2. Machine (기계적) 3. Media (물질, 환경적) 4. Management (관리적)	1. 기계적 요인 2. 전기적 요인 3. 화학(물질)적 요인 4. 생물학적 요인 5. 작업특성 요인 6. 작업환경 요인

이상과 같이 4종류로 나누던 것을 좀 더 구체적으로 나누었다는 느낌이 든다. 그럼, 각 종류의 상세 내용을 확인해 보자.

▼ 표 KRAS 기법 상세 내용

1. 기계적 요인	• 끼임(감김) • 위험한 표면(절단, 베임, 긁힘) • 기계(설비)의 낙하, 비래, 전복, 붕괴, 전도 위험 부분 • 충돌 위험 부분 • 넘어짐(미끄러짐, 걸림, 헛디딤) • 추락 위험 부분(개구부 등)
2. 전기적 요인	• 감전(안전전압초과) • 아크 • 정전기 • 화재/폭발 위험
3. 화학(물질)적 요인	• 가스 • 증기 • 에어로졸 • 액체 · 미스트 · 고체(분진) • 반응성 물질(가연물) • 방사선 • 화재 · 폭발 위험 • 복사열 · 폭발과압
4. 생물학적 요인	• 병원성 미생물, 바이러스에 의한 감염 • 유전자 변형물질 • 알레르기 및 미생물 • 동물 · 식물

5. 작업특성 요인	• 소음 • 초음파, 초저주파음 • 진동 • 근로자 실수(휴먼에러) • 저압 또는 고압상태 • 질식위험, 산소결핍 • 중량물 취급작업 • 반복작업 • 불안정한 작업자세 • 작업(조작) 도구 • 기후·고온·한랭
6. 작업환경 요인	• 기후·고온·한랭 • 조명 • 공간 및 이동통로 • 주변 근로자 • 작업시간 • 조직 안전문화 • 화상 • 작업(조작) 도구

이상의 위험성 평가를 지원하기 위해서 산업안전보건공단에서 제공하는 위험성 평가 지원시스템(KRAS)이 있다. KRAS란 사업장의 유해위험요인을 파악하고 평가하는데 필요한 안전/보건정보를 제공하여 위험성 평가를 용이하게 실시할 수 있도록 인터넷 기반 시스템이다. (참고, http://kras.kosha.or.kr)

2.4 작업위험성평가

"작업위험성평가(job risk assessment)"라 함은 모든 작업에 대하여 유해위험요인(hazards)을 파악하고 안전한 작업절차를 마련하기 위한 과정을 의미한다. JSA는 작업위험성분석(Job Risk Analysis, JRA), 작업안전분석(Job Safety Analysis, JSA) 또는 절차서실행분석(Procedure Implementation Analysis, PIA), 사전작업위험분석(Pre-Task hazard Analysis, PTA) 등의 세부항목으로 구성되어 있다. 상세사항은 산업안전보건공단의 "작업위험성평가에 관한 기술지침"을 참고하자.

또한, "작업안전분석(JSA)"이라 함은 작업위험성분석(JRA)을 통하여 선정된 중요작업(critical job)을 주요 단계(key step)로 구분하여 각 단계별 유해위험요인을 파악하고, 해당 작업을 안전하게 수행할 수 있도록 작업절차를 마련하는 과정을 말한다. 여기서는 JRA의 절차 및 JSA 사례를 통해 안전한 작업절차를 마련하기 위한 전반적인 개념을 이해하자.

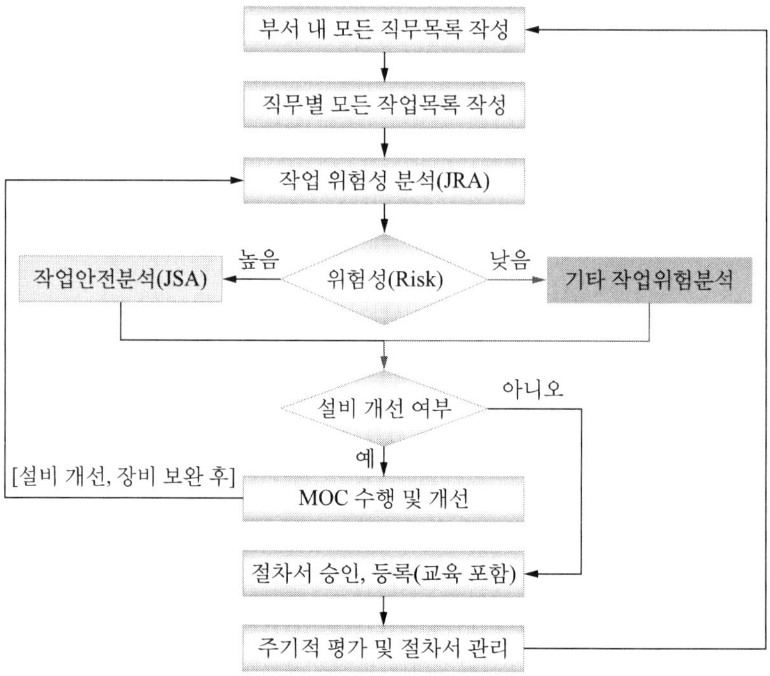

▲ 그림 **작업위험성평가 수행 흐름도**(KOSHA GUIDE P-140-2020)

▼ 표 **차량 바퀴 교체작업에 대한 JSA 실행 사례**(KOSHA GUIDE P-140-2020)

번호	작업단계	유해위험요인	작업절차
1	차를 주차한다. 	다른 자동차에 의한 추돌 위험	비상등을 작동시킨다.
			100 m 후방에 비상경고용 안전삼각대를 설치한다.
			100 m 후방에 안내자를 배치시켜 수신호를 한다. (안전삼각대가 없을 경우)
			고속도로의 갓길에는 주정차를 금지한다.
		경사지에 주차 시 차량의 미끄러짐 위험	평평한 지면에 주차한다.
			주차 브레이크와 기어를 작동시킨다.
			바퀴에 받침목을 설치한다.
		견고하지 않은 곳에 주차 시 침하 위험	단단한 지면에 주차한다.

<table>
<tr><td rowspan="4">2</td><td rowspan="4">잭과 바퀴를
트렁크에서 꺼낸다.
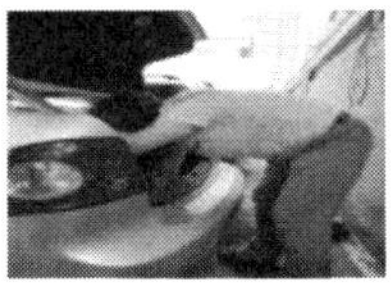</td><td rowspan="2">허리를 숙여 꺼낼 때 요통 위험</td><td>차체에 몸을 붙이고 잭과 타이어를 꺼낸다.</td></tr>
<tr><td>무리한 동작이나 자세를 피한다.</td></tr>
<tr><td>클램프 또는 너트를 풀 때 손이 부딪힐 위험</td><td>장갑을 착용한다.</td></tr>
<tr><td>바퀴 운반 시 요통 위험</td><td>트렁크에서 꺼낸 바퀴는 굴려서 운반한다.</td></tr>
<tr><td rowspan="5">3</td><td rowspan="5">잭을 위치시킨다.
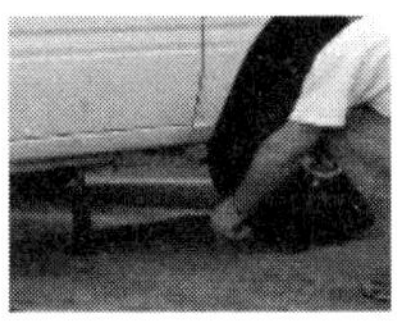</td><td rowspan="3">차량이 내려앉아 부딪힐 위험</td><td>차량의 잭 설치위치 표시된 곳에 잭을 위치시킨다. (차량 매뉴얼 참조)</td></tr>
<tr><td>단단한 지면에 잭을 위치시킨다.</td></tr>
<tr><td>해당 차량에 적합한 정품인 잭을 사용한다.</td></tr>
<tr><td>무리한 동작으로 요통 위험</td><td>무릎을 굽히고 허리를 곧게 세운다.</td></tr>
<tr><td>잭과 차체 사이에 손 협착 위험</td><td>협착 가능 지점에 손을 두지 않는다.</td></tr>
</table>

03 위험성 평가 종류 및 특징

3.1 위험성 평가 방법 소개

앞에서는 위험성 평가를 이해하기 위해 4M을 중심으로 평가하였다. 위험성 평가 기법은 수십 가지의 방법이 있다고 한다. 여기서는 산업안전보건공단에서 소개하는 위험성 평가 기법을 중심으로 소개한다.

위험성 평가 방법의 흐름은 위험요소를 발견하고 유해·위험요소에 대한 안전대책을 수립해 나가는 **정성적 평가**와 함께 위험 및 유해 요인별로 사고로 발전할 가능성과 재해의 피해를 정량적으로 계산한 위험도를 숫자로 표시하고 허용가능 범위를 벗어난 위험에 대해서는 안전대책을 세우는 **정량적 평가**로 나눌 수 있다. 정량적 평가에 있어서의 확률과 그 피해 규모를 수치화 한다는 것은 현실적으로 쉬운 일이 아니다. 이런 단점을 보완하는 방법이 계속 연구되고 있다.

위험성 평가 기법은 수십 가지가 있다고 알려져 있다. 일반적으로 크게 정성적 평가와 정량적 평가 방법으로 나누어진다. 여기서는 정성적 방법 5가지와 정량적 방법 3가지에 대해서 학습하기로 하자. 본 교재 내용을 충분히 이해한다면 다른 방법도 쉽게 접근할 수 있을 것이라 생각된다.

▼ 표 위험성 평가 분류

정성적 평가	정량적 평가
• 체크리스트(Checklists) • 사고예상질문 분석(What-If 분석) • 위험과 운전 분석(HAZOP) • 고장단계 및 영향 분석(FMEA) • 이상과 위험도 분석(FMECA) • 예비위험 분석(PHA)	• 결함수 분석(FTA) • 사건수 분석(ETA) • 원인 - 결과 분석(CCA)

3.2 체크리스트(Checklists)

(1) 개요

우리는 매일 학교에서 회사에서 화장실을 방문한다. 그러면, 화장실 입구 근처에 어떤 표가 붙어 있는 것을 볼 수 있다. 화장실 설비 리스트가 있고, 날짜, 시간, 이름 등이 기재되어 있다. 그 표는 무엇을 위한 것일까? 그건 경영자가 청소를 했는지 안 했는지를 확인하기 위해서일 것이다. 체크리스트는 원래 경영자가 근로자가 어느 정도 일을 했는지를 파악하기 위해서 개발되었을 것이다.

안전관리에서 체크리스트는 작업 및 설비에 대하여 정상상태를 나열함으로써, 오류, 결함, 위험 상황 등을 파악한다. 평가자가 경험적으로 얻은 정상상태와 현장의 작업 및 설비 상황을 비교함으로써 위험성을 주관적으로 파악하는 위험성 평가 방법이다. 자세한 내용은 안전보건공단의 "체크리스트기법에 관한 기술지침"을 참고하기로 하고 여기서는 천제 흐름 파악을 위한 내용을 소개한다.

(2) 체크리스트의 특징

체크리스트는 경영에서 근로자가 기준절차에 따라 업무가 어느 정도 진행되고 있는가를 파악하기 위해 개발되었다. 따라서, 쉽게 일의 진행정도를 파악할 수 있다.

미숙련 근로자가 체크리스트를 사용하여 업무를 수행한다면 사업주의 기대에 부응하는 만족할 만한 결과에 도달하기 쉽기 때문이다. 사업주는 개인 근로자가 수행한 작업을 파악하여 향후 경영 판단을 하는데 도움이 되는 자료가 된다. 체크리스트는 일반적으로 Yes or No 형태로 진행되기 때문에, 초보자도 사용하기가 매우 쉽다는 큰 장점을 가지고 있다.

안전관리의 분야에서는 사고로 이어질 수 있는 최소한의 위험성을 빠르게 인지시키는 데 큰 도움이 된다. 체크리스트를 생산현장에 적용할 경우에는 허용할 수 없는 위험을 판단하는데 일정 기준이 될 수 있다.

하지만, 체크리스트를 사용하여 얻은 결과는 주관적이고 여러 상황에 크게 영향을 받는다. 따라서, 체크리스트를 만들 때에는 현장의 주어진 상황에 맞추어 상세하게 기술하도록 노력해야 한다.

일반적으로 안전관리 분야에서는 주의해야 할 요인을 확인시켜 주거나, 작업안전수칙이 잘 지켜지고 있는지 확인하기 위해서 적용된다.

(3) 체크리스트의 장단점

체크리스트의 특징에서 언급했듯이 체크리스트는 누구나 쉽게 사용할 수 있다. 그런 장점이 곧바로 단점이 된다. 매우 간단명료하기 때문에 사업장이 대형화, 복잡화에 따라, 어느 한쪽으로 결정을 하는 것이 어렵게 된다. 또한, 작성자의 지식과 경험에 크게 의존하게 된다. 현 산업구조는 다양화와 함께, 짧은 기간 내에 공정의 변화가 자주 발생한다. 따라서, 주기적으로 검사하고 적절한 보완이 필수적이다.

(4) 체크리스트의 적용

대부분의 회사에서는 프로젝트 개발을 조정하는 데 기준 체크리스트 이용하는 경우가 많다. 경영적 측면에서 활용도가 높다. 프로젝트의 초기 설계 단계에서부터 공장의 운전정지까지 전체의 공정 수명을 통해 이루어진다. 종종 프로젝트가 한 단계에서 다음 단계로 넘어가기 전에 staff와 경영층의 승인 요청서로 사용하기도 한다. 또한 공정의 진전 상황 등에 있어 의견을 교환하는 도구나 조정서의 역할을 하기도 한다.

안전관리 차원에서는 사업주가 자율안전을 위해 위험성 평가를 실시하는데 사용되고 있다. 특히, 소방 분야에서는 "화재예방, 소방시설 설치·유지 및 안전관리에 관한 법률"에 따라 소방시설에 대해 작동기능점검을 실시해야 한다. 다음 표에 체크리스트의 사례로 소방에서 실시하고 있는 작동기능점검표를 나타낸다. 또한 안전관리 분야에서 사용되는 사고위험 징후 체크리스트를 소개한다. 고용노동부에서 현장의 안전관리를 위해 도움을 주고자 체크리스트를 제한하고 있다. 그림에 예시로 나타낸다.

▼ 표 **체크리스트 사례 1** (소방시설등 작동기능 점검표, 소방시설 자체점검사항 등에 관한 고시, 별지 제4호 서식)

구분	해당설비	점검결과
소화설비	[ ]소화기구 및 자동소화장치 [ ]소화기구(소화기 · 자확 · 간이) [ ]주거용주방자동소화장치 [ ]상업용주방자동소화장치 [ ]캐비닛형자동소화장치 [ ]가스 · 분말 · 고체자동소화장치	
	[ ]옥내소화전설비	
	[ ]스프링클러설비	
	[ ]간이스프링클러설비	
	[ ]화재조기진압용스프링클러설비	
	[ ]물분무소화설비	
	[ ]미분무소화설비	
	[ ]포소화설비	
	[ ]이산화탄소소화설비	
	[ ]할론소화설비	
	[ ]할로겐화합물 및 불활성기체소화설비	
	[ ]분말소화설비	
	[ ]강화액소화전설비	
	[ ]고체에어로졸소화전설비	
	[ ]옥외소화전설비	
경보설비	[ ]단독경보형감지기	
	[ ]비상경보설비	
	[ ]자동화재탐지설비 및 시각경보기	
	[ ]비상방송설비	
	[ ]통합감시시설	
	[ ]자동화재속보설비	
	[ ]누전경보기	
	[ ]가스누설경보기	

구분	해당설비	점검결과
피난구조설비	[ ]피난기구 [ ]공기안전매트 · 피난사다리 (간이)완강기 · 미끄럼대 · 구조대 [ ]다수인피난장비 [ ]승강식피난기 하향식피난구용내림식사다리	
	[ ]인명구조기구	
	[ ]유도등	
	[ ]유도표지	
	[ ]피난유도선	
	[ ]비상조명등	
	[ ]휴대용비상조명등	
소화용수설비	[ ]상수도소화용수설비	
	[ ]소화수조 및 저수조	
소화활동설비	[ ]거실제연설비	
	[ ]부속실 등 제연설비	
	[ ]연결송수관설비	
	[ ]연결살수설비	
	[ ]비상콘센트설비	
	[ ]무선통신보조설비	
	[ ]연소방지설비	
기타	[ ]방화문, 자동방화셔터	
	[ ]비상구, 피난통로	
	[ ]방 염	
비고		

▼ 표 **체크리스트 사례 2** (사고위험 징후 체크리스트, 출처 : 고용노동부)

연번	위험 징후	확인사항	위험 등급
1	□ 단위공정에 대한 정기보수작업 ▶ 화기작업, 설비 및 장치 등 내부 입조작업 계획이 없는 경우는 제외	• 작업안전관리계획 수립여부 • 준비기간, 개시일 및 보수기간 • 투입하는 하청업체 수	
2	□ 일부공정에 대한 개·보수작업 ▶ 화재·폭발·독성 화학물질을 포함하지 않거나 관련성이 없는 공정의 개·보수작업 제외 * 2번, 3번 중복 시 둘 중 하나에만 기록	• 개·보수내용, 계획 수립여부 • 준비기간, 개시일 및 보수기간 • 공사업체 선정	
3	□ 안전보건규칙 별표 7의 화학설비에 대한 개·보수작업 ▶ 화재·폭발·독성 화학물질을 포함하지 않거나 관련성이 없는 공정의 개·보수작업 제외	• 보수작업내용, 계획 수립여부 • 준비기간, 개시일 및 보수기간 • 공사업체 선정	
4	□ 신규설비를 최초 가동(시운전, 상업운전)	• 최초 가동 예정일 • 시운전·상업운전 기간	
5	□ 생산설비를 비상정지하여 재가동하는 경우 ▶ 이미 알고 있는 원인(Utility Fail 등)에 의해 절차에 따라 가동 정지하는 경우는 제외	• 최초 가동 예정일 • 비상정지일 및 원인 분석결과	
6	□ 최근 2월(해당 분기 직전) 이내 동일 공정에서 2건 이상 반복적으로 공정사고가 발생한 설비	• 공정사고발생 현황 및 재발방지조치	
7	□ 상시 작업이 아닌 비정규 화학물질 상·하차 작업 ▶ 화재, 폭발, 독성 물질 누출 위험이 없는 화학물질 상·하차작업 제외	• 작업기간, 취급물질 종류, 안전조치	
8	□ 설비가동률이 10% 이상 증가 또는 감소 ▶ 설비가동률이 정상적인 범위에서 계획적으로 증가 또는 감소하는 경우는 제외(100% 부하 이상은 포함) ▶ 회분식 공정의 가동 및 가동정지에 의한 가동률 증가 및 감소는 제외	• 가동률 변경일자 및 기간, 사유 • 안전보건조치 내용	

(5) 체크리스트의 적용시기

체크리스트는 일반적인 유해·위험요소들을 확인하거나 기준 절차에 따라 일이 진행되는가를 확인하는 것을 목적으로 한다.

① **설계** : 설계의 모든 단계에서 위험요소들을 빠르고 간단하게 확인하는데 사용된다. 또한 위험요소를 포함한 물질을 취급하는 적당한 방법을 확인하는데도 사용된다.
② **건설** : 건설 중에는 작업의 질 확인, 설계조건에 따라 작업이 진행되는지를 확인하기 위하여 주로 사용된다. 작업을 한 후 항상 검사가 필요하다. 이때 매우 유용하게 사용된다.
③ **시운전** : 시운전 시에 진척 상황을 알아볼 수 있는 좋은 도구가 된다.
④ **정상운전** : 기준절차가 잘 지켜지는지를 평가할 수 있는 도구가 된다.
⑤ **운전정지** : 자주 사용되지 않는 장치에 대해 잠재할 수 있는 위험을 최소화하는데 유용하다. 정지 후에 시스템이 움직이기 시작할 때 많은 사고가 발생하고 있음을 재해통계에서 명확히 확인할 수 있다.

이상의 내용을 정리해 보면 일반적으로 체크리스트는

① 체크리스트로 유해·위험요소 확인
② 기준절차가 지켜지는지를 확인시켜줌
③ 상세한 평가가 필요한 상황이나 기본 정보가 부족한 것에 초점을 맞출 수 있음

(6) 체크리스트 작성 시 주의 사항

① 경험이 있는 사람이 체크리스트를 작성하고 모든 엔지니어가 그 체크리스트를 이용할 수 있어야 한다. 따라서, 질문은 단순명료하게 작성되어야 한다.
② 숙련된 매니저나 스태프 엔지니어가 체크리스트 결과를 재검토해보고 대응행동을 지시해야 한다.
③ 하나의 책상에 앉아 같이 머리를 맞대고 토론을 거듭해야 한다.
④ 공정운전기술자, 공정설계기술자, 비상계획 및 안전관리자, 검사 및 정비기사, 팀 리더 등 모든 관련 인이 체크리스트 작성을 위한 팀원으로 구성이 되어야 한다.

(7) 안전성 검토(Safety Review)

공정을 직접 보면서 검토하는 일은 전문적인 지식과 책임을 가실 필요가 있다. 사전에 적절한 조직을 구성하여 실시된다.

① 종종 공정의 안정성 검토, 손실 방지 검토, 공정 검토라고도 한다.
② 검토보고서란 설계 목적에서 벗어난 현상들과 발견된 안전조항들을 포함하여 기록한다.
③ 안전성 검토에서 수정된 사항을 이행하는 책임은 공장 경영자에 있다.

3.3 사고예상질문 분석(What-If 분석)

(1) 개요

사고예상질문 분석의 목적은 나쁜 결과를 초래할 수 있는 사건을 세심하게 고려해 보는 것이다. 전반적인 것이 아닌 특정 사안에 대한 분석이다. 공정 전반에 잠재하고 있는 위험요소에 의해 발생될 수 있는 사고를 예방하기 위해서, 평상시에 사고를 예상하는 질문을 끝없이 도출하여 그 대답을 찾고, 그로 인해 발생하는 현상을 예측하여, 만일에 발생하는 사고의 억제와 발생 시 피해를 최소화하기 위한 대책을 제시하는 방법이다. 사용자가 사업장 고유의 특징을 고려하여 작성해 나간다.

자세한 기술적 사항은 안전보건공단에서 안전보건기술지침 "사고예상질문 분석기법"을 참조하도록 하자. 여기서는 대략적 내용을 파악하자.

(2) 특징

① What if로 시작되는 질문을 사용한다. 질문은 단지 공정 구성요소의 이상이나 공정의 변화에만 국한하는 것이 아니고 공장 전체에 대해서도 가능하다. 정량적인 결과나 우선순위 등이 표시되지 않은 정상적인 결론을 도출한다.
예1) What-if 다른 원료가 공급된다면?
예2) What-if 펌프가 작동하지 않는다면?
예3) What-if 작업자가 A밸브 대신에 B밸브를 조작한다면?
② 질문은 단지 공정 구성요소의 이상 또는 공정의 변화에만 국한하는 것이 아니고 공장 전체에 대해서도 가능하다.
③ 논리적인 형식을 얻고자 하는 것이 아니며 질문 양식에는 특별한 형식이 필요 없다.
④ 설계단계, 건설단계, 운전단계, 공정의 수정 등에서 생길 수 있는 일탈현상의 조사를 포함한다.

⑤ 장단점으로는 다음과 같다. 기본은 매우 쉽게 빠르게 작성할 수 있으나, 몇몇 경험자에 의한 주관적인 결과물이 도출될 수 있다는 것이다.

▼ 표 예상질문 분석의 장단점

장점	단점
• 매우 간단하다. (쉽다) • 특별한 기법이나 계산과정이 필요하지 않다. • 설비의 수명주기의 어느 단계에서도 적용할 수 있다. • 상대적으로 비용이 적게 든다. • 분석결과를 단순한 표로 제시한다.	• 분석에 팀의 노력에 의존한다. • 팀원의 경험과 직관에 의존한다. • 주관적인 측면이 강하다. • 수리적인 결과 없이, 정성적인 결과만이 도출된다.

(3) 진행 순서

① 공정의 목적을 이해한다. 무엇을 목적으로 하고 있으며, 어떻게 진행되고 있는지의 시스템의 이해를 포함한다.

② 원하지 않는 결과를 초래하는 설계의도 파악한다. 어떤 일탈현상이 발생할 수 있는지 찾아낸다. 이때 일탈현상의 어느 하나의 원인으로 발생하는 것이 아니라, 여러 현상의 조합, 합성으로도 발생할 수 있음을 인식해야 한다.

③ 전문가로 된 팀을 구성하여 수행한다.

④ 이전의 경험에 의해 만들어지고 현재의 대상 도면이나 설계도에 대해서도 적용이 가능하다.

⑤ 운전 중인 공장에 대해서는 현장 근로자 및 공장 staff에 대한 질문이 포함될 수도 있다.

(4) 사례

현장에서 사용하는 양식(안전보건기술지침 “사고예상질문 분석기법”)을 통해 이해도를 높이고자 한다. 질문은 간단히 기입하고, 회의 결과 발생할 수 있는 사고 및 결과를 기술한다. 현재의 안전조치를 기입하고, 위험등급을 기재한다. 마지막으로 대책 및 권고사항을 기재하는 방식이다. 매우 쉽고 간단함을 알 수 있다.

▼ 표 **사고예상질문 분석표 예**("사고예상질문 분석기법" 별표 4 양식)

번호	사고예상질문	사고 및 결과	안전조치	위험등급	개선권고사항
	정전에 의해 냉각수 펌프가 정지한다면?	반응에 의해 생성물의 온도가 상승하여 반응폭주에 의한 폭발	온도, 압력 센서 설치	상, 중, 하	계측기기 작동 점검

3.4 위험과 운전 분석(Hazard and operability(HAZOP) study)

(1) 개요

처음 개발은 공정 내에 존재하는 위험한 요소들이 비록 위험하지 않다고 하더라도 공정의 효율을 떨어뜨릴 수 있는 가능성이 있는 운전상의 문제점을 알아내고자 개발되었다. 안전관리 분야에서 HAZOP이란, 공정에 잠재하고 있는 위험요소와 공정의 생산 효율을 떨어뜨릴 수 있는 각 공정의 운전상 문제점을 찾아내어 그 원인을 제거하는 방법(기법)을 말한다.

실제 설계의도에서 벗어나는 공정상의 이탈(Deviation)현상을 찾아내는 위험요소 발굴이 가장 큰 특징을 가진다. 이 수법은 화학산업에서는 오래전부터 사용되었기에 지금은 화학 분야는 물론이고, 많은 다른 분야에서도 사용되고 있다. 최근 높은 수준의 안전에 관심이 모이게 되면서 안전관리 분야에서는 쉽게 접하는 체계적인 위험성 평가 방법으로 정착되고 있다.

이 기법의 특징은 여러 분야에서 경험을 가진 사람들로 팀을 이루어서 난상토론(Brainstorming)을 벌이는 것이 특징이다. 숙련된 팀 리더가 "가이드워드"라고 불리는 일정한 단어를 사용하여 팀의 토론을 체계적으로 이용하여 공정을 분석해 나간다. 자세한 내용은 안전보건공단 "위험과 운전 분석(HAZOP)기법에 관한 기술지침"을 참조하고, 여기서는 대략적인 내용을 살펴본다.

다음 장에서 공정안전보고서(PSM)에 대해서 학습한다. 많은 PSM 대상 사업장은 HAZOP을 사용하고 있어, 화학산업에서는 매우 일반적인 위험성 평가 방법이다.

용어 정리

① **위험과 운전 분석(Hazard and operability study)** : 공정에 존재하는 위험요소와

공정의 효율을 떨어뜨릴 수 있는 운전상의 문제점을 찾아내어 그 원인을 제거하는 방법.

② **운전성(Operability)** : 운전자가 공정을 안전하게 운전할 수 있는 상태

③ **운전단계(Operating step)** : 공정에서 운전절차에 따라 운전자가 수행하는 별개의 독립된 단계

④ **설계의도(Design intent)** : 공정 설계나 운전 시 요구하는 정상적인 설계조건이나 운전조건을 말한다. 어떤 부분에 대하여 어떻게 작용될 것이라고 기대되는 것

⑤ **검토구간(Node)** : 각각의 이탈에 대하여 검토하여야 할 확정된 설비의 구간

⑥ **이탈(Deviation)** : 설계의도로부터 벗어난 상태임. 가이드워드와 공정변수가 조합으로 구성됨.

⑦ **가이드워드(Guide words)** : 공정 변수의 질, 양 또는 상황을 표현하는 간단한 용어이다. 새로운 창조적 사고를 유도할 수 있도록 자극하여 이상현상을 발견하기 위해 사용됨. 표는 지침단어의 목록임.

⑧ **공정변수** : 설계의도에 의하여 발생되는 현상을 말하며, 검토구간의 유량, 압력, 온도 등 물리적 특성 및 정비, 샘플링 등도 공정의 변수가 됨.

⑨ **개선권고사항(Recommendation)** : 이탈에 대한 현재 안전조치가 부족하다고 판단될 때 추가적인 안전성을 확보하기 위한 장치 또는 절차 등

▼ 표 가이드워드의 종류와 정의

가이드워드	정의	예
없음 (No, Not or None)	설계의도에 완전히 반하여 공정변수의 양이 없는 상태	유량 없음(No flow)이라고 표현할 경우 : 검토구간 내에서 유량이 없거나 흐르지 않는 상태를 뜻함.
증가 (More)	공정변수가 양적으로 증가되는 상태	유량 증가(More flow)라고 표현할 경우 : 검토구간 내에서 유량이 설계의도보다 많이 흐르는 상태를 뜻함.
감소 (Less)	공정변수가 양적으로 감소되는 상태	유량 감소(Less flow)라고 표현할 경우 : 누설 등으로 설계의도보다 유량이 적어진 경우를 뜻함.
반대 (Reverse)	설계의도와 정반대로 나타나는 상태	유량이나 반응 등에 흔히 적용되며 반대흐름(Reverse flow)이라고 표현할 경우 : 검토구간 내에서 유체가 정반대 방향으로 흐르는 상태
부가 (As well as)	설계의도 외에 다른 공정변수가 부가되는 상태, 질적 증가	오염(Contamination) 등과 같이 설계의도 외에 부가로 이루어지는 상태를 뜻함.
부분 (Parts of)	설계의도대로 완전히 이루어지지 않는 상태, 질적 감소	조성 비율이 잘못된 것과 같이 설계의도대로 되지 않는 상태
기타 (Other than)	설계의도가 완전히 바뀜	밸브의 잘못 조작으로 다른 원료가 공급되는 상태 등

(2) HAZOP의 특성

① 정해진 규칙과 주어진 설계도면에 의하여 체계적으로 분석하여 안전성 평가를 수행한다.

② 평가 대상은 신규 공정 및 설비가 작동할 때는 물론, 설비의 변경 및 원료의 변경 시에도 실시한다.

③ HOZOP의 수행은 기획, 설계, 운전, 연구, 정비, 안전 분야 등 각 분야의 전문가로 구성하여야 한다. 다양한 분야의 전문가가 참여해야 한다.

④ 평가 시에는 난상토론 기법(Brainstorming)을 활용한다. 누구든지 특별한 형식 없이 자신의 의견을 자유롭게 이야기 할 수 있어야 한다.

⑤ MSDS, 관계법규/지침 등, 공정 모든 자료를 충분히 파악한 후 실시한다.

⑥ 가이드워드를 사용한다. HAZOP을 실시할 때에는 팀을 구성하여 각 분야별의 전문가와 안전담당자로 구성된 팀원들의 상상력을 동원하여 다음 표에서 지정한 지침단어(Guide word)를 활용하여 위험요소를 점검한다. 표에 종류와 정의를 나타낸다.

(3) HAZOP의 수행절차

위험요소를 예측하고 새로운 공정에 대하여, 휴먼에러 및 지식부족 등으로 발생하는 운전상의 문제를 예측하는 것이 중요하다. 따라서, HAZOP은 자세한 공정과 설비의 이해가 필요하며, 각 공정과 제어에 대한 완전한 이해가 있어야 한다. 따라서 HAZOP 분석을 실시할 때는 도면에 표기된 모든 장치 및 설비에 대한 목적과 특성을 설명하여 팀원이 같은 이해도를 가지고 토의를 실시해야 한다.

구체적 실행절차는 다음과 같다.

① 상세 공정흐름도로부터 시작한다. 시스템을 여러 개의 Node로 나누어 분할한다.

② 한 개의 노드를 선택하여, 선택한 노드의 설계의도를 설명한다.

③ 여러 공정변수들(유량, 액위, 온도, 압력, 농도 등) 중에 하나를 선택한다.

④ 발생 가능한 이탈현상을 제시하기 위해 공정변수에 가이드워드를 적용한다.

⑤ 가능한 원인을 모두 찾아내고, 모든 안전장치를 기록한다.

⑥ 이상상태의 결과를 평가한다. 받아들일 수 있는 위험인지 아닌지를 판단하여, 받아들일 수 없을 때는 개선권고사항과 함께 기타 관련 사항을 기록한다. 만약, 받아들일 수 있는(=안전이라면) 다른 한 개의 노드를 선택하여, 지속적으로 수행한다.

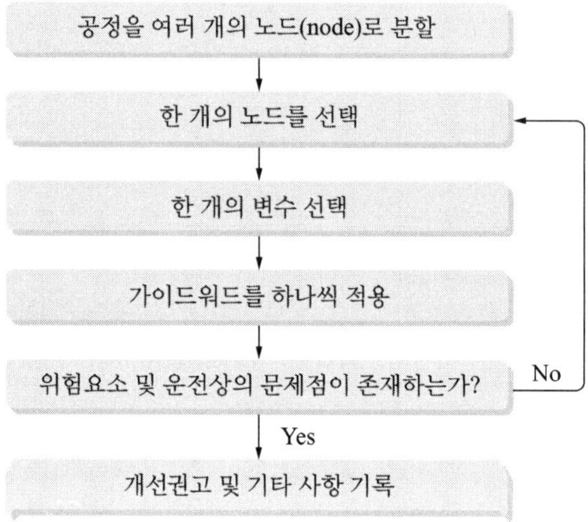

▲ 그림 HAZOP의 수행절차

(4) HAZOP 결과물

반응기의 냉각수에 대한 HAZOP 결과 사례를 통하여 이해도를 높여 보자. HAZOP의 가장 큰 특징은 가이드워드이다. 이것인 맨 왼쪽에 존재한다. 예상되는 원인과 그로 인한 결과를 나열한다. 그리고 현재의 안전장치를 기입하고 결과에 대한 위험도를 기입한다. 위험도가 높은 것에 대해서는 반드시 대책을 강구해야 한다.

▼ 표 HAZOP 위험성 평가 결과 예

HAZOP 위험성 평가
공정 : 도면 : 단계별 검토구간 : 1-1(A주입-1배관)

이탈	원인	결과	현재 안전조치	위험등급	개선권고사항
유량 증가	밸브완전개방	Over flow에 의한 주변 오염	담이나 토제 설치	2	운전표준에 기술하고 교육
유량 감소	밸브중간잠김	냉각수 반응	없음	6	유량감소 시 경보발생
유량 없음	밸브완전잠김	냉각수 중단 반응 폭주 폭발	없음	9	• 유량감소 시 경보발생 • 반응 정지

(5) HAZOP 실제 사례

그럼, 한번 HAZOP를 실제로 같이 해보자.

커피 제조 사업장을 생각해보자. 원료는 커피원액과 물이 될 것이다. 제품은 우리가 자주 마시는 아메리카노 커피가 된다. 공정을 이해하기 위해 다음 그림을 보면서 이해하자. 이런 것을 배관 및 계측장비 도면(P&ID)이라고 한다.

어려워 보이지만, 낯설기 때문일 뿐, 하나씩 뜯어보면 충분히 이해할 수 있다. 기본적으로 왼쪽에 물탱크가 있고, 오른쪽에 커피 보관 탱크가 있다. 중간에 있는 탱크가 두 액체를 혼합한다. 완성된 제품이 아래로 배출되어 우리가 원하는 커피가 완성되는 것이다. 주변에 밸브가 있고, 유량조절을 위한 부속설비, 안전설비 등이 다양하게 들어가 있지만, 두 액체를 혼합하여 하나의 액체를 만들어 생산한다. 각 제조 공정에 대한 상세내용은 다음과 같다.

① Cafe Americano 제조 공정 설명

㈀ 원료 계량 및 공급 단계

Process Water Tank(T-101)에 계량된 물과 Raw Material Tank(T-102)에 계량된 Americano 50% 용액을 Mixer(M-101)에 공급한다. 공급과 동시에 내용물이 혼합되도록 교반기(AG-101)를 30 rpm으로 가동하며 농도조절기(AIC-101)에 의해 농도를 Americano 10% 범위로 조정되도록 공급한다.

㈁ 제품 가열 및 생산 단계

Mixer(M-101)에서 Americano 10%로 규격 조정되어 공급되는 용액은 Hot Americano Recipe 생산 조건에 따라 TICA-101에 의해 Mixer(M-101) 내부 온도 90±5℃로 운전될 수 있도록 TCV-101을 조절하여 Steam coil에 공급되는 Steam 유량을 제어하며 Hot Americano 제품을 생산한다.

㈂ 제품 포장 단계

Mixer(M-101)에서 연속 생산되는 Hot Americano 완제품은 WI-101에 의해 저울에서 무게를 측정하며 분당 500 mL × 100잔의 Hot Americano를 규격용기(Cup)에 포장한다.

② 공정의 잠재 위험

㈀ 물리적 폭발 위험

Hot Americano 제조 공정은 화학적인 유해, 위험성은 없으나 Steam 공급 계통 Trouble에 의한 Mixer(M-101) 내부온도 제어 실패 시 내부온도 증가 및 압력상승으로 M-101 설계압력을 초과할 경우 폭발 위험이 있으며, 사고

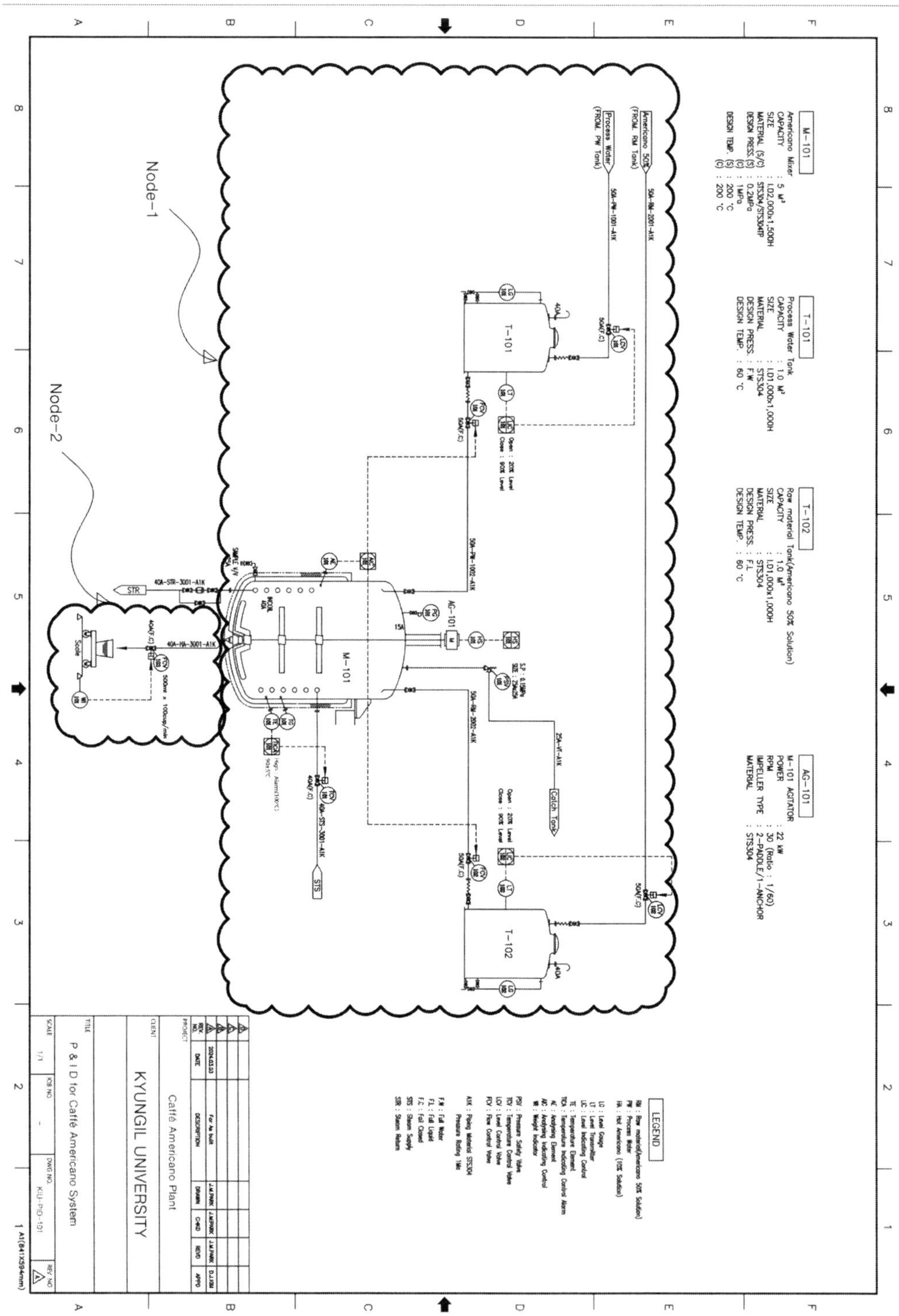

▲ 그림 아메리카노 커피 제조 P&ID

예방을 위한 안전장치로서 TICA-101에 의해 High Temp 설정값 100℃에서 경보를 발령하고 PSV-101 설정압력 0.15 MPa에서 압력을 방출하여 System을 보호한다.

(ㄴ) 고온 유체에 의한 화상 위험

90±5℃의 고온에서 운전되는 Mixer(M-101) 또는 Steam 배관, PSV-101 토출 측 배출가스에 작업자의 신체 접촉 시 화상의 위험이 있으므로 Mixer(M-101), Steam 배관에는 단열처리가 되어 있고, PSV-101 토출 측은 Catch Tank로 연결되어 배출가스를 처리한다.

③ HAZOP 결과물

이제 공정을 이해했으니 실제로 HAZOP 결과를 살펴보자. 이런 결과가 나오기까지는 많은 전문가들의 협력이 필요하다. 우리는 결과만을 보고 HAZOP을 이해하자. P&ID에는 두 개의 노드로 나누고 있다. 두 번째 노드에 대한 결과는 다음과 같다.

▼ 표 HAZOP 결과

이탈현상	원인	결과	현재안전조치	빈도	강도	등급	개선 권고사항
설계의도: 농도 50% → 10%, 30 rpm, ATM, 90±5℃, 원료 Level 20~90%							
More	LIC-101/102 Malfunction	T-101/102 Overflow 원료 손실	• 독립된 LG-101/102에 의해 Level 육안 확인 가능 • LIC-101/102 고장 이력 관리 • Ware house spare parts 구비	2	2	4	
More	LCV-101/102 Failure	T-101/102 Overflow 원료 손실	• 독립된 LG-101/102에 의해 Level 육안 확인 가능 • LIC-101/102에 의해 HMI에서 Level 상태 확인 가능 • Ware house spare parts 구비 • 연1회 Full Stroke test	2	2	4	
Less	LIC-101/102 Malfunction	T-101/102 Level 저하/지속 저하 시 Tank Empty 후속 공정 중단	• 독립된 LG-101/102에 의해 Level 육안 확인 가능 • LIC-101/102 고장 이력 관리 • Ware house spare parts 구비	2	2	4	
Less	LCV-101/102 Failure	T-101/102 Overflow 원료 손실	• 독립된 LG-101/102에 의해 Level 육안 확인 가능 • LIC-101/102에 의해 HMI에서 Level 상태 확인 가능 • Ware house spare parts 구비 • 연1회 Full Stroke test	2	2	4	

이탈 현상	원인	결과	현재안전조치	빈도	강도	등급	개선 권고사항
No	T-101/102 또는 배관 Leakage	T-101/102 Empty 후속 공정 지연, 하부 누출로 작업환경오염, 원료 손실	• LG-101/102에 의해 Level 육안 확인 가능 • LIC-101/102에 의해 HMI에서 Level 확인 가능	2	2	4	

(6) HAZOP 작성 시 주의 사항

① 지침단어들은 상세히 파악할 필요가 있으므로 필요에 따라 그 구체적인 의미를 표에 작성한다.

② HAZOP 기법은 공정의 운전과 설계에 관한 상세한 자료가 필요하다. 따라서 적용은 대부분의 경우 상세한 설계를 실시하는 기간이나 설계가 완료된 단계에서 수행하는 것이 일반적이다.

③ HAZOP 평가에 있어서 주의해야 할 사항은 우리 인간이 원하지 않는 결과를 초래할 수 있는 위험성과 운전상의 문제점을 파악하기 위해 자유토론이 되어야 한다. 팀원의 참신하고 창의적인 체계적인 접근이 필요하다.

④ HAZOP 기법을 시스템에 적용한다면, 팀원들이 생각해야 하는 데이터베이스로 정리되며 각 지침단어를 쉽게 표현할 수 있게 된다. 또한 해당 공정의 점검표로도 활용하는 것이 가능하다.

⑤ 조사팀원들은 어떤 아이디어가 나올 때에도 서로 비평하지 않아야 한다. 새로운 아이디어를 환영하는 분위기의 토론이 되어야 한다. 많은 아이디어가 도출될수록 높은 수준의 위험성 평가가 이루어진다.

⑥ 조치는 위험의 원인을 제거하는 조치와 피해를 경감시키는 조치로 나눌 수 있다. 재해예방이 아니라 사고방지대책이 되어야 한다. 높은 안전성 확보를 위해서는 위험원을 제거하는 근원적 대책부터 검토하기 시작해야 할 것이다.

⑦ 위험요소를 제거할 적절한 방법을 찾을 수 없는 상황이라면 사고가 발생하더라도 사람과 사업장 시설물을 보호하기 위한 재해예방대책에 관심을 가져야 할 것이다.

⑧ 위험을 통제하기 위한 조치의 예로는 원료 및 공정의 변경, 공정조건의 변경(압력, 온도 등), 설계 변경, 작업방법의 변경 등이 될 것이다.

⑨ 일련의 검토는 설계완료 단계에서부터 수행하는 것이 위험요소를 제거하는데 매우 효율적이다. 초기에 위험을 발견하면 대책을 세우기가 쉽다.

⑩ 검토내용을 담은 보고서에 의해 발생 가능한 효과로는 다음과 같은 것이 고려된다.

(ㄱ) 특별한 흥미를 유발하거나 독특한 내용을 담고 있는 경우에는 경영자들이 안전에 관심을 가지게 되며, 적절한 경영 판단에 도움이 된다.

(ㄴ) 보험금에 미치는 영향이 크다.

(ㄷ) 관계기관으로부터 각종 허가를 취득하는데 도움이 된다.

(ㄹ) 추후에 새로운 설계를 실시함에 더 높은 기술력을 갖춘 설계로 성장한다.

⑪ 이상과 같이 HAZOP의 수행절차를 학습해 보았다. 하지만, 잊지 말아야 할 것은 이상의 소개는 일반적인 것이므로, 다양한 사업장의 특성에 맞게 수정/보완되어야 할 것이다.

3.5 고장단계 및 영향 분석(Failure Mode & Effects Analysis; FMEA)

(1) 개요

고장단계 및 영향 분석(FMEA)은 1940년대 미국 국방부에서 군사업무를 효율적으로 추진하기 위해서 개발되었다. 1960년대에는 미국의 우주 항공 산업에 처음으로 본격적으로 사용되었다. 그 후 1970년대에는 미사일 개발사업에 1970년대에는 자동차 산업에 적용되면서 본격적으로 일반 산업사회에 적용되어 퍼지기 시작하였다. 지금은 위험성 평가 기법의 하나로 많은 다양한 산업에서 활용되고 있다.

용어를 확인하자. 고장형태(Failure mode)는 고장이 어떤 형태로 일어났는지를 의미하며, 고장영향(Failure effect)은 고장이 장치의 운전, 기능 또는 사태에 미치는 즉각적인 결과를 의미한다.

상세한 내용은 안전보건공단의 “고장형태와 영향 분석(FMEA)기법에 관한 지침”을 참고하기로 하고 여기서는 그 전반적인 내용을 살펴본다.

(2) 특징

FMEA는 시스템 내의 위험 분석이나 보조시스템의 위험 분석을 위하여 일반적으로 사용되는 전형적인 정성적이고, 귀납적인 분석방법으로 시스템에 영향을 미칠 수 있는 모든 요소의 고장을 주어진 형태별로 분석함으로써 그에 따른 영향을 검토하는 것이다.

구체적으로는 앞에서 학습한 What If 분석기법을 조금 더 체계화한 것이라 할 수 있다. 다른 점은 막역한 질문을 던지는 것이 아니라, 기계설비에 존재하는 하나의 장비, 부품, 재료 등에 어떤 이상이 발생하였을 때 그것이 전체 제품이나 사업장 시설, 혹은 제품기능에 어떠한 영향을 미치는가를 질문하면서, 생각의 범위를 조금씩 넓혀가는 방식이다.

앞에서 학습한 HAZOP 기법은 기계설비의 운전상에 있어서(인간과 기계와의 소통이 잘못되어서) 문제가 발생하였다는 것에 비해, FMEA는 특정 부위의 설비에서 어떤 문제가 발생하였다고 상정하여 그 원인으로 인해 어떤 영향을 미치는가를 분석하는 기법이다.

그리고 비슷한 기법인 FMECA를 소개한다. FMEA는 Failure Mode & Effects Analysis의 약자이다. 해석하면 고장단계 및 영향 분석이 된다. 그리고, 이상위험도 분석 FMECA라고 있다. Failure Mode & Effects, and Criticality Analysis의 약자이다. FMEA에 criticality(위험상황)이란 단어가 들어가 위험도를 표시하는 양식으로 변화하고, 결과적으로 정량적인 위험성 평가를 하게 된다.

일반적으로 고장단계 및 영향 분석은 0~4까지 5단계의 각 위험단계를 평가한다. 낮은 숫자는 위험이 없다는 것이고 큰 숫자는 피해가 매우 심각하다는 것이다. 이 기법도 많이 사용되고 있지만, FMEA를 이해한다면 큰 어려움은 없을 것이다.

(3) 사례

반응기의 냉각수에 대한 FMECA 결과의 사례를 통하여 이해도를 높여 보자. FMCA의 가장 큰 특징은 장치가 고장이 있다는 것이다. 기기, 고장형태와 그로 인한 영향을 기입한다. 현재의 안전장치와 개선사항을 기입한다. 참고로 미치는 영향이 어느 정도인가를 기입한다.

▼ 표 FMECA 위험성 평가 결과 예

FMECA 위험성 평가 결과
날짜 : 공정 : 담당자 :

장치	설명	고장형태	고장영향	현재 안전조치	위험 등급*	개선권고사항
v1 밸브	냉각수 주입 밸브	밸브 파손	냉각수 누출, 반응기 투입 중지(반응폭주)	정기점검	2	이중 밸브로 설계변경 (Fool proof)
온도 센서	반응기내 온도감지	온도센서 미작동	고온 시 경보 미작동 (반응폭주)	정기점검	6	이중 센서로 설계변경 (Fool proof)

* FMEA에서는 위험도가 없다.

(4) 장단점 및 주의 사항

FMEA는 What-If의 장점과 단점을 비슷한 점을 가진다. 다른 점은 질문과 질문의 대답을 만들어가는 과정이 구체화된 것이다. 구체화된 것으로 인해 높은 수준의 위험성 평가를 수행할 수 있지만, 거기에는 다음과 같은 사항에 주의해야 할 것이다.

① 정확한 수행을 위해서는 많은 관계자의 시간과 노력이 필요하다. 절차가 복잡하지 않아 결과물만을 간단히 만드는 것은 쉽지만 높은 수준의 결과물을 도출하기 위해서는 리더의 강한 의지도 중요하겠지만, 팀원의 열성적인 헌신이 절대적으로 필요하다. 지속적인 공부와 고민을 해야 하기 때문이다.

② 하인리히의 손실우연의 법칙에서 학습하였다. 재해는 사고에 의해서 발생하지만, 사고가 발생하였을 때 어떤 재해가 발생할지는 예측하기 어렵다. 따라서, 어떤 부분의 고장으로 인해 어떤 재해가 발생할 것인가는 예측하기 어려워 모든 사항에 대해 원인과 결과를 완벽하게 나타내기에는 한계가 있다. 보다 정확한 예측을 위해서는 많은 사람의 경험, 지식, 시스템의 분석 등을 동반해야 하기 때문에 팀원들의 막대한 노력이 필요하다.

③ FMEA는 시스템에 있어, 발생할 수 있는 사고와 재해를 예측하는 도구로 사용되는 것이지 시스템의 오류를 예측하는 것은 아니다. (이 부분은 신뢰성공학 분야에 맡기도록 하자.)

3.6 예비위험 분석(Preliminary Hazard Analysis; PHA)

(1) 개요

새롭게 사업을 차려 처음으로 공장을 건립하는 사업주를 생각해 보자. 만약, 초기에 자신이 사업장에 위험한 요인이 있다면 그 사업을 포기하든지 아니면 사업계획을 변경할 것이다. 위험을 일찍 인식한다면, 위험이 나중에 발견되었을 때와 비교하여 상대적으로 크게 비용을 절약하는 것이 가능할 것이다. 예를 들어 공장 개발의 초기단계에서 위험을 점검한다면, 공장입지를 선정하는 데 매우 유용할 것이다.

사업을 계획하는 단계에서 자신의 사업계획에 대하여 위험을 찾아내는 기법을 예비위험 분석(Preliminary Hazard Analysis; PHA)이라고 한다. (초기위험 분석이라고도 불린다.) 공정상 시스템 상에서 일어나는 일에 대하여 원하지 않는 일이 발생한다면 어떻게 되는가를 고민하는 것은 다른 기법들과 비슷하지만, 가장 큰 특징은 초기단계(새로운 공정, 또는 변경)에 적용되는 분석이며, 해당 사업계획의 특징을 고려하여 실하는 것이 다른 기법과 다를 것이다. 따라서, 위험요소 조사 시 분석대상 시스템에 필요한 모든 정보가 충분히 갖추어지지 않은 경우가 많다. 최소한의 정보로 위험성 평가를 하는 초보적 평가기법이다. 자세한 내용은 안전보건공단의 "예비위험 분석에 관한 지침"을 참고하고, 여기서는 대략적인 내용만 파악한다.

(2) 특징

① PHA는 시스템의 초기 개발단계에서부터 시스템 고유의 위험성을 파악함으로써 그 결과에 따라 발생 가능한 재해의 위험수준을 결정하는 것이 목적이다. 초기에 위험을 발견하게 되면, 그 수정에 있어 비용의 절약 효과가 매우 크다.

② 내용은 큰 틀에서 시스템에 잠재된 위험요소가 어떠한 위험상태에 빠질 수 있는가를 정성적으로 평가하는 것이다.

③ 본격적인 위험성 분석을 수행하기 위한 준비단계에서의 위험성 분석

④ 위험요소, 위험사상 등을 제품 설계단계 초기에 발견하는 것을 목적으로, 제품 내의 어디에서 어떠한 위험요소가 존재하는가, 위험하다면 어느 정도의 위험상태에 있는가, 그에 대비하여 안전기준 및 시설의 수준은 어느 정도인가를 정성적으로 평가한다.

⑤ PHA 양식과 실시 예를 표로 나타낸다. 제품의 생산되기 전에 PHA는 실시된다.

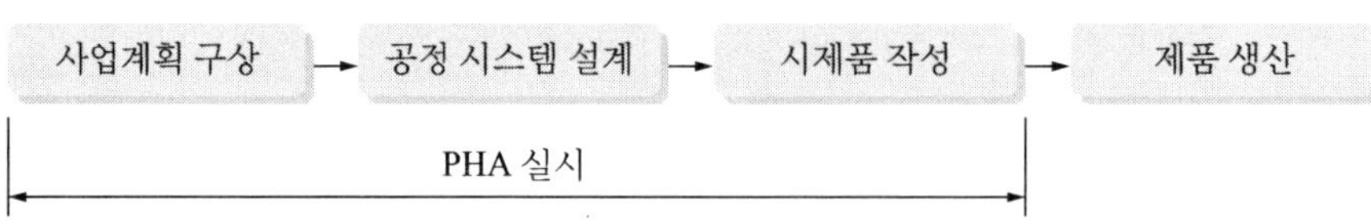

▲ 그림 PHA의 실시시기

(3) 사례

이번에는 산업안전이 아니라 제품안전의 사례를 들어 본다. 여러분이 사업주가 되어 비행기를 만드는 사업을 하려고 준비한다고 생각해 보자. 그러면 여러분은 좋은 비행기를 만들기 위해서 노력해야 할 것이다. 실제로 비행기를 만들어 판매를 했을 때 비행기가 떨어지면 안 될 것이다. 그럼, 다른 제품과는 달리 비행기만이 가지고 있는 특징(=위험으로 이어질 수 있는 특징)이 무엇이 있을지 생각해 보자. 비행기의 특징은

무거운 철로 된 거대한 금속 덩어리가 아마도 구름 위로(=약 10 km 대류권) 비행하는 것이다. 구름은 습도가 높으며, 구름 위는 태양으로부터 오는 자외선이 강하다. 그 특징으로 위험성 평가를 실시해 본다.

PHA 위험성 평가 결과

날짜 :　　공정 :　　분석자 :

위험요소	원인	주 영향	고장영향	유해위험요소 범주*	교정/예방수단
자외선	높은 고도에서 비행	날개에 강한 자외선에 노출	날개가 고온으로 상승(강도 저하)	II	• 어두운 밤에 비행 • 북극 및 남극 통과
습도	구름 통과 시 고습에 부식 발생	중량 증가, 강도 저하	항해거리 감소, 연비불량(강도 저하)	I	• 구름 위를 비행 • 정기점검

* 리스크 범주 : I 무시가능, II 별로 중요하지 않음, III 위험한 상태, IV 큰 재해

3.7 결함수 분석(Fault Free Analysis; FTA)

여기서부터는 정량적인 위험성 평가 기법을 소개한다. FTA와 ETA는 실제로 실행함에 있어 고도의 기술이 필요하다. 많은 학습이 필요하고 많은 데이터가 필요하고, 많은 시간동안 고민을 해야 한다. 우리는 큰 틀에서 이런 기법이 있다는 것을 인식하기 위한 전반적인 내용을 파악하자. 자세한 내용은 산업안전공단의 "결함수 분석기법"과 "사건수 분석기법에 관한 기술지침"을 참고하기로 하자.

(1) FTA 역사

결함수 분석기법(Fault Tree Analysis; FTA)은 정량적 위험성 평가의 대표적인 방법이다. 1962년 미국 벨 연구소에서 처음 고안되었으며, 미국 보잉사를 중심으로 하는 항공 우주산업에 이용되면서 크게 발전하였다. 1960년대 중반부터 FTA는 우주공항의 안전 분야에서 원자력 산업을 시작으로 기타 여러 산업안전 분야에 적용하기 시작하였다. 1965년경에 산업안전 분야에 적용이 가능함이 인식되기 시작하였다. FTA는 원하지 않는 재해나 사고의 원인을 규명하는 연역적 해석방법으로 화학공정 분야에 특히 많이 사용되고 있다.

(2) 개요

FTA는 고장(Fault)의 나무(tree) 분석이라고 할 수 있다. 시스템이 원하지 않은 결과를 초래하는 원인을 위에서 아래로 체계적으로 탐색하는 방법이다. 결함수 분석은 특정 설비의 결함이나 작업자의 오류로 인해 발생될 수 있다고 예상되는 사고에 대하여, 해당 결함이나 오류로 발생하는 사고의 원인을 연역적으로 분석하는 기법이다. 연역적으로 분석해나가는 각 사상이 발생할 확률을 평가함으로써, 정상사상이 발생할 가능성을 정량적으로 평가하는 방법이다.

용어 정리

조금은 익숙하지 않은 단어들도 있다. 하나하나를 정확히 이해하기 어려울 수도 있다. 전체를 반복적으로 학습해 나가자.

① **정상사상**(Top event) : 재해의 위험도를 고려하여 결함수 분석을 실시하기로 결정한 사상(event) 또는 사고

② **기본사상**(Basic event) : 더 이상 원인을 독립적으로 전개할 수 없는 기본적인 사고의 원인으로서 기기의 기계적 고장, 보수와 시험 이용불능 및 작업자 실수 사상 등을 말한다.

③ **중간사상**(Intermediate event) : 정상사상과 기본사상 중간에 전개되는 사상을 말한다.

④ **결함수(Fault tree)기호** : 결함에 대한 각각의 원인을 기호로서 연결한 표현수단

하나의 특정한 사고에 집중하여 연역적으로 기술하는 기법이다. 사고 및 사건의 원인을 결정하기 위한 한 방법으로 널리 사용된다. Fault Tree 자체는 사고 사건을 낳을 수 있는 장치의 이상과 고장의 다양한 조합을 표시하는 도식적 기호를 사용한다. FTA에서 일반적으로 사용하는 도식적 기호 중 몇 개의 대표적인 기호를 표에 설명한다.

Fault Tree의 해는 관심을 가지고 있는 사고 사건을 초래하기에 충분한 장치 이상의 집합/나열로 인한 목적에 해당된다. FTA는 장치 이상뿐만 아니라 운전자 실수라는 것도 원인으로 포함된다. 특정한 사고를 유발할 수 있는 장치뿐만이 아니라, 운전자 실수의 집합 목록을 포함하고 있는 정량적 평가수법이지만, 정성적으로 평가하는 것도 가능하다.

▼ 표 결함수에서 사용되는 일반적인 기호

기호	명명	기호설명
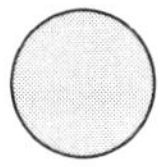	기본사상 (Basic event)	더 이상 전개할 수 없는 사건의 원인
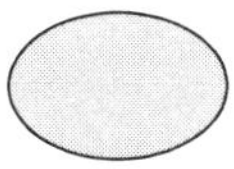	조건부사상 (Conditional event)	논리 게이트에 연결되어 사용되며, 논리에 적용되는 조건이나 제약 등을 명시(우선적 억제 게이트에 우선적으로 적용)
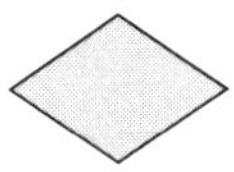	생략사상 (Undeveloped event)	사고 결과나 관련정보가 미비하여 계속 개발될 수 없는 특정 초기사상
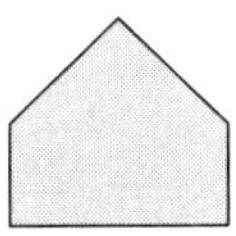	통상사상 (External event)	유동계통의 층 변화와 같이 일반적으로 발생이 예상되는 사상
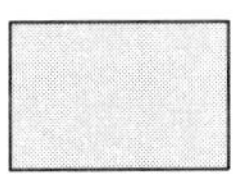	중간사상 (Intermediate event)	한 개 이상의 입력사상에 의해 발생된 고장사상으로서 주로 고장에 대한 설명 서술
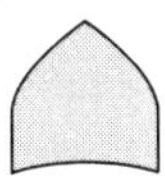	OR 게이트 (OR gate)	한 개 이상의 입력사상이 발생하면 출력사상이 발생하는 논리 게이트
	AND 게이트 (AND gate)	입력사상이 전부 발생하는 경우에만 출력사상이 발생하는 논리 게이트

(3) FTA 실행 절차

일반적으로 6단계의 절차를 따를 수 있다.

1단계 : 먼저 정상사상(Top event)으로 설정한다. 원하지 않는 재해나 사고를 FT 작성함에 있어 최상부에 Top event로 설정하여 기입한다.

2단계 : 대상 공정과 작업내용을 파악하여, 정상사상이 발생할 메커니즘을 파악한다. 정상사상이 발생한 원인을 생각하여 기입한다.

3단계 : FT를 작성한다. 공정의 흐름에 맞추어 정상사상에 대한 1차 원인을 분석한 후 아래 그림과 같이 논리 게이트(OR 게이트, AND 게이트)를 결정하여 연결한다. 부울대수(Boolean algebra)로 표현한다. 2차 원인을 고려하여, 표에서 언급한 기호로 관계를 도식화한다.

4단계 : FT 구조를 해석한다. 원하지 않는 재해나 사고가 발생하는 과정들의 서로의 관계 등을 고려하여 적절히 구조를 해석한다. 최소 컷세트(Minimal cut set)를 구한다.

5단계 : FT를 정량화한다. 각각의 가능성을 고려하여 정량화한다. 상세한 내용은 안전보건공단의 "결함수 분석기법"을 참고 바란다.

6단계 : 해석결과를 평가함으로써 받아들일 수 있는 위험인지 아닌지 등을 결정한다.

그림에 FT 사례를 소개한다. 맨 위에는 정상사상으로 예상되는 재해를 기입한다. 여기서는 예상 재해를 석유통 화재발생으로 가정하자. 그리고, 해당 재해의 1차 원인사상(발생하게 된 원인들)을 나열한다. 연소의 3요소가 필요할 것이다. 석유와 공기 그리고 점화원이 필요하다. 이들은 연소를 위해서 필요하기 때문에, AND 게이트로 연결한다. 점화원의 역할을 위해 생각되는 것은 방화와 정전기 등이 있을 수 있다. 어느 것이든 하나만 있으면 점화원이 될 수 있으므로, OR 게이트를 사용한다. 이런 식으로 위에 있는 사상의 원인들을 아래에 기입하고, 그 관계를 나열하면서 FT를 작성해 나간다.

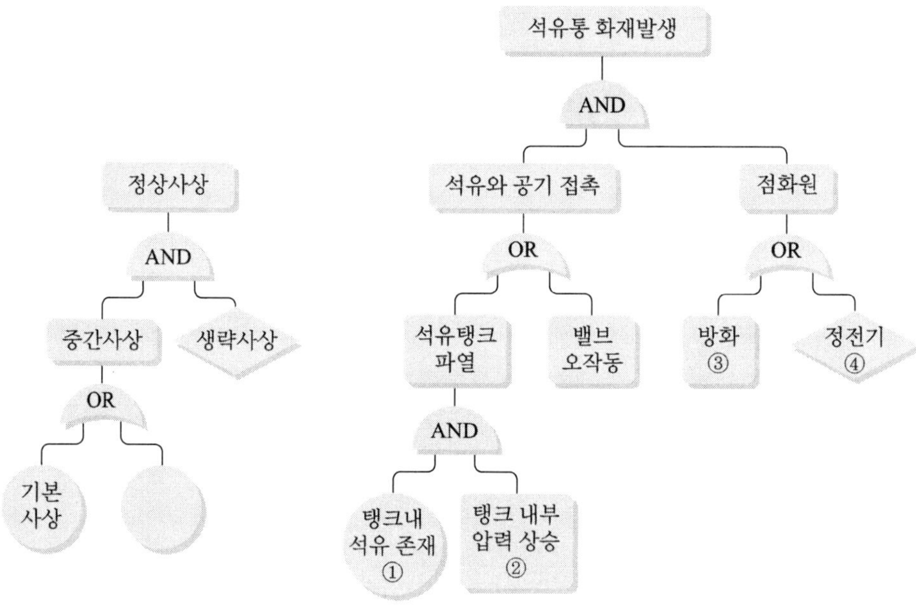

▲ 그림 FT 작성 예

이상과 같이 설정한 정상사상에 대하여 발생한 원인, 잠재적인 발생의 가능성이 있는 원인 또는 발생의 요인을 추출하여, 정상사상의 발생 조건 및 요인의 식별 및 해석을 수행하는 것을 FT라고 한다.

(4) FTA의 정량적 평가

정상사상이 1차 원인이 되는 사상들이 모두 발생하는 경우에만 발생하는 경우(AND 게이트)의 확률(q)은 각각의 발생 확률을 곱하여 구한다.

$$q = q_1 \times q_2$$

만일에 정상사상이 1차 원인들 중 하나 이상이 발생하는 경우(OR 게이트)의 확률(q)은 다음과 같다.

$$q = 1-(1-q_1)(1-q_2)$$

예를 들어 다음과 같이 계산 예를 눈으로 확인해 보면 쉽게 이해가 될 것이다.

그림을 참조로 R1의 확률을 구해 보자. 하부사상의 확률을 알고 있다면 상부사상의 확률을 구할 수 있다.

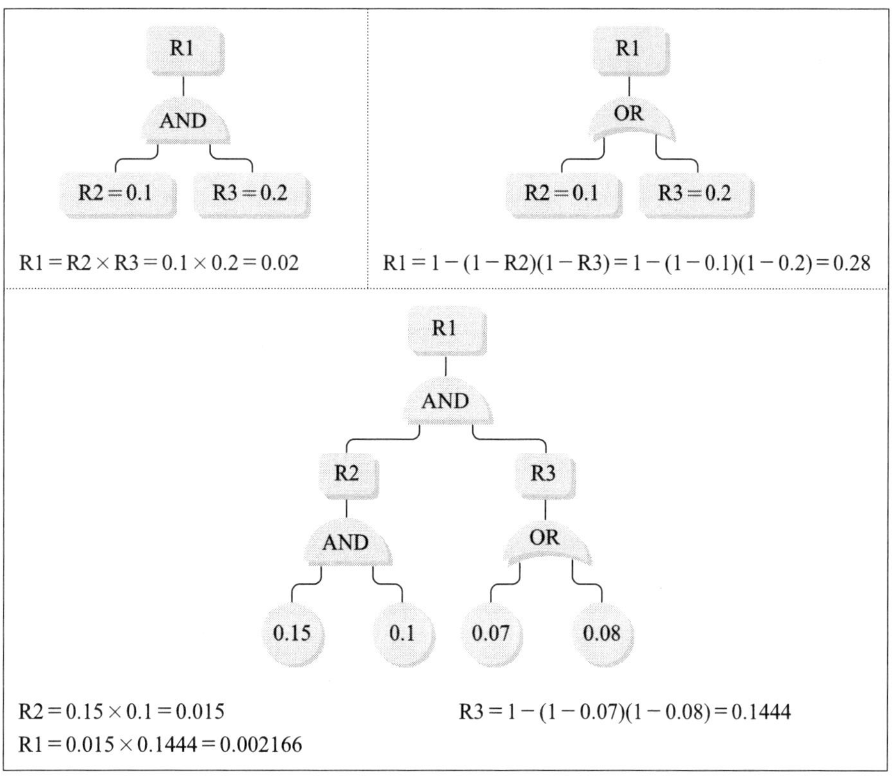

▲ 그림 FTA 확률 계산 예

R1의 사상이 발생할 확률은 아래 1차 원인사상의 확률에 의해 결정된다. 1차 원인이 되는 사상의 확률은 R2, R3에 의해 산출할 수 있다. 구하는 방법은 AND 게이트라면 두 개의 값을 단순히 곱하면 되므로 어렵지 않다. OR 게이트라면, 1에서 각 사상의 확률을 빼고 난 후, 그 값들을 곱한다. 최종적으로는 1에서 곱한 값을 빼면 된다.

이상과 같이 FT도를 작성하는 방법을 학습했고, 각 기본사상의 발생확률을 알면, 정상사상의 발생확률을 구하는 방법까지 학습하였다. 만약 정상사상의 발생확률을 산출한 결과 우리가 받아들일 수 없는 높은 확률(이 부분은 나중에 F-N도를 통해 학습하자.)이 도출되었다면, 무언가 대책을 세워야 할 것이다. 이때, 효율적인 대책을 강구하기 위해서 컷세트와 패스세트에 대한 개념을 학습할 필요가 생긴다. 차분히 학습해 나간다면 효율적인 높은 수준의 안전대책을 마련하는데 큰 도움이 될 것이다.

(5) 컷세트와 패스세트

먼저 컷세트와 패스세트에 대한 단어를 정의하고 나서 설명을 시작한다.

① **컷세트(Cut set)** : 정상사상을 발생시키는 기본사상의 집합. 전체 기본사상들 중에 컷세트에 포함되어 있는 사상이 모두 발생하면, 정상사상이 발생한다.

② **최소 컷세트(미니멀 컷세트, Minimal cut set)** : 정상사상을 발생시키는 컷세트의 최소집합을 말한다. 시스템을 마비시킬 수 있는 최소한의 사고요인 집합이 된다. 안전관리에 있어 많은 관심이 집중되는 집합이 된다.

③ **패스세트(Pass set)** : 정상사상이 일어나지 않는 기본 집합이다. 전체 기본사상들 중에 패스세트에 해당하는 집합만 발생하지 않으면, 정상사상이 발생하지 않는다.

④ **최소 패스세트(미니멀 패스세트, Minimal pass set)** : 정상사상을 발생시키지 않는 최소한의 집합. 시스템의 신뢰성을 나타낸다.

예를 통해 컷세트의 개념을 확인해 보자. 다시 한 번 이야기한다. OR은 하위사상 중에 하나만 발생하여도, 위 사상은 발생하며, AND는 하위사상 모두가 발생해야 상위사상이 발생한다는 것을 뜻한다. 아래의 FT도에는 A에서 E까지 5가지 사상이 있다. 기본사상은 C, D, E가 된다.

사례 1의 정상사상을 발생하기 위한 컷세트는 (C), (D), (C, E)가 된다. 이 3개의 조합 중에 가장 적은 조합은 (C), (D)의 두 개가 된다. 기본사상 중에서 (C) 또는 (D) 중에 하나만 발생하여도 정상사상은 발생한다는 뜻이다. 바로 이 두 개가 최소 컷세트라고 한다.

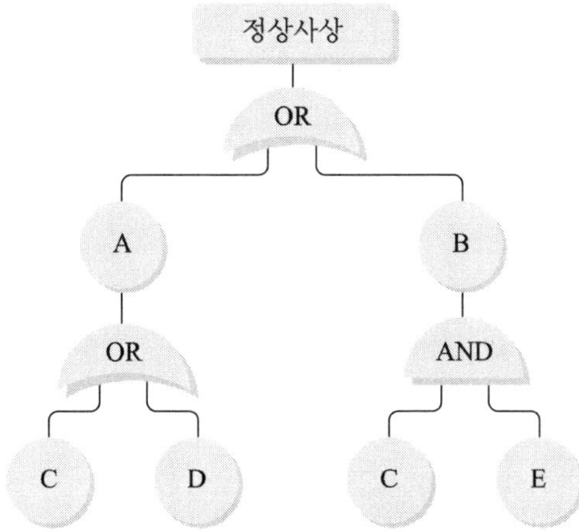

▲ 그림 FT도 사례 1

이번에는 패스세트를 확인해 보자. (C, D), (C, D, E)가 발생하지 않으며, 정상사상은 발생하지 않게 된다. 따라서, (C, D), (C, D, E)가 패스세트가 된다. 여기서, 최소 패스세트는 (C, D)가 된다. 이 뜻은 (C), (D)가 동시에 발생하지 않으면, 정상사상은 발생하지 않는다는 것을 뜻한다.

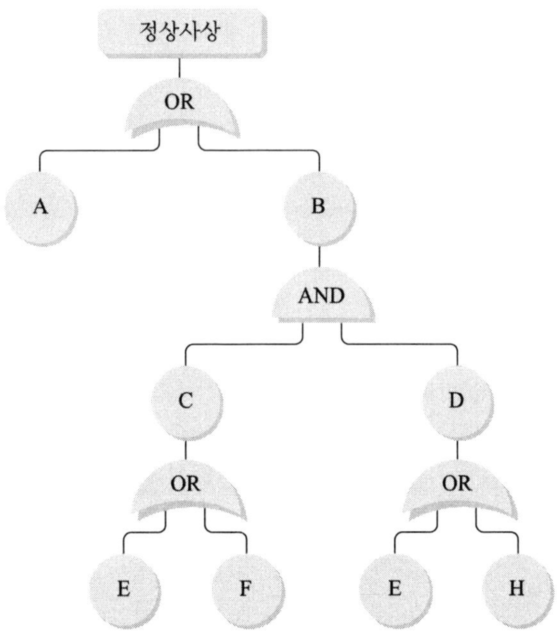

▲ 그림 FT도 사례 2

한 번 더 예를 들어, 그림의 사례 2를 통해 개념을 다시 한 번 이해해 보자. 컷세트, 최소 컷세트, 패스세트, 최소 패스세트를 한번 구해보자. 컷세트는 (A), (E), (F, H)가 되며, 최소 컷세트 (A), (E)가 된다. 패스세트는 (A, E, F), (A, E, H)가 되고, 이 경우에는 패스세트와 최소 패스세트는 동일하다. 차분히 생각하면서 개념을 확실히 이해하자.

안전관리에 있어서, 이상의 최소 컷세트, 최소 패스세트의 개념은 매우 중요하다. 이런 개념을 통해, 효율적 안전관리를 실행하기 위해서는 우선적으로 무엇을 해하는지를 명확히 알 수 있다. 선택과 집중을 할 수 있게 된다. 완벽한 안전은 있을 수가 없으며, 모든 위험요소가 동일한 위험성을 가지고 있지 않다. 위험성이 높은 위험요소를 우선적으로 개선해 나가는 것이 높은 수준의 안전관리가 실현된다.

(6) 주의 사항

① FT의 간소화

앞에서 간단히 FTA의 계산방식을 소개하였다. 실제로는 아무리 작은 시스템일지라도 인간의 손으로 계산은 불가능할 정도로 복잡한 계산이 된다. 컴퓨터를 사용하는 프로그래밍 능력이 필요하고 수학적인 지식도 필요하다. 실제 계산은 부울대수(Boolean algebra)의 법칙에 의하여 FT를 간소화한 후 확률 계산을 수행하면 된다.

② 최소 컷세트

최소 컷세트는 정상사상이 발생시키는 필요한 최소한의 사상으로 구성한 집합이다. 모든 기본사상들 중에 몇몇 기본사상이 발생하였을 때, 정상사상을 발생시키는 사상들의 최소 집합이라 정의할 수 있다. 시스템에 존재하는 기본사상으로부터 최종 사상까지의 흐름에 있어서 가장 고장나기 쉬운 것이 어느 것인가를 확인하는 것이 가능해진다. 재해발생확률을 낮추기 위한 효과적이고 경제적인 대책마련이 가능해진다. 가장 고장이 발생하기 쉬운 설비에 대해서 개선을 한다면 효율적으로 고장발생확률을 낮추는 것이 가능하게 된다.

③ 오류의 발생

㈀ 거대화, 복잡화 된 경우 시스템을 잘못 이해하거나 미처 이해하지 못하는 부분들이 발생한다. 인간은 실수를 하는 동물이다. 가급적, 팀원들과의 소통, 꼼꼼히 실시하는 능력이 필요할 것이다. 방대한 시스템의 하나하나의 사상은 중요하다. 기본사상 하나의 잘못된 검토가 정상사상의 확률을 도출하는 데

큰 영향을 미칠 수도 있다.

(ㄴ) 사업장의 안전관리는 나무보다 전체 숲을 보는 시각으로 접근해야 한다. 문제의 근원적 원인은 가까운 데보다는 멀리서 보아 전체적인 흐름을 검토할 때 근원적 원인이 파악된다. 특히 정량분석을 시행하기 위해서는 수많은 생산과 관계된 자료들을 분석하여야 하며, 이들 자료를 컴퓨터에 입력하여 관리하여야 할 것이다. 높은 수준의 자율안전을 위해서는 여러 위험요소의 위험성을 논리적, 체계적으로 분석하여, 예방활동을 전개해야 할 것이다.

(ㄷ) 데이터의 높은 신뢰도가 필요하다. 실제 현장에서 신뢰도가 높지 않은 데이터를 사용하게 되는 경우도 많다. 논리적인 접근과 함께 수학적 해석을 이용하기 때문에 FTA는 객관성의 확보와 함께, 정량화된 결과를 얻을 수 있다는 큰 장점이 있다. 하지만, 이를 위해서는 평가방법에 대하여 쉽지 않은 사전 연구와 방대한 양의 신뢰도가 높은 데이터 확보가 선행되어야 함을 잊지 말아야 한다. 결과물은 대부분, 경영자의 판단자료로 활용되며, 그 숫자의 절대 크기의 의미는 한번 깊이 생각해 보아야 할 것이다.

(ㄹ) 여기서는 각 사상이 서로 독립적이다. 서로 독립적이지 않은 사상들이 존재함을 인식하자. (더 높은 수준의 학습을 원한다면, 예를 들어, 상관관계라는 또 다른 학문을 도전해야 할 것이다.)

(7) 부울대수(Boolean algebra)

① 부울대수 소개

지금부터는 부울대수라는 것을 배워보자. 수학이기도 하고, 전자회로 분야에서 많이 사용하고 있는 내용이다. 전기회로를 공부하지 않은 분은 매우 생소할 것이다. 우리는 전기회로를 공부하는 것이 아니니, 여기서는 기본적인 사항을 학습하면서 부울대수가 무엇인가라는 개념만 이해하자.

일단 부울대수를 소개한다면 다음과 같다.

(ㄱ) 부울대수는 논리적 특성 문제를 고려할 때 사용되는 수학적 기법이다.

(ㄴ) 1 또는 0의 값에 대하여 논리적인 동작 여부(=부울 연산)를 나타낸다.

(ㄷ) 입력에 따라 출력이 나오기도 하고 나오지 않기로 하므로, 입력치에 변화를 나타낸다.

(ㄹ) 논리 연산을 하는 소자를 게이트(Gate)라고 하며 트랜지스터 여러 개를 조합해서 만들 수 있다.

(ㅁ) 부울대수의 법칙은 합은 FT에서 학습한 OR 게이트로 곱은 AND 게이트로

나타낸다.

부울대수에는 몇 가지 연산법칙이 있다. 표에 나타낸다.

▼ 표 부울대수 법칙

항등법칙	$A+0=A$, $A+1=1$	$A \cdot 1=A$, $A \cdot 0=0$
동일법칙	$A+A=A$	$A \cdot A=A$
보원법칙	$A+\overline{A}=1$	$A \cdot \overline{A}=0$
다중부정	$\overline{\overline{A}}=A$, $\overline{\overline{\overline{A}}}=\overline{A}$	
교환법칙	$A+B=B+A$	$A \cdot B=B \cdot A$
결합법칙	$A+(B+C)=(A+B)+C$	$A \cdot (B \cdot C)=(A \cdot B) \cdot C$
분배법칙	$A \cdot (B+C)=AB+AC$	$A+B \cdot C=(A+B) \cdot (A+C)$
흡수법칙	$A+A \cdot B=A$	$A \cdot (A+B)=A$
드모르간의 정리	$\overline{A+B}=\overline{A} \cdot \overline{B}$	$\overline{A \cdot B}=\overline{A}+\overline{B}$

표를 보고 외운다면 많은 부담이 될 것이다. 하지만, 개념을 안다면, 당연하게 된다. 자 그럼, 슬슬 시작해 보자.

② 부울대수 이해

집에서 편안히 누워 텔레비전(TV)을 본다고 생각해 보자. 인간은 소파에 앉아 있고, TV는 몇 미터 떨어져 있다. TV를 보기 위해서 우리는 먼저 리모컨을 찾을 것이다. 리모컨 스위치를 누르면, TV가 켜질 것이다. 하지만, 가끔은 리모컨 스위치를 눌러도 켜지지 않은 경우도 있을 것이다. 스위치가 고장이 나는 경우가 있다. 그러면 우리는 몇 미터 떨어진 TV까지 이동하여, TV 전원 스위치를 누를 것이다. 역시, TV 스위치 또한 접촉불량일 수도 있다. 중요한 것은 둘 중에 하나만이라도 제대로 작동한다면, TV가 켜진다. 앞에서 학습한 OR 개념이 된다.

인간과 TV와의 관계를 다음 그림과 같이 나타낼 수 있다.

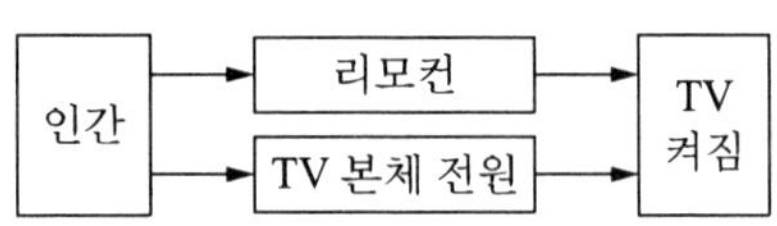

▲ 그림 인간과 TV와의 소통

여기서, 인간이 TV를 보고 싶다는 생각을 입력이라고 하고, TV가 켜진다는 것을 출력이라고 하자. 리모컨 스위치를 변수 A로 하고 TV 본체 스위치를 변수 B

라고 하자. 입력과 출력의 모식도는 다음과 같다.

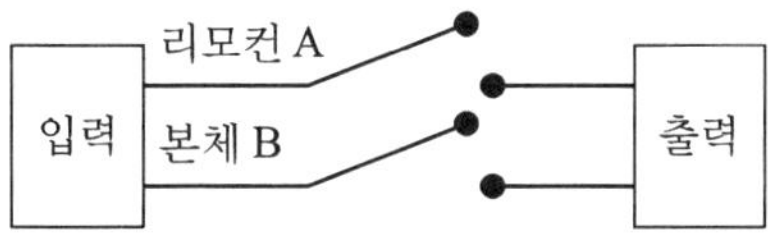

▲ 그림 입력과 출력의 모식도 1

리모컨이 정상적으로 작동하면 A=1이 되고, 여러 이유로 인해 리모컨이 작동하지 않으면, A=0이 된다. 같은 식으로 본체 전원이 작동하면 B=1이 되고, 작동하지 않으면, B=2가 된다. 이상을 그림으로 나타내면 다음과 같다.

그럼, 각각의 경우에 따라서, 다음과 같이 부울대수로 나타낼 수 있다.

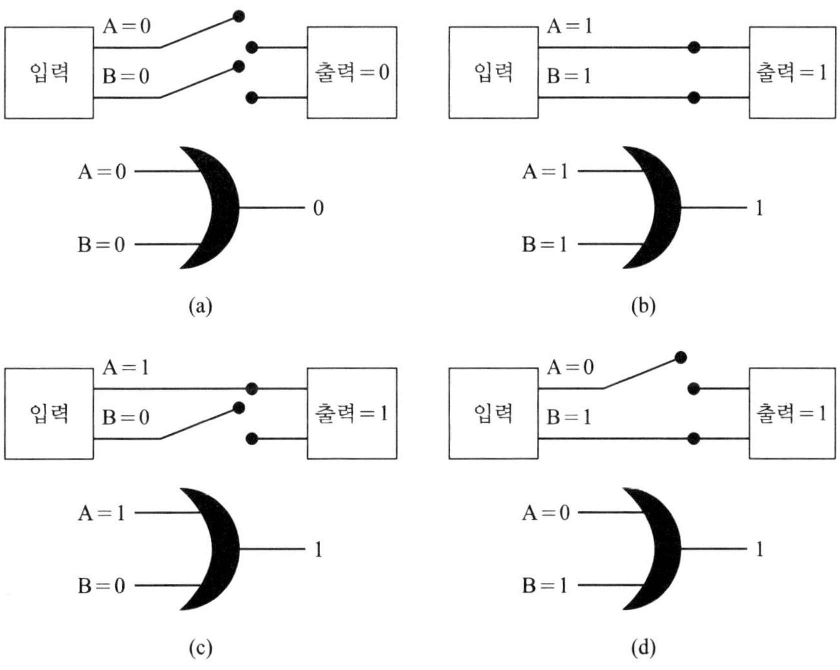

▲ 그림 입력과 출력에 따른 부울대수 I

그림 (a)는 리모컨이 접촉불량이고, TV 스위치도 접촉불량이 되어 있는 것이다. 연산으로는 0+0=0이 된다.

그림 (b)는 리모컨이 정상작동하고, TV 스위치도 정상작동이 된다. 연산은 1+1=1이 된다.

그림 (c)는 리모컨이 정상작동하고, TV 스위치가 불량이 된다. 연산은 1+0=1

이 된다.

그림 (d)는 리모컨이 정상작동하고, TV 스위치가 정상작동이 된다. 연산은 0 + 1 = 1이 된다.

이제는 표의 법칙을 이해해 보자. 『A + 0 = A』의 의미는 그림 (a)와 (c)를 보면서 이해하면 될 것이다. TV 본체 스위치가 불량이라는 사실이 확실하다면, TV를 볼 수 있는 것은 리모컨의 정상인지 아닌지에 의해 결정된다. 리모컨 스위치가 작동한다면 그림 (c)와 같이 되며, 만약에 리모컨 스위치가 작동하지 않는다면, (a)와 같이 된다는 것을 의미한다. 그럼, 『A + 1 = 1』의 의미는 더 이상 설명하지 않아도 당연하다고 느끼게 될 것이다. 나머지를 여기서 다 설명하기는 힘들다. 차분히 생각해보면 당연하다고 느끼게 될 것이다. 참고로, 『A + A = A』는 동일한 리모컨이 두 개 있다고 생각하면 될 것이고, $\overline{A}$는 A의 반대라는 것을 뜻한다.

이제까지는 덧셈을 이야기했다. 이제는 곱셈을 이해하자. 이번에는 앞 이야기에서 리모컨을 삭제하고, TV 본체만을 생각해보자. TV를 보기 위해 전원 스위치를 누른다. 하지만, 켜지지 않는 경우가 있다. 그러면 우리는 전원 콘센트를 확인할 것이다. 우리가 TV를 보기 위해서는 콘센트에 연결되어 있어야 하고, 전원 스위치가 작동해야만 작동한다. 동시에 두 개 모두가 동시에 작동하고 있어야 한다. 앞에서 설명한 AND 개념이 된다. TV 스위치를 A로 하고, 전원 콘센트를 B라고 하면 다음과 같이 나타낼 수 있다.

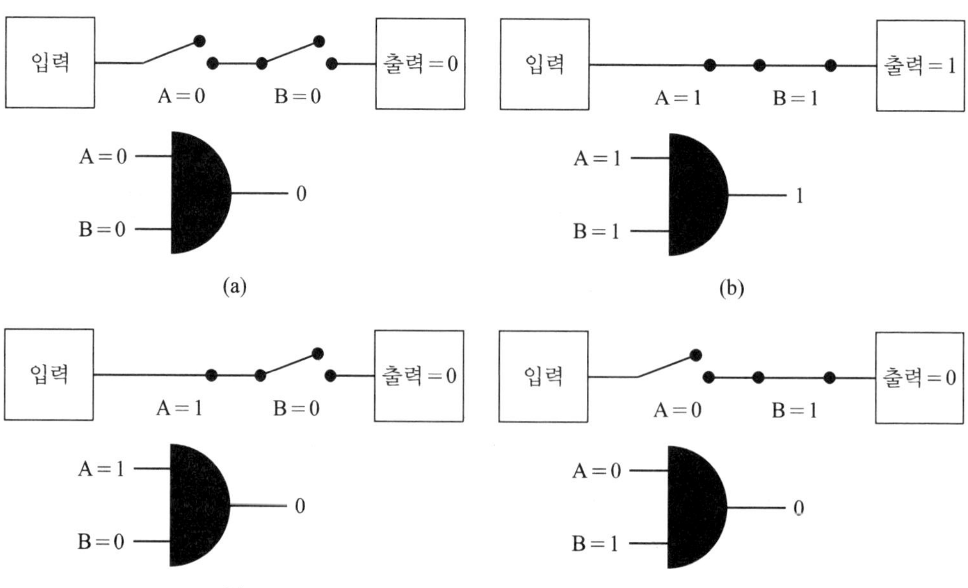

▲ 그림 입력과 출력에 따른 부울대수 II

그림 (a)는 리모컨 스위치가 작동하지 않으며, TV 콘센트도 연결되지 않은 것이다. 연산으로는 0·0=0이 된다.

그림 (b)는 리모컨 스위치가 작동하였으며, TV 콘센트도 연결되어 있다. 연산으로는 1·1=1이 된다.

그림 (c)는 리모컨 스위치가 작동하였으며, TV 콘센트는 연결되지 않은 것이다. 연산으로는 1·0=0이 된다.

그림 (d)는 리모컨 스위치가 작동하지 않으며, TV 콘센트는 연결되지 않은 것이다. 연산으로는 0·1=0이 된다.

나머지는 각자 하나씩 그 의미를 생각해 보길 바란다. 전기 분야에서는 신호라든지 명령체계를 논리적으로 이해하는데 중요한 역할을 하기 때문에 높은 수준의 부울대수까지 공부한다. 그러면, 안전관리에서 이런 것을 왜 공부해야 하는지 의아한 분들이 있을 것이다.

현재 산업은 매우 복잡한 공정을 가지고 있다. 앞으로도 더욱 복잡화 될 것이다. 그러다 보면, 전체를 한꺼번에 다 이해하기가 어려워진다. 그러다보면, 불필요한 부품, 공정이 존재해도 파악하기가 어려워진다. 예를 들어 어떤 시스템에서 부울대수로 표현하다보니 『A+A·B=A』라는 시스템이 발생하였다면, 그 시스템을 단순한 A 하나만이 의미가 있으며, 다른 것은 불필요하다. 간단하게 단순화된다는 것은 안전공학적 측면에서는 근본적인 안전관리에 큰 도움이 되는 것이다.

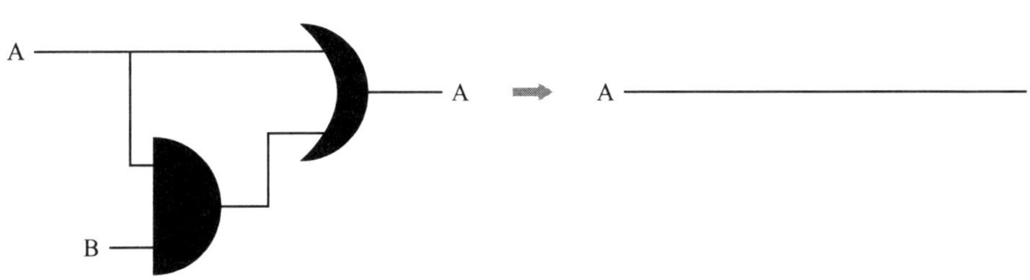

▲ 그림 A+A·B=A

3.8 사건수 분석기법(Event Tree Analysis; ETA)

(1) 역사

만약에 제품을 사용하거나, 공정을 진행하는 중에 발생할 수 있는 여러 가지 상황들을 모두 다 파악할 수 있다면, 재해예방에 큰 도움이 될 것이다. 이런 목적으로 개발된 것이 ETA이다. ETA는 1967년 영국 원자력공사가 실시한 원자력시설의 입지평가를 수행하는 것이 그 기원으로 삼을 수 있다. 1975년에는 미국 원자력규제위원회가 원자로 안전연구를 실시하여, 방대한 FTA 결과를 정리하여 알기 쉽게 표현하기 위한 수단으로 개발하였다. 현재 ETA 기법은 IEC에 의해 국제규격화 되어 다양한 분야에서 사용되고 있다.

용어 정리

① **초기사건(Initiating Event)** : 시스템 또는 기기의 결함, 운전원의 실수 등 원하지 않은 사고가 발생한 것을 말한다.
② **안전요소(Safety Function)** : 초기의 사건이 실제 사건으로 발전되지 않도록 하는 안전장치, 운전원의 조치 등을 말한다.

(2) 개요

ETA는 재해에 해당하는 사상(event)의 나무해석 또는 의사결정 수목(Decision Tree)이라고도 할 수 있다. 단일 현상으로부터 발생할 수 있는 복수의 현상(잠재적인 결과)을 분석하는 수법이다. 재해발생의 초기사건(사상), 촉발사상으로부터 재해가 전개되는 시간적 흐름에 따라 연쇄적으로 발생 가능 현상을 표현하는 귀납적인 분석기법이다.

그림에서 나타나는 것처럼, 왼쪽에 초기사건(발단이 되는 사상)을 출발점으로 하여, 오른쪽에 안전요소와 안전기능의 실패(사고)를 나열한다. 발생하는 상황이 진행되는 것을 막기 위해(재해를 억제하기 위해) 구비한 대책(안전요소)과 함께 이때, 해당 대책이 성공인지 실패인지(=사고)에 따라 그 다음 단계로 진행해 나간다. 초기사건(사상)으로부터 최종상태에 이르기까지 나무의 뿌리에서 가지까지 퍼져 나가는 형태로 논리전개를 그림으로 나타내는 것이다. ET를 사용함에 따라, 기인사상으로부터 각 분기에 있어서의 대책의 성공 및 실패의 확률을 순차적으로 계산해 나가면 최종상태의 발생확률을 정량하는 것이 가능하다.

이상과 같이, ETA는 시스템에서 공정사고가 발생하였을 경우에 실시하여야 하는 운전의 대응 및 안전장치의 작동순서 등을 확인하는 것이 가능하다. 이들의 대응 상태에 따라 발생할 수 있는 사고를 예측할 수 있다. 또한, 각각의 사고결과에 대한 시나리오를 예측할 수 있으며 사고가 발생할 수 있는 확률을 산출하는 것이 가능하다.

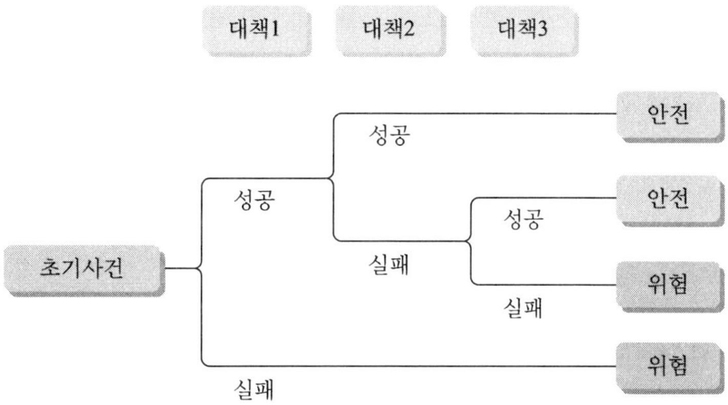

▲ 그림 ET의 개념도

(3) ETA 실행절차

잠재적인 사고결과를 결정하여 사고를 유발하는 유전자의 행동이나 안전 시스템의 대응에 필요한 정보를 제공한다. 나열은 초기사건의 발생에서부터 원인이 되는 사고를 연속적으로 나열하는 귀납적 기법이다.

일반적으로 6단계의 절차로 진행된다.

1단계(발생 가능한 초기사건의 선정) : 초기사건으로는 시스템 또는 운전원이 초기사건에 얼마나 잘 대처하느냐에 따라 결과가 다르게 나타날 수 있는 것을 선정한다.

2단계(초기사건을 완화시킬 수 있는 안전요소 확인) : 초기사건에 의한 영향을 억제할 수 있는 모든 안전요소를 확인하여, 시간적인 작동순서에 따라 나열한다.

3단계(사건수 구성) : ET(도표)를 작성한다. 초기사건과 안전요소를 시간의 흐름에 따라 기입한다. 안전요소의 성공은 위에, 실패는 아래로 분기한다.

4단계(사고결과의 확인) : 안전요소가 성공하였을 경우와 실패하였을 경우에, 하부의 안전요소에 미치는 영향을 고려하여, 분기를 표시하지 않을 수 있다.

5단계(사고결과 상세분석) : 각 사업장의 특성을 고려하여, 발생빈도나 확률을 표시한다.

6단계(결과의 문서화)

(4) ETA 정량적 평가

안전요소의 고장률 및 초기사상의 발생확률에 대한 데이터가 있다면, 각 사고에 의한 결과가 발생할 확률을 정량적으로 분석할 수 있다.

예를 들어 어느 시스템에 1년에 1회이고 필요한 안전기능이 1%의 고장률을 갖는다면 이때의 고장률은 0.01[고장횟수/필요시 고장횟수]이 된다. 안전요소가 정상적으로 기능한 경우에 상단부에, 실패한 경우에 하단부에 각 발생빈도를 기입한다. (초기사상과 안전기능의 곱으로 표기할 수도 있다.)

가스누출사고를 예를 들어 ETA를 작성한 예를 그림에 표시한다. 가스누출을 100년에 한번 발생한다는 통계데이터를 활용하여 시작한다. 누출 시 화재로 이어질 가능성을 0.8로 하였다. 발생하지 않은 경우는 0.2로 하였다. Yes와 No 경우의 합은 1이 되어야 한다. 스프링클러의 신뢰도(고장률로 필요시 작동하지 않은 확률을 고려함)는 0.99이고 그렇지 않은 확률 0.01을 기입한다. 이런 식으로 각 안전요소의 확률을 기입한 후, 최종 결과에 도달하는 빈도를 나타낸다. 피해가 심각한 제어되지 않은 화재가 발생하는 확률은 $0.01 \times 0.8 \times 0.01 \times 0.001 = 8 \times 10 - 8$(8E − 8)이 된다.

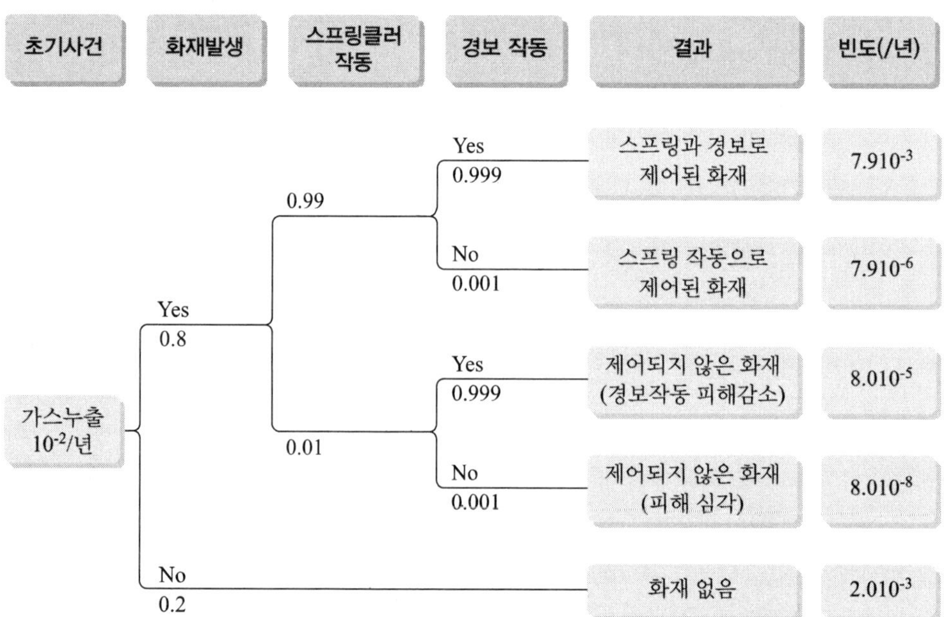

▲ 그림 ETA의 예

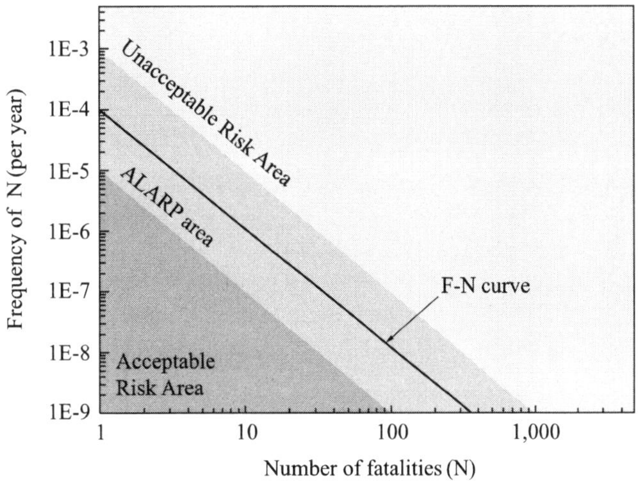

▲ 그림 F-N curve의 예

(5) 위험도 평가 곡선(F-N curve)

ETA를 통하여 발생가능성을 정량적으로 평가하였다. 이때 이런 위험성을 어떻게 우리가 받아들여야 하는 가를 결정해야 한다. 그것은 위험하다고 결정 내려 대책을 세워야 하는지 아니면, 받아들일 수 있는 위험으로 안전으로 결정을 내려야 할지를 판단해야 한다. 정량적인 숫자를 가지고 허용가능한지 허용가능하지 않은지를 판단할 때에 일정한 가이드라인이 필요하다. 이것은 인명의 소중함과 함께 사회적인 경제성도 무시할 수 없기 때문에 국가, 산업 분야 등에 따라 달라질 수 있다. 그 사회가 발전함에 따라, 허용기준은 지속적으로 낮아질 것이다. 이 허용기준을 표시한 것이 F-N curve라는 것이다. 위험도는 일반적으로 해당 위험원으로 인해 사고가 발생하는 빈도와 함께, 발생된 피해가 주변 사람들에게 얼마나 많이 영향을 주는지를 고려하여 결정이 된다. F-N curve의 예를 그림에 나타낸다.

참고로, 영국에서는 주변에 피해를 줄 수 있는 사고는 빈도는 10,000년당 1건 이하로 발생해야 한다고 제안하고 있다.

(6) 원인결과 분석(CCA)기법

원인결과 분석(Cause Consequence Analysis; CCA)이란 FTA 및 ETA를 결합한 것으로, 잠재된 사고의 결과 및 근본적인 원인을 찾아내고, 사고 결과와 원인 사이의 상호관계를 예측하여, 리스크를 정량적으로 평가하는 리스크 평가기법을 말한다.

FTA는 원하지 않는 재해나 사고의 원인을 규명하는 연역적 해석방법이며 ETA (Event Tree Analysis)는 초기사건으로 인하여 어떠한 사고나 재해를 유발시키는 가를 규명하는 귀납적 해석방법이다.

그림에 CCA의 사례를 소개한다. 하단부분은 FTA에 동일하며, 상단부분은 ETA에 해당한다. FTA에서의 정상사상이 발생하는 원인을 찾아냄과 동시에 정상사상이 발생하였을 때 그로 인해 시간 흐름에 따라, 어떤 재해가 발생할지를 도식으로 표시함으로써, 사고 원인부터 재해 영향까지 쉽게 인식할 수 있다. 상세한 내용은 산업안전보건공단의 "원인결과 분석기법에 관한 기술지침"을 참고 바란다.

FTA를 실시할 경우에는 재해발생확률의 예측과 재해발생의 주요 원인 파악하는 것이 주요 목적이므로 단일사고에 대한 것이 대부분이다. 따라서, 예기치 못한 다른 유형의 재해 형태에 대해서는 대처하기에는 부족함이 있을 수 있다. 이상과 같은 이유로, 가능하다면 두 가지 방법을 동시에 실시하는 것이 이상적이다. 그래서 탄생한 것이 원인결과 분석기법이다.

FTA의 결과해석을 통하여 재해 발생의 주요 원인을 파악한 후에 ETA를 실시하여 이 원인들이 다른 종류의 사고를 유발시키지 않는 가를 검증할 필요가 있다. 만약, ETA를 먼저 실시한다면, ETA를 통하여 어떠한 사고가 발생할 수 있는지 평가를 한 후, 가능성이 높다고 판단되는 예측된 사고결과에 대하여 FTA를 실시하는 것이 바람직하다.

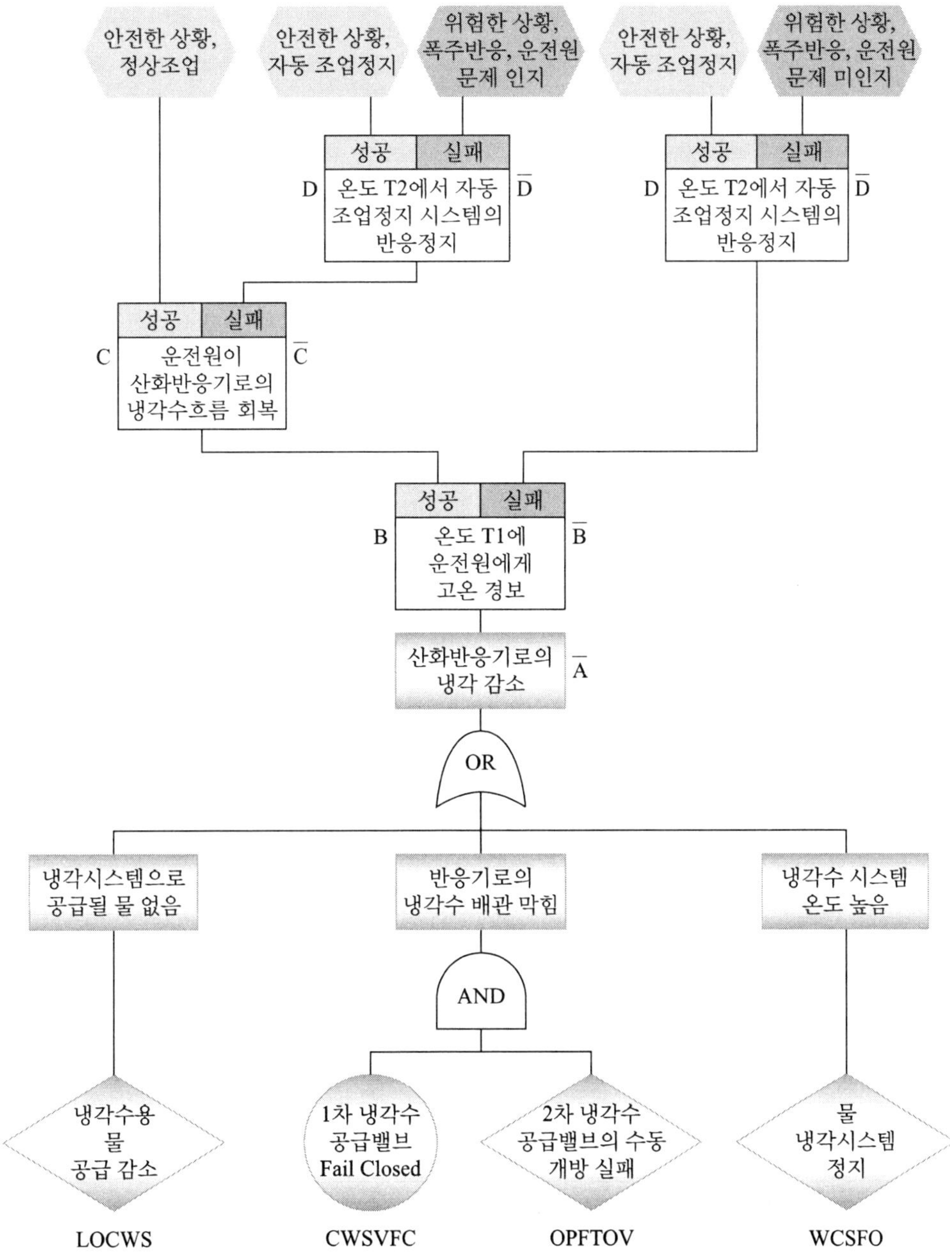

▲ 그림 산화반응기의 냉각 감소에 대한 원인결과 선도(KOSHA GUIDE X-43-2011)

(7) 소방 분야에서 고려해야 할 사항

마지막으로 사고로 인하여 발생한 결과에 대한 분석 또한 필요함을 인식하여야 한다. 예를 들어 유해물질(Hazardous material)이 대기 중으로 방출될 경우에 예상되는 피해 유형 및 크기를 산출하여 인체나 동식물에게 미치는 영향력을 산정하는 것 또한 중요하다. 위험물질이라면 화재 폭발에 의해 주변에 미치는 피해를 산정할 필요가 있을 것이다.

화재로 인한 복사열, 폭발로 인한 폭풍압, 독극물의 누출에 인한 유독수준 등은 사고 발생 후 주변의 피해를 줄이기 위해서는 그 예측이 매우 중요하다 할 수 있다. 알려진 영향 모델을 사용하여 누출된 유해·위험물질에 대한 화재, 폭발, 독성 위험에 대한 영향 평가하여야 한다.

비록 아직도 부족한 부분이 많지만, 유해·위험물질의 누출에 대한 피해범위 및 인명피해의 범위를 산출하기 위한 연구는 많이 진행되어 왔다.

① 누출 모델로는 독성 물질의 누출이 발생할 경우 독성 물질의 누출속도, 총 누출량, 누출시간 등이 피해 산정 시 계산되어야 한다.

② 확산 모델은 유해·위험물질의 누출에 의한 피해 거리와 그에 따른 위험수준을 계산해야 한다.

③ 화재 모델은 화재 유형에 따라 필요한 결과와 화재에 의한 거리별 복사열이 산출되어야 한다.

④ 폭발 모델은 폭발 유형에 따라 거리별 과압이 산출되어야 한다.

⑤ 영향 모델은 누출된 유해·위험물질에 대한 화재, 폭발, 독성 유해·위험에 대한 총 체적 영향을 평가하는 모델이 된다.

- 우리가 쉽게 접할 수 있는 ALOHA 소프트웨어를 소개한다. 사고영향분석과 피해예측이 가능한 소프트웨어이다. 미국 환경부에서 개발하여, 무상으로 인터넷에 공개되어 있다. 관심 있는 분은 한번쯤 도전해 보길 바란다.
  https://www.epa.gov/cameo/aloha-software
  독성 물질의 누출에 의해 피해범위, 가연성 가스의 누출에 의한 화재/폭발로 인한 피해범위를 예측할 수 있다.

04 사고 분석기법

4.1 사고 분석기법의 종류

위험성 평가는 사고발생을 억제하기 위하여, 사용되어 왔다. 하지만, 하인리히가 언급한 Acts of Gods에 따라 재해는 발생한다.

여기서는 재해의 발생으로부터 무엇이 문제였는지 알아가기 위한 합리적인 방법을 소개한다. Acts of Gods에 의한 재해는 누군가가 거대한 대가를 치러 후세에 새로운 지식을 제공하는 소중한 경험이 된다. 동종 재해 발생 방지를 위하여 원인을 도출하는 방법으로 사고 분석기법이라는 것이 있다.

사고 분석기법은 재해가 발생하였을 때, 그 원인을 찾아내는 합리적인 방법을 소개하고 있다. 앞장에서 위험성 평가를 통해서 위험요소를 찾아냄과 동시에 효율적인 대책을 마련하는 방법 등을 학습하였다. 위험성 평가는 사고 발생 이전에 잠재된 위험을 찾아 제거하는 것에 목적을 두는 사전대책이다. 이에 비해, 사고 분석기법은 재해가 발생한 후에 동종재해 발생을 억제하기 위해, 재해의 원인이 무엇인지를 찾아내는 것에 목적을 두는 사후대책이 된다.

▼ 표 위험성 평가와 사고 분석기법의 특징

	위험성 평가	사고 분석기법
목적	사고방지를 위해 잠재된 위험요소 발굴	재해발생 후 근본원인을 발굴
대책	위험요소 제거	동종 재해 발생 억제
대상	신규 물질·공정을 대상	기존 물질·공정을 대상
시기	재해발생 전에 실시하는 사전대책	재해발생 후에 실시하는 사후대책

사고 분석기법은 교통사고, 화재사고, 산업재해, 공정사고 등 조사대상이나 목적에 따라서 많은 기법들이 소개되고 있다. 여기서는 화재사고와 산업재해조사 시 많이 사용되는 5WHY 기법, Fishbone 기법 그리고 근본원인 분석기법(RCA)을 고찰하였다.

4.2 Why-Why 기법(5WHY 기법)

Why-Why 기법은 5WHY 기법으로도 불리며 문제의 근본원인을 파악하기 위한 효과적인 기법 중에 하나이다. 단순하고 빠르게 결론에 도달할 수 있어 누구나 쉽게 적용이 가능하다는 장점이 있다. 모든 사고는 하나의 큰 원인에 의해 발생하고 그 원인은 또 다른 사고발생의 원인이 존재한다는 전제하에 대체로 5번 정도의 질문으로 근본원인을 찾아가는 기법이다.

실시 순서는 다음과 같다.

첫째, 문제의 현상을 기술한다.

둘째, "왜?"라는 질문을 하고 답을 찾는다.

셋째, 찾은 답에 대해 또다시 "왜?"라는 질문을 하여 답을 찾는다. 이 과정을 5번 실시한다.

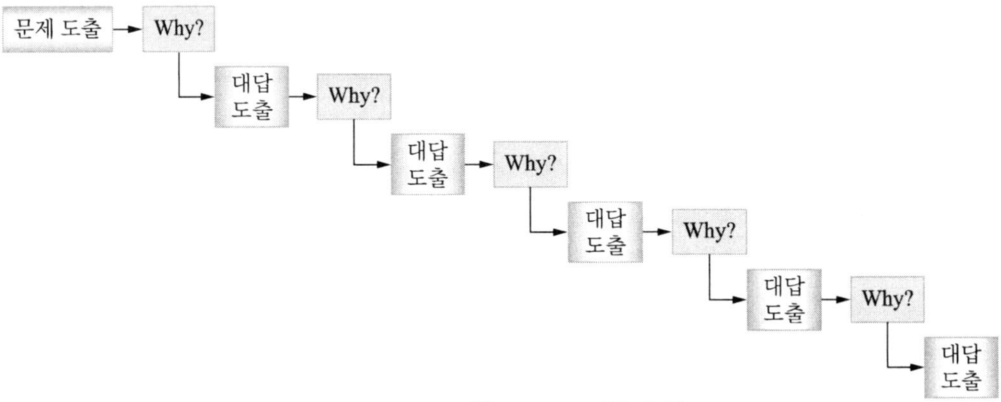

▲ 그림 5WHY 기법 흐름

그럼 간단한 예를 생각해 보자.

학생이 학교 수업에 지각을 하였다. 선생님은 물었다. ① "왜? 지각을 했니?"라고 묻는다. 학생은 답한다. 버스, 전철을 놓쳤다고 이야기한다. 선생님은 또다시 묻는다. ② "왜? 버스, 전철을 놓쳤니?"라고 묻는다. 학생은 답한다. 집에서 늦게 출발했다고 한다. 선생님은 다시 묻는다. ③ "왜? 늦게 집을 나왔니?"라고 묻는다. 학생은 답한다. 평소보다 늦게 일어났다고 한다. ④ "왜? 평소보다 늦게 일어났니?"라고 묻는다. 학생은 어제 늦게 잠을 잤다고 이야기한다. ⑤ "왜? 평소보다 늦게 잠자리에 들어갔니?"라고 묻는다. 학생의 대답은 새벽까지 게임을 했다고 한다.

다음부터 학생이 지각하지 않기 위해서, 좋은 선생님은 "일찍 와라"라고 이야기하는 것이 아니라, "나음부터는 늦게까지 게임하지 말이리"라고 이야기 할 것이다.

문제를 해결하기 위해서는 원인을 찾아야 한다. 단순히 눈에 보이는 현상을 규정과 억압으로 해결하려 해서는 안 된다. 그 근본원인을 찾아 해결해야 한다.

또한, 만약 5WHY가 아니라 3WAY로 했다면, 원인은 늦게 일어난 것이라고 판단하여, 자명종과 같은 알람에 대한 대책이 될 것이다. 어느 정도 대책이 될 수는 있다. 하지만, 새벽까지 게임을 한다면, 알람 기능도 의미를 잃게 될 것이다.

이런 분석이 끝나면 다음과 같은 결과물을 만들 수 있다.

▼ 표 5WHY 기법 적용 예

번호	왜?	원인	대책
1WAY	지각 이유는?	버스/전철을 놓침	
2WAY	버스/전철을 놓친 이유는?	집에서 늦게 나옴	
3WAY	늦게 집을 나온 이유는?	아침에 늦게 일어남	자명종 알람 설정
4WAY	늦게 일어난 이유는?	어제 늦게 잠을 잠	
5WAY	어제 늦게 잠을 잤다.	새벽까지 게임을 함	12시 이후 게임 금지

이번에는 산업현장에 발생한 재해를 생각해보자. 근로자가 높은 곳에서 작업하다가 작업발판에서 떨어져 사망한다는 재해를 생각해보자. 문제는 작업발판에서 떨어졌다는 직접적인 원인을 문제로 설정하여, 5WHY 기법을 활용한 분석 사례를 다음과 같이 나타내었다.

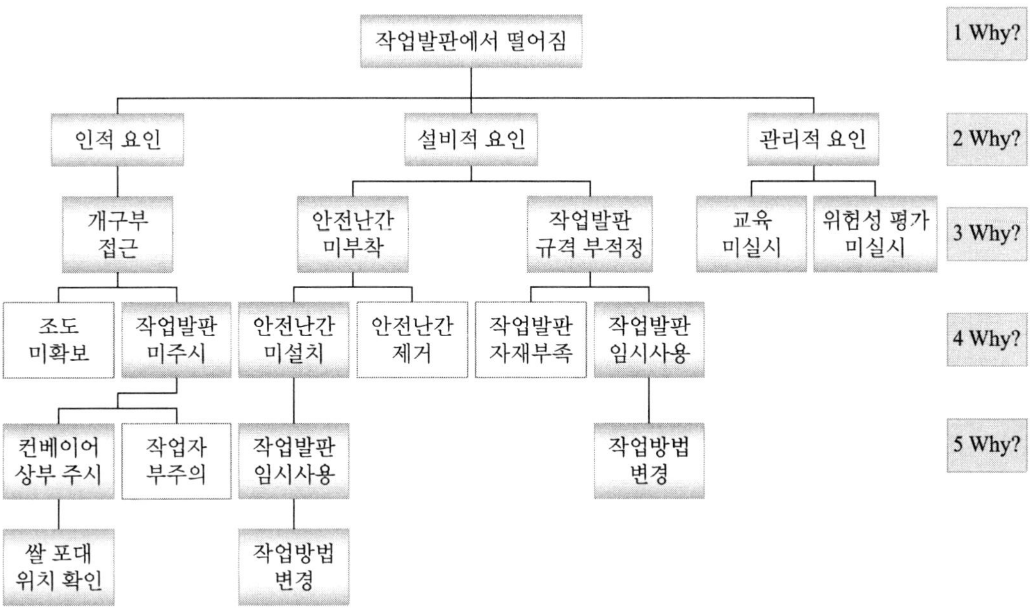

▲ 그림 5WHY 기법의 적용 사례(안전보건공단)

사고의 원인은 여러 가지가 있을 수 있다. 일단은 생각할 수 있는 모든 원인을 찾아 내어야 효율적인 안전대책을 강구할 수 있다. 이렇게 쉽게 간단히 원인을 찾아낼 수 있는 장점이 있는 반면, 5WHY 기법은 복잡한 시스템 및 공정에서는 여러 원인이 복잡하게 작용하기 때문에 적용에 한계가 있다. 질문이 누락되거나, 원인을 찾을 때 판단의 착오가 있을 수 있기 때문에, 근본적인 원인 파악에 어려움이 발생한다.

4.3 어골도(피시본다이어그램, Fishbone Diagram) 기법

어골도 기법은 문제의 특성과 요인의 관계를 계통적으로 선으로 묶어서 그림으로 나타낸다. 물고기의 뼈와 닮았다고 하여 어골도라는 이름이 붙었다. 1956년 일본 이시가와 교수에 의해 처음으로 제안되어, 품질관리 분야에서 많이 사용되어 오다가 최근에 안전관리 분야에서도 적용되고 있다.

사고발생은 여러 가지 요인이 동시에 작용되어진 결과라는 것을 전제하고 있으며, 그것들의 인과관계를 연결하여 사고원인을 귀납적으로 추론하는 기법이다. 단순한 원인이 아닌 여러 가지 원인이 복합되어진 사고 발생 시의 원인분석에 유용한 기법이다.

국내에서는 '어골도', '피시본다이어그램' 등으로 사용되고 있지만, 이시가와 교수는 이것을 특성요인도라고 칭하고 있다. 특성(effect)이란 우리가 원하지 않는 현상으로 사고나 재해에 해당된다. 요인(factor)은 특성에 영향을 미친다고 생각되어지는 관리대상이 된다. 원인(cause)은 문제발생에 직접 관련된 결과를 초래한 요인이 된다. 원인은 많은 경우에 적절한 관리가 필요하다. 그 관리가 부적절한 경우에 우리가 원하지 않는 현상이 발생한다. 또한 원인과 이유의 차이는 전자는 객관적인 인과관계를 가지고 있지만, 후자는 판단과 행위의 근거를 나타내는 것이다.

(예; A가 원인이 되어, B라는 결과가 발생하였다. 이런 판단의 이유는 C이다.)

어골도 기법은 예방 목적으로도 사용될 수 있다. 가정된 사고 현상과 관련된 필요한 사항을 모두 나열하는 것이다. 현재 가지고 있는 지식, 경험, 이론을 총동원하여 생각되어진 사항을 모두 나열하여, 대책을 강구하는 것이다.

아래 그림을 보면서 이해를 시작하자.

우리가 원하지 않은 사상(사고, 결과현상)을 머리 부분에 적어둔다. 왼쪽에서 우측으로 향하는 일직선의 두꺼운 선이 있다. 이것이 물고기의 메인의 뼈가 된다. 메인 뼈 옆으로 잔뼈도 그려준다.

각각의 잔뼈에 결과를 초래한 가능성이 있는 요인을 기입한다. 예를 들어, 4M(Man,

Machine, Management, Media)을 통해 원인을 찾는 것도 하나의 방법이다. 다음으로 4M에 더 작은 잔뼈를 기입한다. 예를 들어 Man에 인간이 잘못하여 실수로 밸브를 작동시켰을 수도 있고, 근로자가 밸브의 사용법을 모르고 있는 경우도 있다. 이러한 내용을 작은 잔뼈에 기입해 나간다. 물론, 잘못하여 실수로 밸브를 작동시켰다면, 그 원인을 더 작은 뼈를 그리고, 그 원인을 기입해 나가는 것도 가능하다. 이렇게 하나씩 관련된 모든 요인들을 기입해 나가면 된다.

어골도의 장점으로는 이런 과정을 진행하다보면 보이는 것만이 아닌 보이지 않은 것까지도 찾아낼 수 있게 된다.

어골도의 장점은

① 원인을 찾을 때, 선입관에 배제할 수 있다.
② 문제 해결의 방법론이 합리적이다.
③ 관련 정보를 습득함으로써, 추후 올바른 작업에 도움이 된다. 작업매뉴얼 작성에도 도움이 된다.
④ 시각화됨으로써, 문제인식을 공유할 수 있다.

무엇보다 어골도는 인간의 주관적 견해를 가능한 한 배제하여, 합리적이고 논리적인 사고원인 분석방법이 된다.

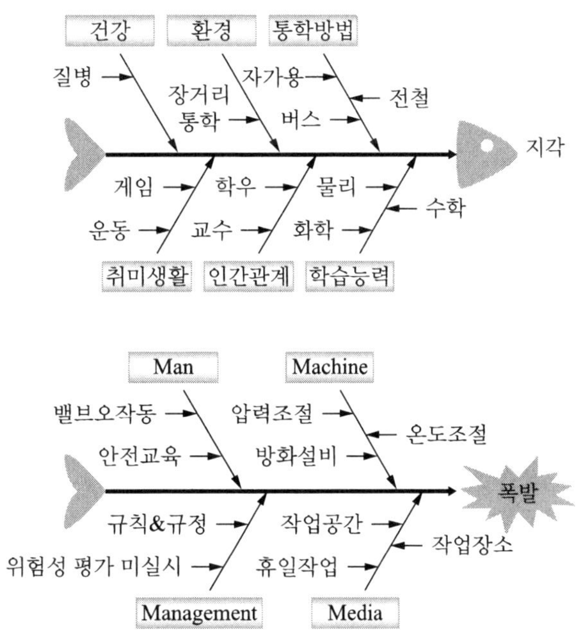

▲ 그림 어골도 기법 예

4.4 근본원인 분석기법(Root Cause Analysis; RCA)

사고의 근본원인 분석기법(Root Cause Analysis)은 사고가 발생한 상황과 가시적인 원인을 조직과 직무를 중심으로 체계적으로 분석함으로써 근본적인 원인을 파악하고 대책을 제시하기 위해 고안된 사고원인 분석기법이다. 원래 RCA는 품질관리에서 불량품의 근본원인을 파악하기 위해 고안되었으나 점차 적용범위를 넓혀 안전사고에 대해서도 적용하게 되었다. 한국산업안전보건공단에서는 미국화학공정안전센터(CCPS)[4]의 휴먼에러 예방 가이드라인과 영국화학공학회(IChemE)의 인간행동과 휴먼에러 등 외국자료와 공정사고조사 지침 등을 참고하여 사고의 근본원인 분석기법에 관한 기술지침을 제정하였다.

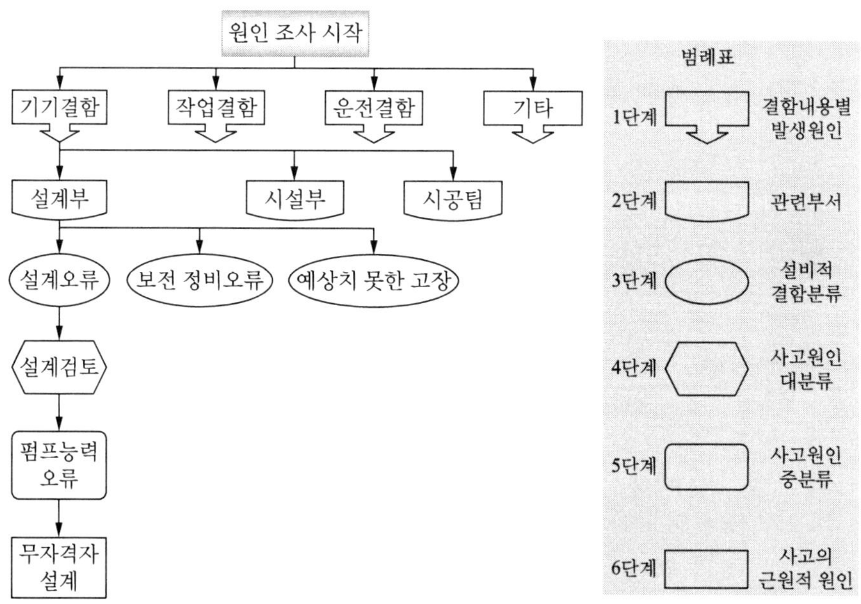

▲ 그림 RCA 흐름도(KOSHA Guide P-151-2016 참조)

사고의 근본원인 분석은 우선 대상사고가 발생한 설비적, 관리적 결함을 도출하는 것에서 시작된다. 도출된 설비적, 관리적 결함은 RCA를 수행하는 재료가 되므로 전술한 사고 분석기법들의 개념을 적용하여 세밀히 조사한다.

4) 미국 AIChE(American Institute of Chemical Engineers, 미국 화학공학회)내 비영리 회원 단체이며 석유산업에서의 공정안전문제를 해결하기 위해 설립되었다. 화학산업, 정부기관, 컨설턴트, 학회 및 보험 회사들 간에 기술 정보를 제공하고 있다.

① 첫 번째 단계에서는 각각의 원인별 종류에 대한 분류이다. 이 단계를 통해 운전 상황에 의한 원인, 기술적인 원인, 기기 자체의 원인, 설비 유지관리적인 원인, 사용물질에 의한 원인, 천재지변에 의한 원인 등으로 분류된다.

② 두 번째 단계에서는 사업장의 조직에 따른 분류로 각 부서의 역할을 참조하여 사고관련 부서를 선정한다.

③ 세 번째 단계에서는 설비에 의한 원인을 추정하는 단계이다. 반복되는 고장, 비예측 고장, 설계의 결함, 예방보전과 정비 등으로 분류된다.

④ 네 번째 단계에서는 사고의 원인을 커다란 카테고리로 분류하는 단계이다. 앞서 제시된 원인들을 구체적으로 분류하는 단계로 관리적 사항, 설계에 대한 사항, 설계의 검토에 대한 사항, 예방·예측 정비와 보전에 대한 사항, 작업절차서 등으로 분류된다.

⑤ 다섯 번째 단계는 네 번째 단계에서 분류된 원인을 더 세분하여 분류한다. 중간 정도 규모의 분류단계로 설계 시 부적절한 사양, 설계검토 인력 부적합, 예방정비 누락 등으로 좀 더 구체적으로 분류하고 기술한다.

⑥ 마지막 여섯 번째 단계는 사고가 발생한 근본원인을 도출하여 분류하는 단계이다. 이전 단계에서 제시된 원인들을 가장 구체적으로 기술하여 근본원인을 도출하는 단계이다. 압력에 관한 설계검토 부적절, 설계검토 인력의 전문분야 불일치, 정비주기 미준수로 마멸발생 등 근본원인을 파악할 수 있도록 기술한다.

결과물로는 다음과 같은 표가 완성이 된다.

▼ 표 RCA 분석 결과 보고서

원인인자	RCA 경로	개선책
① A밸브 대신 B밸브 개방 (가연성 예혼합기 형성)	• 작업방법 미숙지 • 위험성 평가 미실시	• 밸브 표시 • 위험성 평가 실시 관리 • JSA 교육
① 전선 노후화로 절연파괴 (스파크 발생, 점화원)	• 설비 유지보수 관리 • 전기 사용량 급증	• 노후화 전선 교체 • 전기 사용제품 사양 관리

사고조사의 의미

우리나라는 재해가 발생할 때마다, 재발방지를 위하여, 근본원인 발굴과 대책을 마련하고 있다. 하지만, 위에서 본 3가지 방법 모두 완벽한 방법은 없다. 대상에 따라 선택하는 방법이 다를 수 있다. 각각의 고유의 문제점을 충분히 인식하여야 한다. 쉬워 보이지만, 오류가 없는 신뢰성 높은 사고조사분석은 매우 어렵다.

조사를 위하여 팀원을 구성하는 것부터, 논리적인 전개, 많은 관계자와의 소통 등은 말로는 쉽게 할 수 있으나 실시에는 많은 끈기가 필요한 작업이다. 정확한 근본원인 발굴만이 재발을 막을 수 있다. 산업현장에서 동일한 재해가 지속적으로 발생하고 있음은 참으로 안타까운 현실이다.

4

공정안전관리

01 산업안전의 현황

우리나라의 지난 시간동안의 산업을 돌이켜 본다. 1948년 6·25에 시작된 전쟁으로 인해, 3년 동안의 시간이 경과 후 우리나라는 황무지가 되었고, 산업은 거의 존재하지 않은 상태가 되었다. 제로에서부터 시작된 우리나라 산업은 1960년대까지 이렇다 할 성과 없이, 너무나도 힘들고 배고픈 시간을 보냈다. 1970년대가 되어서야 겨우 산업이 살아나기 시작하였다. 1970년대는 산업이 살아나는 것이 급하였기 때문에, 산업현장에 안전이라는 단어가 거의 존재하지 않았다. 근로자의 노동현장은 상상하기 힘들 정도로 열악하였다. 1980년대에 들어 산업안전이 사회적 이슈가 되었고, 1987년대 한국산업안전공단법이 제정되어 한국산업안전공단(현, 한국산업안전보건공단)이 창립되었다. 우리나라의 재해통계 데이터가 처음으로 수집된 것도 이때부터이다. 그전에는 근로자의 재해는 많은 사람들의 관심 밖에 있었다.

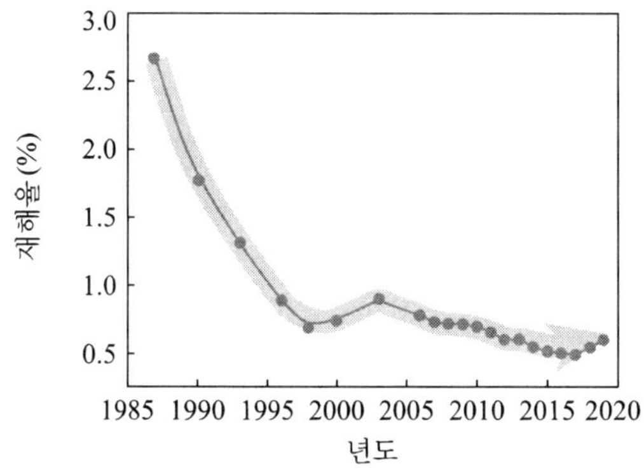

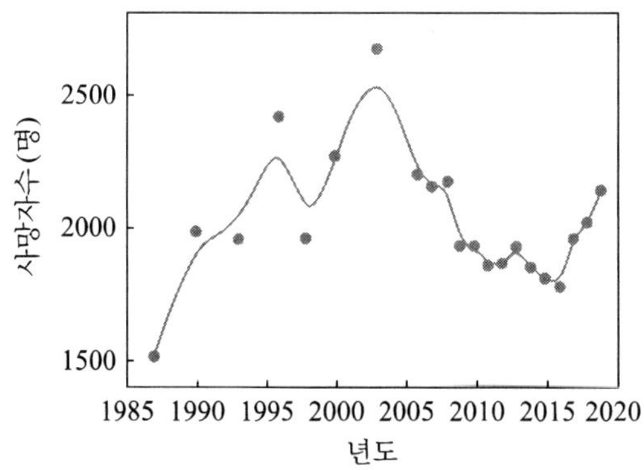

▲ 그림 재해율과 사망자수

그림에 지난 시간동안의 산업재해율과 근로자의 사망자수를 나타낸다. 산업안전을 시작한 1987년부터 1995년까지 많은 사람들의 노력으로 급격히 재해율이 떨어진 것이 확인된다. 하지만, 1995년 현재까지 크게 재해율이 감소하고 있다고는 말하기는 어렵다. 왜일까? 한번쯤은 같이 생각해 보아야 할 것이다. 1995년부터 지금까지, 서울 삼풍백화점 붕괴(1995년, 사망자 약 500명), 대구 지하철화재(2003년, 사망자 약 200명), 구미 가스누출사고(2012년, 특별재난지역선포), 세월호 침몰(2014년, 사망자 약 300명) 등으로 우리가 도저히 받아들일 수 없는 대형재난이 그것도 자연재해가 아닌 인적재해(=사회재난)가 발생하고 있다. 대형재난에도 불구하고, 대한민국 산업은 지속적인 발전을 거듭해오고 있다.

지난 시간동안, 대형재난에 발맞추어, 안전에 관한 높은 관심으로 인해, 수많은 법령을 제정·개정하였고, 많은 사회적 시스템을 변경하였고, 그와 더불어 막대한 경제적인 투자를 지속해 왔다. 그 중 가장 큰 특징은 산업안전보건법을 제정하여 사업주에게 안전보건에 관하여 책임을 부과하여, 자율안전의 형태로 산업재해를 예방토록 하였다. 또한, 90년대 후반부터는 안전보건경영체계와 공정안전관리체계 등 선진적인 안전관리기법을 사업장에 적용하도록 하였다. 이러한 노력의 결과 일부 대기업에서는 성숙된 안전관리가 정착하였고, 조금씩 재해율도 감소하는 경향을 나타내고 있다. 하지만, 아직도 대다수의 중소기업의 사업장에서는 안전관리가 잘 진행되고 있다고 말하기는 어렵다.

안전관리는 사업장에서 존재하는 위험요소를 관리한다는 목표를 향하여, 사업주가 책임을 지고 방향을 제시하고, 현장의 근로자가 적극적으로 동참해 주어야 비로써 높은 수준의 안전을 확보할 수 있다. 사업장 내에 존재하는 위험요소는 사업장 관계자가 가장 잘 알고 있다. 따라서, 사업장 자체에서 위험요소를 찾아내어 개선하고 관리해야 한다는 자율안전이 필수적이다. 아무리 전문가라도 외부 인력은 위험을 찾이서 개선하는 데 한계가 있을 수밖에 없고 지속적으로 개선·관리에 한계가 있을 수밖에 없다.

본 chapter에서는 사업장에서 자율안전을 수행하는데 주심이 되는 사업주를 위하여 안전보건경영체계와 실제 근로자의 참여가 중요시되는 공정안전관리체계를 소개한다.

02 사업장 자율 안전보건경영체계

2.1 도입배경

자율 안전보건경영시스템의 법적 근거는 산업안전보건법 제4조(정부의 책무)에 근거하고 있다. 이 제도는 사업장의 안전보건경영을 체계적으로 수행하는 일종의 관리적 기법으로, 세계 선진 각 국에서 도입되어 운영되고 있다. 현재 국내에 도입된 안전보건경영시스템은 한국산업안전보건공단의 KOSHA-MS이다. 근거는 국제인증기관의 연합체에서 인증하는 ISO 45001에서 가져왔다.

안전보건경영시스템은 국내·외의 안전관련 요구에 의해서 국내 도입이 추진되었다. 국내 요인으로는 1995년 기업 활동 규제완화에 관한 특별조치법 등에 의해 안전관련 규제가 완화되어 사업장에서 자율적으로 안전보건활동을 수행하도록 유도해야 할 필요성이 증대되었다는 점이고, 국외적인 요인으로는 국제노동기구 즉, ILO에서 안전보건경영체제에 관한 지침의 마련과 도입을 권고한 것이다. 우리나라는 한국산업안전보건공단에서 영국의 BS8800을 기본으로 산업안전보건법을 개정하여 1999년에 한국형 사업장 자율 안전보건경영체계(KOSHA 18001)를 도입하였다가 폐기되어, 현재는 KOSHA-MS가 되었다.

2.2 안전보건경영시스템의 개념 및 구성

안전보건경영시스템은 사업주가 중심이 되어 안전보건에 관한 정책을 기업의 경영방침에 반영하고, 정책을 수행하는 과정에서 각종 지침 및 매뉴얼 등을 작성하여, 이를 계획하여 적용하고, 적용 결과에 대해서 자체평가를 실시한 후 필요에 따라 개선해 나가는 자율안전활동을 촉진하는 시스템이다.

사업주는 자율안전의 활동내용을 인증을 받기 위해, 인정기관(예; 산업안전보건공단)에 신청하여, 심사를 통해, 일정 수준 이상인 사업장에 대해 KOSHA-MS 인증서를 수여하는 시스템이다. 사업장의 안전보건경영체제 구축을 통해 높은 수준의 안전관리를 수행하는 것이 가능해진다. 앞 chapter에서 PDCA 사이클을 학습하였다. 자율 안전보건경영시스템은 PCDCA에 따라, 각 활동내용이 구분되어진다. 그림에 안전보건경영시스템의 개념도를 나타낸다.

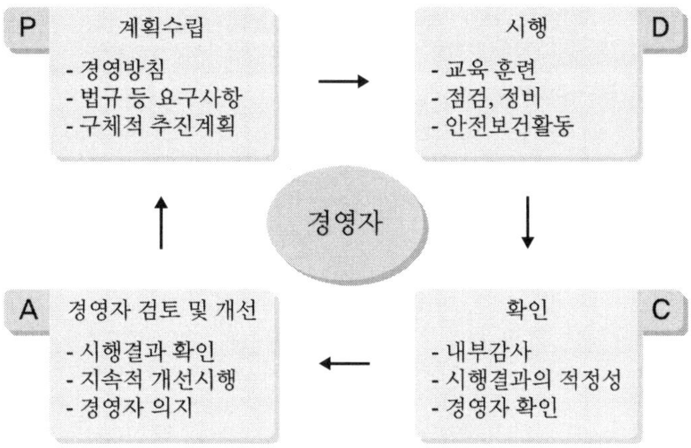

▲ 그림 **안전보건경영시스템의 개념도**

안전보건경영시스템의 내용을 계획(P), 시행(D), 확인(C), 개선(A)인 각 항목에 따라 표로 나타내면 다음과 같다. (여기서는 일부러 KOSHA-MS의 원형인 KOSHA 18001과 ISO 45001의 원형인 OHSAS 18001과를 비교한다.) 국내인증과 국제인증의 내용을 거의 동일함을 알 수 있다.

▼ 표 **안전보건경영시스템의 구성 체계**

단계	국내인증		국제인증	
	KOSHA 18001		OHSAS 18001	
	항	내용	항	내용
일반 사항	1	적용범위	1	적용범위
	2	참조규격	2	인용문헌
	3	용어정의	3	용어정의
	4	인증기준	4	인증기준
P	4.1	일반원칙	4.1	일반요구사항
	4.2	방침	4.2	방침
	4.3	계획수립	4.3	기획
	4.3.1	위험성 평가	4.3.1	위험파악
	4.3.2	법규 등 검토	4.3.2	법규 및 요구사항
	4.3.3	목표	4.3.3	목표 및 추진계획
	4.3.4	안전보건활동 추진계획	4.3.4	-

▼ 표 (계속)

단계	국내인증		국제인증	
	KOSHA 18001		OHSAS 18001	
	항	내용	항	내용
D	4.4	실행 및 운영	4.4	실행 및 운영
	4.4.1	구조 및 책임	4.4.1	자원 역할 책임 권한
	4.4.2	교육, 훈련 및 자격	4.4.2	적격성 교육 훈련
	4.4.3	의사소통 및 정보제공	4.4.3	의사소통 참여 협의
	4.4.4	문서화	4.4.4	문서화
	4.4.5	문서관리	4.4.5	문서관리
	4.4.6	운영관리	4.4.6	운영관리
	4.4.7	비상사태 대비 및 대응	4.4.7	비상사태 대비 및 대응
C	4.5	점검 및 시정조치	4.5	점검
	4.5.1	성과측정 및 모니터링	4.5.1	성과측정 및 모니터링
	-	-	4.5.2	준수평가
	4.5.2	시정조치 및 예방조치	4.5.3	사건조사 시정 및 예방
	4.5.3	기록	4.5.4	기록관리
	4.5.4	내부심사	4.5.5	내부심사
A	4.6	경영자 검토 및 개선	4.5.4	경영자 검토 및 개선

2.3 법 근거

산업안전보건법 시행령 제4조(산업안전 및 보건 경영체제 확립지원) : 고용노동부장관은 사업주의 자율적인 산업안전 및 보건 경영체제 확립을 위하여 시책을 마련해야 한다. 사업의 자율적인 안전보건경영체제 운영 등의 기법에 관한 연구 및 보급과 사업장의 안전관리 및 보건관리 수준의 향상을 위해 시책을 마련해야 한다.

2.4 기대효과

체계적인 위험요소의 관리로 인하여, 사고 방지로 인한 재해 예방이 가능해지고, 업무의 절차화, 문서의 체계화를 통한 안전관리 효율성을 높일 수 있어, 점진적으로 재해율 감소와 함께, 경영 합리화, 기업의 이미지 상승에 도움이 된다.

03 공정안전관리 개요

3.1 공정안전관리제도의 도입 배경

(1) 화학산업의 현황

한국은 1951년 전쟁이 끝난 후 어려운 시기를 경험한 국민들에게는 가난에서 벗어나고픈 간절한 마음이 경제를 무엇보다 최우선 해결 문제로 생각하였다. 정부의 의욕적인 추진으로 인해 1962년부터 산업단지를 개발하기 시작하여 울산공업지구가 최초로 등장하였고, 이후 1960년에서 70년대에 걸친 근대화 산업은 가난에 벗어날 수 있는 큰 원동력이 되었다.

우리나라의 공업단지 개발계획이 본격화된 것은 제1차 경제개발계획에 의해 공업화계획이 본격적으로 추진된 62년부터이다. 이 당시 정부는 석유화학공업의 건설을 위해 울산지역에 석유정제 콤비나트 건설에 착수했으면, 64년에는 수출산업단지 개방조성법을 비롯해 70년의 지방공업 개발 법을 제정하는 등 우리나라 공업단지 조성의 제도적 체제를 확정했다. 특히 제1차 경제개발 5개년 계획에 의해 시작된 화학산업은 국가경제발전에 큰 견인차 역할을 해왔다.

(2) 화학산업의 특징

화학공업의 특징은 먼저, 거대한 자본과 기술집약적 정치산업이라는 것이다. 특히 많은 다양한 물질을 취급하며, 다양한 고도의 기술이 필요한 산업이다. 취급하는 화학물질의 종류는 원료 중간제와 첨가제와 용제 및 제품의 형태로 사용 취급 및 저장하고 있으며, 다음과 같은 특징을 가지고 있다.

여러 종류의 화학물질을 원료 중간제, 용제, 첨가제 및 제품의 형태로 사용/취급 및 저장한다. 다양한 물질을 사용할 뿐만이 아니라, 새로운 물질을 취급하게 되는 경우가 증가하고 있어, 주변에 사용하고 있는 물질의 위험성을 충분히 인식하지 못한 상황에서 생산현장의 근로자들은 사용하고 있다. 우리 화학산업의 특징을 나열해 보면 다음과 같이 정리할 수 있다.

① 위험물을 대규모로 저장하고 있다. 경제성 원리에 의해 과거보다 대량의 제품을 생산/저장/소비하고 있다. 물질의 위험성은 양의 증가에 따라 증가한다. 게

다가, 물질에 따라 일차 비례가 아니라 이차 이상의 비례를 나타내기도 한다.

② 설비시스템이 복잡하여 운전 등에 고도의 전문성이 요구된다. 공정이 복잡하고 정밀한 장치 및 설비가 자동제어 되는 등 시스템화, 대형화되어 있다. 제어 기기에는 수많은 게시판과 버튼스위치가 존재하고, 모든 정보를 적절히 판단하고, 적절히 행동하기 위해서는 많은 학습 및 고민이 요구된다. 또한, 지금처럼 빠른 속도로 산업공정이 변화하는 상황에서 지속적인 고도의 전문성을 유지하는 것이 어렵다. 또한, 산업현장에서는 노동인력의 부족으로 인해, 더 이상 신입사원을 하나하나 교육과 훈련을 통해 전문가로 성장시킬 여유가 없다. 게다가, 짧은 시간에 많은 업무를 수행해야 한다.

③ 위험물의 누출 또는 화재/폭발과 같은 사고가 발생할 경우 공장 내의 근로자뿐만이 아니라, 공장 인근의 주민 및 환경파괴에까지 영향을 미치게 된다. 우리나라는 좁은 땅덩어리에 많은 사람이 생활하고 있다. 대부분 지역에 있어 인구밀도가 높기 때문에 주변 공장에서의 화재 폭발 사고로 인해 다른 나라보다 큰 피해가 예상된다. 원인이 사업장 내에서 발생한 경우 공중 피해의 사업주가 책임진다.

④ 설비파손에 따른 재산상의 손실이 막대하고 설비의 복구기간이 길다. 아무리 거대한 공장이라 하더라도 대부분 긴 하나의 공정이기 때문에, 어느 부분에 손실이 발생할 경우에 그 영향은 전체에 미치게 된다. 산업은 점점 거대화되고 있으며, 그로 인해 발생한 피해도 거대할 뿐만이 아니라, 그 복구기간도 많은 시간을 필요로 한다.

⑤ 단일 사업장의 피해로 그치지 않고 이웃 사업장까지 영향을 미친다. 많은 경우 사업장은 독립되어 있지 않으며, 다른 사업장과 이웃하고 있다. 화재 폭발 사고는 주변 사업장까지 영향을 미치며 연쇄적으로 피해가 전파되어 나갈 가능성을 가진다.

⑥ 관련된 산업의 원재료 수급 등 차질을 가져온다. 하나의 상품을 만들기 위해서는 여러 부품을 조립이 필요하다. 자동차, 비행기, 핸드폰, 수백, 수천 개의 부품 중에 없어도 되는 부품은 하나도 없다. 무엇 하나가 부족하게 되면 전체 시스템이 정지해 버린다. 하나의 부품을 생산하지 못하게 되면, 최종 제품을 생산할 수 없게 되며, 제품의 생산 판매가 불가능해지면, 모든 부품의 생산이 정지해 버리게 된다. 모든 산업이 정지해 버린다면, 국가 경제 전체에 커다란 영향을 미치게 된다.

⑦ 특히 화학공업은 물질이 반응하여 열을 발생시킨다는 특성상, 제작단계에서부터 설비 등에 대한 안전을 상당부분 고려하고 있어 사고의 발생빈도는 타 업종

보다 낮은 편임은 틀림없다. 건설현장의 사고발생건수와 비교해 보다 압도적으로 적다. 하지만, 설비의 고장, 근로자의 조작실수 등에 의한 단 한 번의 사고에 의해서도 엄청남 피해를 일으킬 수 있다.

⑧ 마지막으로, 우리나라의 정유, 석유화학공장 등 대형재해의 잠재 위험성이 있는 사업장이 4개 지역에 밀집되어 있다. 게다가, 노후화된 설비가 많은 비중을 차지한다. 경영자에 있어 노후화 설비의 교체는 그리 쉬운 판단이 아니다. 언제 어디서 고장·파괴가 일어날지 현 과학기술로는 예측하기가 어렵다.

여러 분야 기술자가 함께 모여 적절한 평가방법 및 도구를 사용하여 위험을 평가함으로써, 무엇이 얼마나 위험하며 무엇이 잘못되면 어떤 사고로 전이되고 어느 정도의 피해가 있을 것인가를 예측하여 그 대책을 마련/관리하는 종합 안전관리체제가 요구된다. 이러한, 체계적, 논리적, 구체적으로 구현한 종합적 안전관리체제가 공정안전제도이다.

공정안전관리제도 도입 의의

1. 기술집약 장치산업임으로 한 분야 기술자를 통한 재해예방관리가 곤란
2. 위험성 평가와 체계적이고 종합적인 안전관리시스템 필요
3. 경영층의 지원과 함께 모든 구성원의 자발적 참여가 요구됨
4. 지역사회 신뢰확보를 위한 정확한 정보 제공
5. 국제기구의 규정을 준수 등을 무역장벽으로 활용 예상

3.2 공정안전관리 법적 근거

(1) 사업주의 의무

공정안전관리제도(PSM)는 산업안전보건법 제49조 제2항에 의거하여 유해·위험설비를 보유한 사업주는 정기적으로 공정위험성 평가 등 공정안전관리를 실시하여 해당 설비로부터의 위험물질의 누출·화재·폭발 등으로 인하여 사업장 내의 근로자에게 즉시 피해를 주거나 인근지역에 피해를 줄 수 있는 중대 산업사고를 예방하여야 한다. 또한 공정안전보고서의 제출, 이행, 평가, 검수, 재제출에 대한 의무가 사업주에 있음이 명시되어 있다.

(2) 공정안전보고서 제출 대상 업종

공정안전관리 대상은 산업안전보건법 시행령 제33조의5 제1항에 나타내고 있다. 공정안전보고서를 제출해야만 하는 대상 사업장은 크게 두 종류로 나누어진다. 하나는 업종대상 사업장이고 두 번째는 규정량 대상 사업장으로 구분된다. 업종대상은 아래의 7개 업종에 해당하는 사업장에서 사용하는 기기·설비들이며, 규정량 대상 사업장은 아래의 51개 물질을 일정량 이상을 사용하는 사업장으로써, 해당 물질을 제조·취급·저장하는 설비와 그와 관련된 설비들이 대상이 된다.

① 업종별

㈀ 원유정제 처리업
㈁ 석유정제물 재처리업
㈂ 석유화학계 기초화합물 또는 합성수지 및 기타플라스틱물질제조업
㈃ 질소, 인산 및 칼리질 비료 제조업
㈄ 복합비료 제조업(단순혼합 또는 배합에 의한 경우 제외)
㈅ 농약원제 제조업
㈆ 화약 및 불꽃제품 제조업

② 저장량별

상기 업종 이외의 사업장으로서 유해·위험물질을 규정량 이상 제조·취급·사용·저장하는 사업장이 대상이 된다. 해당 물질의 취급하는 설비와 그와 관련된 모든 공정상의 설비에 대하여, PSM을 실시한다.

(3) 공정안전관리제도 적용대상 제외

다음에 해당하는 사업장은 PSM 대상에서 제외된다. 타법에 의해 적용을 받는다.

① 원자력설비와 군사시설
② 사업주가 해당 사업장 내에서 직접 사용하기 위한 난방용 연료의 저장/사용설비
③ 도/소매시설
④ 차량 등의 운송설비
⑤ 액화석유가스의 안전 및 사업관리법에 의한 액화석유가스의 충전/저장시설
⑥ 도시가스사업법에 의한 가스공급시설

▼ 표 공정안전관리 대상 규정량(51개 물질)

번호	유해·위험물질명	규정수량(kg)	번호	유해·위험물질명	규정수량(kg)
1	인화성 가스	취급 : 5,000 저장 : 200,000	27	브롬화수소	2,500
2	인화성 액체	취급 : 5,000 저장 : 200,000	28	삼염화인	750,000
3	메틸이소시아네이트	150	29	염화 벤질	750,000
4	포스겐	750	30	이산화염소	500
5	아크릴로니트릴	20,000	31	염화 티오닐	150
6	암모니아	200,000	32	브롬	100,000
7	염소	20,000	33	일산화질소	1,000
8	이산화황	250,000	34	질소 트리염화물	1,500
9	삼산화황	75,000	35	메틸에틸케톤과산화물	2,500
10	이황화탄소	5,000	36	삼불화 붕소	50
11	시안화수소	1,000	37	니트로아닐린	2,500
12	불화수소	1,000	38	염소 트리플루오르화	500
13	염화수소	20,000	39	불소	20,000
14	황화수소	1,000	40	시아누르 플루오르화물	50
15	질산암모늄	500,000	41	질소 트리플루오르화물	1,000
16	니트로글리세린	1,000	42	니트로 셀룰로오스 (질소 12.6% 이상)	100,000
17	트리니트로톨루엔	50,000	43	과산화벤조일	3,500
18	수소	50,000	44	과염소산 암모늄	3,500
19	산화에틸렌	10,000	45	디클로로실란	1,500
20	포스핀	50	46	디에틸 알루미늄 염화물	2,500
21	실란	50	47	디이소프로필 퍼옥시디카보네이트	3,500
22	질산 (중량 94.5% 이상)	250	48	불산 (중량 1% 이상)	1,000
23	발연황산 (삼산화황량 66~80%)	500,000	49	염산 (중량 10% 이상)	20,000
24	과산화수소 (중량 52% 이상)	3,500	50	황산 (중량 10% 이상)	20,000
25	톨루엔	100,000	51	암모니아수 (중량 10% 이상)	20,000
26	클로로술폰산	500,000			

* 인화성 가스 : 인화한계 농도가 최저한도의 13% 이하이거나 최고한도와 최저한도의 차가 12% 이상인 것으로서 표준압력(101.3 kPa) 하의 20℃에서 가스 상태인 물질
* 인화성 액체 : 표준압력(101.3 kPa) 하에서 인화점이 60℃ 이하이거나 고온·고압의 공정운전조건으로 인하여 화재·폭발위험이 있는 상태에서 취급되는 가연성 물질 (고온·고압 : 운전압력이 10기압(게이지압력) 이상인 상태 또는 취급물질의 인화점 이상에서 운전되는 상태)
* 유해·위험물질의 규정수량 : 하루 동안 최대로 제조 또는 취급할 수 있는 수량 (저장설비의 경우 최대 저장량)
* 규정수량수치 : 화학물질의 순도 100%를 기준으로 하여 산출한 수치

⑦ 기타 고용노동부장관이 누출/화재/폭발 등으로 인한 피해의 정도가 크지 않다고 인정하여 고시하는 설비와 같은 이상의 시설은 적용대상에서 제외된다.

3.3 공정안전관리 구성요소

공정안전관리의 구성요소는 다음과 같이 크게 네 가지로 분류할 수 있다. 일단 이렇게 큰 그림을 가지고 학습을 시작하고자 한다.

Ⅰ. 공정안전자료를 수집하여 정보를 검토한 후, Ⅱ. 공정에 대한 위험성 평가를 실시한다. 그 결과를 검토한 후, Ⅲ. 안전운전계획을 수립한다. 또한 만일의 사고를 대비하여, Ⅳ. 비상조치계획을 세워 피해 최소화를 하여야 한다. PSM은 크게는 이 네 가지를 수행하는 것이다.

공정안전관리 구성요소를 5가지로 이야기할 수도 있다. 위에 4가지는 사업장에서 실시하는 것이고 나머지 하나는 이행상태 평가이다. 이것은 사업장 자체에서 실시하는 것이 아니라, 외부에서 실시하는 것이므로, 사업장과 관련된 것은 위 4가지가 된다.

그림에 공정안전관리 12대 요소와 이행상태 평가의 2가지 요소를 나타낸다.

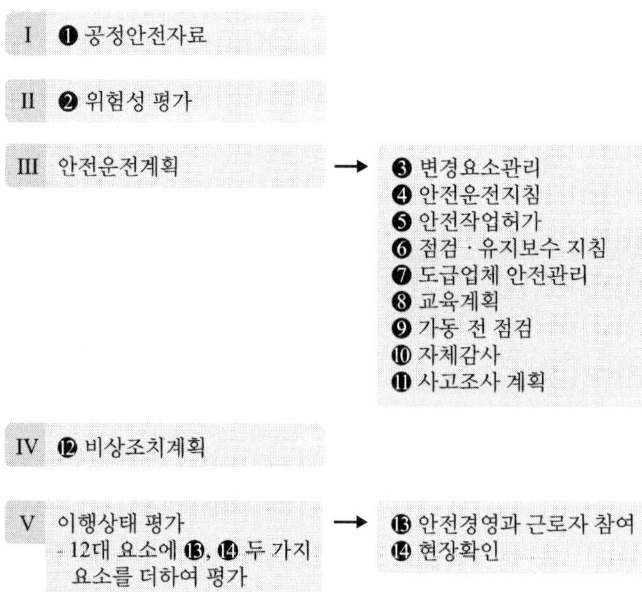

▲ 그림 공정안전관리 구성요소

12대 요소는 사업장에서 실시하는 것이고 이행상태 평가는 산업안전보건공단에서 심사 및 평가하는 사항이다.

그럼 사업장에서 관리하는 12대 요소에 대해서 알아보자.

(1) 공정안전자료

공정안전자료는 공정안전관리제도의 수행에 필요한 화학물질, 장치, 설비, 건축물, 안전/환경 등 부대설비에 대한 기초정보를 말한다. 신규, 변경 등이 발생함에 따라, 물질, 설비, 배치방법 등이 변경된 관련된 자료를 도면 및 문서화하여 체계적으로 관리하기 위함이다. 이로써, 관리자, 근로자가 공정안전자료를 바탕으로 작업 시 안전운전을 실시함에 필요한 정보를 제공한다. 구성요소 중 가장 기본이 되는 요소는 다음과 같다.

① 유해·위험물질 자료(유해·위험물질 종류 및 수량, 물질안전보건자료)
② 유해·위험설비의 목록과 명세(동력을 갖춘 기계 목록/장비 설비 명세, 배관 명세, 안전밸브 및 파열판 명세 등)
③ 공정도면(공정 설명서, 공정 흐름도, 공정 배관 및 계장도, 유틸리티 계통도, 유틸리티 배관 계장도). 여기서 계장이란 계기장치의 약자. 플랜트 운전에 있어서 설비의 운전상태를 판정하고 조정해 주는 것을 말한다. 또한 운전상태란 온도, 유량, 압력, 액위, 성분, 폭, 두께, 무게 등을 말한다.
④ 건물/설비의 배치도(건물 설비 전체 배치도면, 설비 배치도면, 건물 및 철 구조 평면도 및 입면도, 내화구조 명세, 소화설비 설치 계획, 화재탐지 및 경보설비 설치 계획, 가스누출감지경보기의 설치 계획, 세척 및 세안 시설, 안전보호장비의 설치 계획, 국소 배기장치의 개요)
⑤ 폭발위험장소 구분 및 전기 단선도(폭발위험장소 구분도, 방폭전기/계장 기계·기구 선정기준, 전기 단선도, 접지 계획)
⑥ 안전설계/제작/설치 지침서
⑦ 배출물의 처리 설계기준 및 사양

(2) 위험성 평가

평가 목적은 공정위험의 특성을 파악하고, 평가 결과에 따른 잠재적 위험요소를 발견하는 것이다. 또한, 사고가 발생하는 빈도를 최소화하고, 사고로 인해 발생하는 피해를 최소화하기 위한 대책을 강구하는 것을 포함한다. 공정안전관리보고서에서 가장 핵심이 되는 부분이다.

위험성 평가 기법의 종류는 체크리스트, 예비위험 분석(PHA), 사고예상질문 분석(What-if), 위험운전 분석(HAZOP), 이상위험도 분석(FMEA), 결함수 분석(FTA), 사건수 분석(ETA) 등이 있다. 앞에서 학습한 위험성 평가 절차 및 내용을 상기하기를 바란다.

(3) 안전운전계획

사업장 시스템을 안전하게 운전하기 위해서는 다음과 같은 지침서 및 계획서를 확보하고 있어야 한다.

❸ **변경요소관리** : 변경요소를 관리하는 계획을 말한다. 생산량의 증가, 품질 유지, 안전 확보, 환경 개선 등에 의하여 발생하는 변경에 의한 위험요소를 취소화하여, 설비/기계의 운전 시 신뢰성을 확보하고 사고를 예방하기 위해 절차 등을 규정하는 지침서로써 변경요소관리의 법칙, 변경관리 절차, 위원회 구성, 검토항목, 변경업무 분담 및 기술적 근거, 각종 서식 등의 내용을 포함한다.

❹ **안전운전지침** : 공정운전 중에 발생하는 최초의 운전, 정상운전 및 정지, 비상시 운전 및 정지, 정비 후 운전 개시 등 모든 경우를 대비한 운전지침서로써 단계별 절차 및 내용이 포함되어야 한다.

❺ **안전작업허가** : 유해 위험이 잠재되어 있는 특정 작업에 대하여 사고발생을 최소화하고자 공장 내에서 일하는 각종 작업허가 절차와 작업관리를 규정하는 지침서를 포함한다.

❻ **점검·유지보수 지침** : 설비의 점검 및 검사, 보수 및 유지를 위한 계획과 지침서를 포함한다.

❼ **도급업체 안전관리** : 도급업체 안전관리계획인 경우 사업 또는 공사를 도급한 업체가 고용하고 있는 근로자의 안전보건을 확보하기 위한 사업주의 의무, 도급업체 사업주의 의무와 안전관리계획서 작성 및 승인 등의 계획서를 포함한다.

❽ **교육계획** : 설비의 안전운전을 위한 장비의 사용법, 보수 및 유지관리를 위한 작업 및 비상시 대처하는 조치 방법 등에 대해 적절한 대응을 할 수 있도록 교육대상 종류와 계획을 수립하여 실시한다. 실시 후에는 평가 및 사후관리한다. 도급업체를 포함하여 사업장 내 모든 근로자를 대상으로 교육을 실시해야 한다.

❾ **가동 전 점검** : 새로운 설비를 설치 공정 또는 설비 변경을 한 후 설비의 안전

운전을 위하여 가동 전 실시하는 점검팀의 구성, 점검시기, 점검표의 작성, 점검보고서의 작성 및 점검결과의 처리 등에 점검절차를 규정한다.

⑩ **자체감사** : 공정안전관리의 각 구성요소가 제대로 실행이 되고 있는지 여부를 확인 평가하고 문제점을 보완하여 시행토록 제어기능을 수행하는 절차 등을 규정함으로써 감사의 계획과 감사팀의 구성을 포함하여, 감사 시행 결과의 평가 및 시정한 내용을 문서 등에 게재하여 보관해야 한다.

⑪ **사고조사 계획** : 공정사고 및 아차사고에 대한 정확한 원인 규명과 대책마련을 통하여 유사사고 재발 방지를 위한 지침서로써, 조사팀의 구성, 사고조사, 보고서 작성 및 조사처리 결과 등의 내용을 포함하고 있다.

(4) 비상조치의 계획

12개 요소 중 ⑫ 비상조치의 계획이다. 재난관리는 예측, 대비, 대응, 복구가 있다. 최대한 사고 및 재해를 예측하고 그에 대비하여야 하겠지만, 완벽한 안전은 존재하지 않는다. 따라서, 재해가 발생하였을 때 그 피해가 확대되지 않도록, 빠른 조치가 필요할 것이다. 재해 발생 후에 생각을 하는 것은 불가능하다. 인간이 패닉현상에 빠져 제대로 된 판단을 내릴 수 없기 때문이다.

사고예방에 의한 최선의 노력해야 하지만, 비상조치계획의 중요함은 잊지 말아야 한다. 공정안전관리에서 요구하는 비상조치계획에 포함되어야 하는 내용으로는 다음과 같이 피해를 최소화하는 대응방안 등을 규정하고 있다.

① 비상조치계획의 수립
② 검토, 훈련 및 평가
③ 주민 홍보 계획
④ 비상 통제 조직의 기능 및 책무

등을 포함하고 있으며, 피해 최소를 위한다는 것을 염두하고 필요에 따라 각 사업장에 맞게 계획을 강구해야 할 것이다.

(5) 이행상태 평가(공정안전보고서 작성 제출, 심사 및 확인)

원래 공정안전관리는 앞의 네 가지를 내용을 실시하는 것이다. 우리나라는 네 가지 실시한 내용을 국가에서 제대로 공정안전관리를 실시하고 있는지 정기적으로 평가를 한다. 정기적으로 공정안전보고서를 작성하여, 사업주는 사업장 소재 안전보건공단에 제출한다. 공단은 공정안전보고서를 평가하여 등급을 결정한다. 결정된 등급은 사업장에 물리적, 정신적 영향을 주기 때문에, 많은 사업장에서 좋은 등급을 받기 위해 노력하고 있다. 이행상태 평가는 두 가지 항목으로써, ⓭ 안전경영과 근로자 참여, ⓮ 현장 확인으로 되어 있으며, 노동부 및 산업안전보건공단에서 현장을 방문하여 평가를 실시한다.

공단에서는 공정안전보고서 작성·제출함에 있어 이하와 같이 상세한 기준을 마련하고 있다.

① 공정안전보고서 작성 제출 시에는

㈀ 공정안전보고서 제출 적용 대상 사업주는 유해·위험설비를 설치 및 이전하거나 중요한 구조부분을 변경할 때에는 공정안전보고서를 작성하여 공사 착공일 30일 전까지 공단에 제출하여야 한다.

㈁ 사업주는 보고서 작성 시에 산업안전보건위원회 심의, 근로자 대표의 의견 반영하여야 한다.

㈂ 공정안전보고서의 내용에 변경할 사유가 발생한 경우에는 지체 없이 보완하여야 한다.

㈃ 보고서를 제출하여 공단의 심사가 끝난 후에 동 시설물에 대한 증설, 변경 등으로 해당 설비에 변화가 있을 경우에는 보고서를 새로이 제출하여야 한다. (심사를 이미 받은 보고서의 내용과 동일한 내용일 경우에는 제출을 면제할 수 있음)

㈄ 보고서의 작성은 법규에서 정하는 자격을 가진 자로서 공단에서 실시하는 PSM 교육을 28시간 이상 이수한 자를 1인 이상 포함시켜야 한다.

② 공정안전보고서 심사 시에는

㈀ 공단은 보고서를 제출받은 때에는 30일 이내에 심사

㈁ 사업주는 심사과정 중 추가 서류 등을 요청받은 경우에 지체 없이 추가 서류를 보완하여 제출하여야 한다.

㈂ 공단은 심사결과를 "적정 및 조건부 적정" 또는 "부적절"로 판정하고, "적정 및 조건부 적정" 시에는 심사결과 통지서와 심사필이 날인된 보고서 1부를 사업주에게 송부하여야 하고, "부적절"로 판정 시에는 그 사유를 명시하여 통보하고 서류일체를 반려하여야 한다.

㈃ 사업주는 "부적절"로 판정 및 보고서를 반려 받은 경우에 지방관서의 장의 재제출 명령을 받은 날로부터 정해진 기간 내에 보고서를 새롭게 작성하여 재심사를 신청하여야 한다.

(ㅁ) 사업주는 승인받은 공정안전보고서를 5년간 보존해야 한다.

③ 공정안전보고서 확인

(ㄱ) 공정안전보고서 심사를 받은 사업주는 설비 설치가 완료된 경우에 확인을 받고자 하는 날로부터 20일 이전에 공단에 확인을 요청하여야 한다. 또한 시기별로 확인을 받아야 한다.

(ㄴ) 공단은 확인 요청을 받은 날부터 1개월 이내에 공정안전자료와 위험성 평가서가 현장과 일치하는지 여부를 확인하여야 하고, 그 결과를 확인일로부터 15일 이내 사업주에게 통보해야 한다.

(ㄷ) 확인결과 부적합을 받은 경우 사업주는 행정조치를 받은 날로부터 15일 이내 변경계획을 작성하여 지방관서의 장에게 제출, 적정성 여부를 검토 받아야 하며, 변경계획에 따라 이행을 완료한 후 공단에 재확인을 요청하여야 한다.

- 이상과 같이 공정안전보고서에 대한 상세한 기준이 있다. 작성 및 제출에 관한 상세한 내용은 시간이 흐름에 따라 지속적으로 변화할 것이다. 많은 안전담당자가 이런 내용에 따라가는 것을 어려워하고 있다. 수백페이지의 방대한 보고서를 작성하면서, 경제적 투자와 함께, 방대한 시간적 투자를 해야 하기 때문이다. 마음가짐을 새롭게 하자. 보고서 작성의 귀찮음과 번거로움은 안전관리의 출발함에 있어 마음가짐(初心)으로 대처해 나가야 한다. 보고서를 작성함에 따라, 안전관리자 본인이 사업장의 이해도가 높아지고, 더 높은 수준의 안전관리에 도움이 됨을 명심하자.

(6) 이행상태 평가 결과에 따른 차등 관리

국가는 공정안전보고서 심사완료 사업장의 이행상태를 평가하고 차등관리를 통한 제도의 실효성 확보하는데 목적을 두고 이행상태를 정기적으로 평가한다.

① 신규평가는 보고서의 확인 완료 후 1년이 경과한 날부터 2년 이내 실시하며, 정기평가는 신규평가 후 4년마다 실시하여야 한다. 또한, 재평가가 있어 신규 및 정기 평가일로부터 1년이 경과한 사업장에서 사업주가 평가를 요청하는 경우 요청한 날로부터 6개월 이내 실시하여야 한다.

② 이행상태를 평가하는 방법으로는 사업주 등 관계자 면담, 보고서 및 이행관련 문서 확인 및 현장 확인을 실시한다.

③ 이상과 같이 사업장에서 실시하는 공정안전관리 요소는 12개 항이며, 공단에서 평가 시 실시하는 요소가 2가지로 총 14개의 항목에 대한 평가를 점수화하여, 최종적으로 평가등급을 결정한다.

▼ 표 평가항목별 배점 기준

항목	최고 실배점	환산계수	최고 환산계수
1. 안전경영과 근로자 참여	340	0.071	24.0
2. 공정안전자료	30	0.167	5.0
3. 공정위험성 평가	60	0.092	5.5
4. 안전운전지침과 절차	50	0.080	4.0
5. 설비의 점검·검사·보수계획, 유지계획 및 지침	80	0.089	5.5
6. 안전작업허가 및 절차	70	0.121	8.5
7. 도급업체 안전관리	40	0.175	7.0
8. 공정운전에 대한 교육·훈련	30	0.167	5.0
9. 가동 전 점검지침	20	0.150	3.0
10. 변경요소관리계획	40	0.175	7.0
11. 자체감사	50	0.08	4.0
12. 공정사고조사 지침	50	0.060	3.0
13. 비상조치계획	40	0.188	3.5
14. 현장 확인	70	0.214	15.0
계	970		100

▼ 표 이행상태 평가등급

등급	환산점수
P(Progressive)등급 (우수)	90점 이상
S(Stagnant)등급 (양호)	80점 이상 ~ 90점 미만
M+(Mismanagement)등급 (보통)	70점 이상 ~ 80점 미만
M−(Mismanagement)등급 (불량)	70점 미만

④ 이행상태 평가등급표를 표에 나타낸다. P등급(우수)은 PSM 자율 이행으로 적용된다. 따라서, 자율적이기에 안전공단으로부터의 점검 및 지도를 받지 않는다. S등급(양호)은 연 1회 이행상태 확인(점검)이 필요하다. 공단으로부터 확인을 받을 필요가 있다. M등급(보통)을 받으면 많은 불이익이 발생한다. M+등급(불량)은 연 1회 이행상태 확인(점검)이 필요할 뿐만이 아니라, 연 1회 공단으로부터 기술지원을 받아, 지적사항에 대한 개선방법을 세워 실시하여야 한다. 또한, 반기별 즉 연 2회 PSM 관계자 교육을 실시해야만 한다. M−등급은 연 2회 이행상태 확인(점검)을 실시한다. 그리고, 연 1회 공단으로부터 기술지원을 받아, 지적사항에 대한 개선방법을 세워 실시하여야 한다. 또한, 반기별 즉 연 2회 PSM 관계자 교육을 실시해야만 한다.

3.4 중대산업사고

위험물질의 누출과 화재/폭발 등으로 인해 사업장 내 근로자에게 피해를 주거나 사업장 외부의 인근지역에 피해를 줄 가능성이 있는 사고로 공정안전관리제도 적용사업장 및 설비에서 발생한 사고를 말한다. 다시 말해, 사업장 내에서 발생한 사고로 인해, ① 근로자 피해 규모가 크며(중대도가 크다), ② 사업장을 벗어난 인근지역까지 영향을 미치는 경우를 말한다.

여기서 여러 혼돈을 막기 위해 산업안전보건법에서 사용하는 비슷한 용어 정리를 정리한다.

(1) 중대산업사고

산업안전보건법 제49조의2에 의해 대통령령이 정하는 유해·위험설비로부터 위험물질의 누출·화재·폭발 등으로 인하여 사업장 내의 근로자에게 즉시 피해를 주거나 사업장 인근지역에 피해를 줄 수 있는 사고이다. PSM에서 일정규모 이상의 인적 재해가 발생하면 중대산업사고가 된다.

(2) 중대재해

산업안전보건법 제2조 제2호에 의해 산업재해 중 사망 등 재해의 정도가 심한 것으로 노동부령이 정하는 재해이다. 노동부령이 정하는 재해는 다음과 같다.

① 사망자가 1인 이상 발생한 재해
② 3월 이상의 요양을 요하는 부상자가 동시에 2인 이상 발생한 재해
③ 부상자 또는 직업성 질병자가 동시에 10인 이상 발생한 재해

(3) 산업재해

산업안전보건법 제2조 제1호에 의해 근로자가 업무에 관계되는 건설물, 설비, 원재료, 가스, 증기, 분진 등에 의하거나 작업 기타 업무에 기인하여 사망 또는 부상하거나 질병이 발생한 것.

04 공정안전자료

4.1 공정안전자료의 주요 내용

공정안전자료의 주요 내용은 크게 유해 위험물질 관리와 물질안전보건자료, 그리고 각종 기기에 대한 정보를 포함하고 있다.

(1) **유해 위험물질 관리** : 유해·위험물질 MSDS 비치, GHS 체계 준수 여부, 운전원 교육 실시 및 숙지 등

(2) **물질안전보건자료(MSDS)** : 제조회사에서 제공한 자료를 확인한다.

(3) **동력기계 및 장치** : 동력기계 번호의 P&ID 일치 여부를 확인한다.

> ▪ 공정배관 계장도(Piping & Instrument Diagram; P&ID)란?
> 모든 공정장치, 배관, 동력기계, 공정제어 및 계기 등을 표시하고 이들의 상호간 연관관계를 나타내 주며, 상세설계, 건설, 변경, 유지보수 및 운전 등을 하는데 필요한 기술적 정보를 파악할 수 있는 도면을 말한다.
> 공정의 시운전, 정상운전, 운전 정지 및 비상운전 시에는 반드시 이 도면을 확인해야 한다.

(4) **설계압력 및 온도** : 설계압력 및 온도의 적절성을 확인한다.

(5) **배관 및 개스킷** : P&ID상의 설계온도 및 설계압력에 따른 재질 및 형태의 적절성을 확인한다.

> ▪ 개스킷(gasket) : 실린더의 이음매나 파이프의 접합부 따위를 메우는데 쓰는 얇은 판 모양의 패킹. 파이프의 접합이나 실린더의 이음매를 메우는 데 쓰는 고무, 석면, 코르크 등으로 된 판

(6) **안전밸브 및 파열판** : 계기번호 P&ID 일치 여부를 포함하여, 배출용량, 노즐 크기, 설정압력 등의 적절성을 확인한다.

(7) 안전밸브 전·후단에 차단밸브 설치여부를 확인한다.

(8) **안전밸브 토출측 연결** : 위험물질은 연소, 흡수, 세정 등의 처리를 위해 적절히 방출 가능한지 확인한다.

(9) **파열판의 설치** : 반응폭주 등 급격한 압력상승 우려한 파열판 설치를 확인한다.

(10) **공정 및 건축물 등의 도면** : 공정자료 및 도면은 현장과 일치해야 하며, Master 도면

관리, 변경사항을 반영하고 주기적인 Update, 운전실 비치 및 활용할 수 있도록 하여야 한다.

(11) **소방시설** : 내화구조 및 소방설비 등의 적절성을 확인한다.

(12) 폭발위험지역 구분도와 방폭전기/기계기구의 사용여부를 확인한다.

4.2 공정안전자료의 평가항목

평가항목으로 예를 들어 다음과 같은 사항에 따라 자율점검을 실시한다.

(1) 사업장에서 사용하고 있는 화학물질에 대하여 물질안전보건자료(MSDS)를 구비하고 있으며, 새로운 물질의 사용법 및 변경된 요소의 관리에 대하여 정기적으로 보완과 갱신하는가?

(2) Block Diagram, 공정흐름도, 원료 및 생산품의 최대 저장량, 공정에 사용되는 물질의 에너지 균형 등에 대하여 공정에 관련된 기술 및 정보를 변경요소관리에 관련된 변형이 발생 시 지속적으로 보완 및 갱신하는가?

(3) P&ID, Lay-Out, 설비목록/사양, 공정조건 상/하한계, 폭발위험장소 구분도, 안전밸브/플레어스택 설계근거, 건물설비 배치도, 설계코드/표준, 전기공급과 분배시스템, 비상시의 동력원 등 공정안전자료의 변경요소관리가 필요에 따라 보완 및 갱신되고 있는가?

05 안전운전계획

5.1 변경요소관리

(1) 변경요소관리의 목적

사업장 현장에서는 수시로 공정의 변경이 이루어진다. 최근 몇 년간 전화기의 발전 상황을 생각해 보면 쉽게 생각할 수 있듯이, 산업현장에서는 빠른 속도로 새로운 제품이 생산되고 있다. 따라서, 제품 공정 또한 빠른 속도로 변화해야만 한다. 이렇게 잦은 공정의 변경은 시설의 변경을 초래하고, 시설에 관련된 여러 요소 또한 변경이 필요하다. 안전의 관점에서 보면 변경이 이루어지면 사고 발생의 잠재성이 증가한다. 사소한 변경도 설비의 안전운전에 큰 영향을 주는 경우가 많다.

여기서 변경이란, 제품 생산량의 증가, 제품, 원료 또는 공정변경을 위하여 설비 등의 규모를 증가시키거나 추가로 설치할 경우 그리고 새로운 것으로 대체한 경우를 포함한다. 사소한 설비 및 부속 설비의 변경, 각종 운전/작업절차의 변경, 이러한 변경 등의 관리는 화학공장 등에서 설비의 증설 또는 변경 등 변경요소관리가 요구되는 공정/기술 및 절차 등의 변경에 적용된다. 하지만 단순 교체는 변경관리에 적용하지 않는다.

변경요소관리의 주된 목적은 첫째로는 설비의 안전성을 확보하여 사고로 인한 인적 및 재산상의 손해 줄이는 것이고, 둘째로는 설비의 정비시간을 줄여 운전을 효율적으로 할 수 있도록 하는 것이다.

(2) 변경요소관리

① 변경요소관리의 원칙

첫째 변경을 수행함으로써 추가되는 위험이 없도록 변경내용을 충분히 검토하고 둘째 변경의 결과로써 요구되는 새로운 자료와 절차 등을 검토하여 개정하여야 한다. 셋째는 변경에 관련된 공정안전자료, 안전운전절차서, 정비교육교재, 공정운전 및 정비/설비 대장 등의 서류를 수정하여 보완해야 한다.

② 변경의 범위

변경에는 단순교체와 변경이 있다. 변경은 다시 일반변경, 정상변경, 비상변경으로 나눌 수 있다.

㈀ 단순교체는 기존의 것과 동일한 것으로 바꾸는 것을 말하며, 변경요소관리에서는 단순교체는 변견요소관리에 포함하지 않는다.

㈁ 일반변경은 공정, 기술, 절차가 다르게 바뀐 경우를 말한다. 변경요소가 하나라도 다른 것으로 기존 설비와 다르게 교체하거나 증설 또는 감축하는 것을 말한다.

㈂ 정상변경은 계획에 의한 변경으로 정상변경 절차에 따라 실시되는 것을 말한다.

㈃ 비상변경은 긴급성을 요할 경우에 실시하는 변경으로 정상적인 변경 절차를

따르지 않고, 다르게 실시하는 것을 말한다.

③ 변경관리의 등급

변경관리는 일반적으로 1～3등급으로 나누어 관리한다.

㈀ 1등급 : 공정설비 증설, 원료변경, 물질수지 같은 복합적 변경을 말한다. 따라서, 체계적인 위험성 평가가 필요하며, 변경관리위원회의 심의 및 승인을 얻어야 한다.

㈁ 2등급 : 단일공정 내에 설비의 변경 또는 일부 생산품질에 영향을 주는 변경이며, 변경관리위원회의 심의 및 승인을 받아야 한다.

㈂ 3등급 : 설비, 공정 또는 안전에 영향을 주지 않는 변경. 변경반의 부서 또는 기술부서의 장에 의해 자체적으로 수행이 가능하다. 예를 들어, 작은 공정 및 저장용기, 기기, 소방설비, 안전장치, 취급물질량의 변경 등이 있다.

④ 변경관리 등급의 구분 절차

㈀ 변경관리 등급을 어떻게 구분해야 할지를 결정하는 것은 쉽지 않은 작업이다. 따라서, 사전에 준비해 둔, 사업장별 자체 점검표 등으로 구분한다.

㈁ 변경 발의 부서장 또는 변경관리위원회 승인을 얻어야 한다.

㈂ 검토 및 승인과정 목록 작성/관리

㈃ 등급분류 적정여부 자체검사 시 확인/평가

㈄ 변경등급별 평가

최소한 두 명 이상의 검토자가 필요하며, 변경 발의 부서의 장 또는 변경관리위원회에 의해 승인되어야 한다. 변경의 적절성 여부는 자체검사 시에 다시 확인/평가되어야 한다.

⑤ 변경관리의 수행절차에서 변경관리의 분류

변경을 위한 발의자는 변경관리 내용을 '단순교체' 또는 '변경'으로 분류하되, 확실한 판단이 어려운 경우에는 변경 발의 부서의 장 또는 변경관리위원회의 장의 판단에 따른다.

변경대상으로 분류된 경우, '정상변경', '비상변경' 또는 '임시변경'으로 구분하여 해당 절차에 따라 실시한다. 단순 교체인 경우에는 '정비작업일지'에 기재하고 시행한다. 긴급한 상황으로 우선 처리가 필요한 경우에는 비상변경절차에 따른다.

⑥ **정상변경 관리 절차**

(ㄱ) 변경 발의자는 사업장 자체 고유 양식의 변경관리요구서를 작성하여, 변경관리위원회에 문서로 제출한다. 변경관리요구서에는 발의자의 이름, 요구일자, 설비명, 변경요구가 비상인지의 여부, 변경의 개요와 발의자의 의견 등이 포함된다.

(ㄴ) 변경등급 구분에 따라 등급 3은 위험성 평가를 생략, 등급 1, 2는 위험성 평가를 실시하는 것을 기본으로 하되, 등급 2 경우에는 평가자의 구성범위를 축소하거나 일부를 조정하는 것이 가능하다.

(ㄷ) 변경관리위원회는 변경요구서를 접수한 후에 요구사항을 검토하기 위한 검토책임부서와 전문가를 지정한다.

(ㄹ) 검토자는 할당 받은 사항에 대한 안전성과 기술적 검토를 실시하여 그 결과를 위원회에 제출한다.

(ㅁ) 변경관리위원회는 검토 후 최종적으로 승인여부를 결정한다. 이때 변경의 필요성 조사, 변경의 승인여부 결정 및 승인여부의 논리적 근거를 기록, 발의자에 서면 통보한다.

(ㅂ) 변경여부를 통보한 후 변경완료 사항을 검사한다. 변경에 관련된 제반서류 및 도서에 변경내용은 반드시 기록/보관한다.

⑦ **비상변경 관리 절차**

긴급을 요할 경우에는 정상변경 절차에 따르기가 어렵다. 따라서, 변경을 우선 지시하여 변경을 할 수밖에 없다. 긴급 시에는 변경완료 후에 절차를 따른다. 또한, 일과 후, 주말 또는 휴일 등에 발생되어진 긴급한 변경은 별도의 절차를 마련한다.

(3) 변경요소관리의 평가항목

① 변경요소관리사항은 변경요소관리의 절차에 따라 처리되었는가?

② 변경요구서에 필요한 사항들이 기재되어 있고, 기술적인 근거를 제시하고 있는가?

③ 모든 변경사항을 복목화하여 관리하고 있는가?

④ 변경내용을 정비원, 운전원, 도급업체의 근로자 등에게 정확하게 알려 주고 있으며, 시운전 전에 필요한 교육을 실시하고 있는가?

5.2 안전운전지침

(1) 안전운전지침의 목적

안전운전지침서의 목적은 여러 형태의 운전이나 정지 시동의 절차를 지침서로 만들어 설비를 효율적이고 안전하게 운전하기 위함이다. 빠른 공정의 현화, 비정규직의 증가, 고령화 사회에 따라, 충분한 교육과 훈련이 실시되지 않은 상황에서 현장에 배치되는 경우가 증가되고 있기 때문에, 현 사회에서는 지침서의 유지/관리의 중요성은 더욱 증가되고 있다. 지침서에 모든 내용을 기재하는 것은 불가능하므로, 최소한 꼭 필요하다고 생각되는 사항, 다시 말해 지침서의 내용을 준수하지 않으면 큰 피해가 발생하는 사항을 추려서 기재해야 한다. 일반적으로 다음과 같은 내용을 포함하여 항상 수정/보완하여 최신판으로 기록 유지/관리를 해야 한다.

(2) 지침서 작성 원칙

안전운전절차서의 특별히 정해진 양식은 없으며, 작성내용도 최소한 작성해야 할 사항만이 존재한다. 근본적으로 작성 시 어떠한 관점으로 실시해야 하는가? 하는 원칙이 있으며 그 원칙은 다음과 같다.

① 누구든지 그 절차에 따라 운전할 수 있도록 구체적이고 명확하게 작성되어야 한다.
② 창고 내에서 이루어지는 제품, 원료 및 반제품의 입고, 포장 및 저장 그리고 출고 능의 절차도 포함되어야 한다.
③ 운전자의 담당 설비 및 운전 분야 그리고 운전자의 운전위치가 명확히 기술되어야 한다.
④ 공정의 운전방법이나 작업방법을 일시적으로 변경하여 수행하는 임시운전에 대해서도 문서화된 안전운전절차서가 있어야 한다.

(3) 지침서의 내용

① 최초의 시운전 절차
② 정상운전 절차
③ 비상시 운전 절차

④ 정상적인 운전 정지 절차
⑤ 정비 후 운전 절차
⑥ 운전범위를 벗어났을 경우 조치
⑦ 화학물질의 누출 예방조치 절차
⑧ 개인보호구 사용방법
⑨ 위험물질에 폭로되었을 때의 조치 요령과 절차
⑩ 안전설비의 계통에 관한 기능/운전방법 및 절차
⑪ 그 외에 공장 특성을 고려하여 큰 피해를 초래할 수 있는 사항을 포함한다.

(4) 주의 사항

① 안전운전지침서의 작성 책임자, 승인 절차, 변경 절차, 보관/폐기 절차 등에 대한 규정을 지침서에 포함시키거나 별도로 작성하여 보관하여야 한다.
② 안전운전지침서 작성 시에 반드시 정확히 자세히 기술하여야 하는 사항
㈀ 운전자의 운전 담당 설비, 운전 분야 및 운전 위치에 대한 규정
㈁ 공정 및 설비별 명확한 운전조건범위에 대한 규정
㈂ 운전범위를 벗어났을 경우의 조치에 대한 규정
㈃ 장치, 설비 등의 변경 시 즉시 수정/보완 등에 대한 규정
③ 공정설비, 운전방법 등이 변경될 때에는 즉시 지침서를 보완하여 변경 후의 장치, 설비와 운전방법 등과 일치하도록 하여야 한다.
④ 운전절차서가 변경될 때에는 그 때마다 위험성 평가를 실시하여 절차 변경에 따른 위험성을 확인해야 한다.
⑤ 모든 공정기의 사양(가열 및 냉각 설비, 기기의 크기, 교반, 재질 등)이 충분히 안전운전지침서에 명시되어야 한다.

5.3 안전작업 허가 및 절차

(1) 안전작업 허가 및 절차의 목적

사업장 내에는 많은 유해·위험요소가 잠재되어 있는 설비가 존재한다. 시운전 또는 운전 중에 점검, 정비, 교체, 배관연결, 전기배선, 계장 등 많은 공정이 있으며 거기에는 항상 위험을 동반한다. 이런 작업을 수행할 때에는 작업 전에 근로자와 설비를 보

호하기 위해 적절한 안전조치를 취해야 한다. 안전작업 절차를 정하고 그 절차에 따라 작업을 실시하여 사고의 발생가능성을 최소화하는데 그 목적이 있다.

(2) 안전작업 허가 및 절차서에 포함해야 할 내용

산업은 여러 가지 형태로 존재하고, 또한 생산과정도 다양하다. 따라서, 안전작업에 필요로 하는 허가 내용과 작업 절차서 또한 사업장의 특성에 맞게 작성하여야 한다. 일반적으로 다음과 같은 내용을 포함한다.

① 목적
② 허가서의 적용범위
③ 안전작업허가와 관련된 일반사항
④ 화기작업 허가
⑤ 안전작업 준비
⑥ 일반작업 허가
⑦ 밀폐공간에서의 출입 작업 허가
⑧ 정전작업 허가
⑨ 방사능 허가 등
⑩ 굴착작업 허가
⑪ 기타 사업장 특성을 고려하여 추가한다.

(3) 안전작업 허가 및 절차서 주요 내용

허가 및 절차서에 포함해야 하는 내용 중 안전작업 준비, 화기작업 허가, 일반작업 허가, 밀폐공간 출입 작업 허가에는 특히 주의가 필요하다. 자세한 내용은 다음과 같다.

① 안전작업 준비

작업을 실행하는 지역의 운전 및 작업부서 책임자는 작업허가서에 서명하기 전에 필요한 기술자료 및 도면을 가지고 현장의 상황을 확인해야 한다. 재해통계자료를 검토한 결과, 주요 현장 점검내용은 다음과 같다.

㈀ 수행작업이 밀폐공간 내에서 이루어지는지의 여부
㈁ 수행작업에 안전상 전기차단이 필요한지의 여부
㈂ 수행작업이 굴착작업과 병행하여 수행되는지의 여부

(ㄹ) 정비 또는 점검 결과 (특히, 검사 시에는 방사능 사용에 의한 작업이 수행되는지를 확인)
(ㅁ) 위험지역에서의 작업을 피하고 안전한 장소에서 작업
(ㅂ) 독성 물질 또는 인화성 물질의 누출 가능성, 처리 및 세정방법의 적정성
(ㅅ) 막힌 밸브나 잠긴 배관에서 액체의 열에 의한 팽창 가능성.
(ㅇ) 설비 또는 그 내부구조(내부포켓 또는 드레인 등)에 유해·위험물질이 남아 있을 가능성
(ㅈ) 환기용 점검구 또는 덮개가 있으며 강제환기장치 설치 필요성
(ㅊ) 초기 소화장비의 배치계획
(ㅋ) 출입제한구역 계획
(ㅌ) 작업 중 현장 입회자를 두어야 할지의 여부 등이 있다.

② 화기작업 허가

가연성 물질이 존재하는 곳에서는 화재/폭발의 위험성이 잠재하고 있다. 화재/폭발 위험지역에서 화기작업을 할 때는 반드시 화기작업 허가를 받아야 한다.

(ㄱ) 작업구역의 설정 : 화기의 사용을 실시하는 작업에서는 발생하는 화염 또는 스파크 등에 의해 인근 공정 설비에 영향을 미칠 수 있다고 판단될 때는 그 주변까지 작업구역으로 설정하여, 관계자외의 통행 및 출입 제한한다.
(ㄴ) 가연성 물질 및 독성 물질의 가스농도 측정 : 화기작업을 하기 전에 작업대상이 되는 기기 및 작업지역 내에 독성 및 가연성 물질의 농도를 측정하여야 하며, 그 측정 사항을 허가서에 기록한다.
(ㄷ) 차량 등의 출입제한 : 충돌에 의한 재해의 발생뿐만이 아니라 점화원이 될 수 있는 요소를 제한한다. 불꽃이 발생하는 내연설비와 차량 등은 작업구역 내의 출입을 통제해야 한다.
(ㄹ) 밸브차단 표지 부착 : 화기를 사용하는 작업을 수행하기 위해 밸브를 차단하거나 맹판*을 설치 시에는 차단하는 밸브에 밸브잠금의 표지 및 맹판의 표지를 부착하여 실수로 개방하는 일이 없도록 한다.

> * 맹판(blind flange) : 화학장치, 보일러 등의 압력장치를 수리하는 경우, 연결되어 있는 배관에 의해서 위험성을 초래할 경우가 있다. 이런 때에 배관으로부터 위험물이 누설되거나 분출되지 못하도록 체크 플레이트(check plate)를 확실하게 부착하여 작업하게 되는데 이 체크 플레이트를 맹판이라고 한다.

(ㅁ) 독성 물질 또는 가연성 물질의 방출 및 처리 : 독성 물질 또는 가연성 물질이

포함되어 있는 배관이나 용기 그리고 인접에서 화기작업을 수행하는 경우에는 첫째, 작업 전에 공정물질을 완전히 방출처리하고, 둘째, 세정작업을 실시한 후, 셋째, 가스농도를 측정한 후에 화기작업 수행한다.

(ㅂ) 가연성 물질의 보호 : 화기를 사용하는 작업 시에는 화원(특히 용접 스파크 등)이 주변 비산하여 인화성 물질에 점화가 일어날 가능성이 있다. 이런 경우 불연성 물질 등을 사용하여 보호하여야 하며 또한 만약 개방한 공간에서 화기작업을 실시할 때에는 사전에 밀폐한 후에 실시한다.

(ㅅ) 화기작업의 입회 : 화기작업은 혼자서 실시해서는 안 된다. 입회자로 선임된 자는 화기를 사용하는 작업을 시작하기 전 및 작업을 실시하는 도중에 현장을 입회하여 안전상태를 확인한다. 또한 작업 중에는 주기적인 가스의 측정 등 안전성 향상을 위해 필요한 조치를 취해야 한다.

③ 일반작업 허가

위험지역에서 화기를 사용하는 작업이 포함되지 않는 작업으로서의 위험한 작업을 수행 시에는 상온작업 허가를 받아야 한다. 위험한 작업의 종류는 해당 사업장 또는 공정의 특성을 고려하여 설정해야 한다.

(ㄱ) 작업구역의 설정 : 일반적인 위험한 작업을 실시할 때는 외부로부터 점화원의 유입을 억제하기 위해 적절한 범위의 구역을 작업구역으로 설정하며 필요에 따라, 차량의 통행 등을 제한한다.

(ㄴ) 작업의 제한 : 온도/압력/유해·위험물질 등이 존재하는 공정설비와 그 부속설비의 점검/수리/해체하는 작업을 할 때에는 압력의 방출, 냉각 및 내용물의 배출 등 위험성을 낮추기 위해 위험요인을 제거한 후 안전하게 작업해야 한다.

(ㄷ) 밸브차단 표지 부착 : 일반적인 위험한 작업을 수행하기 위하여 밸브를 차단, 맹판 설치 등을 실행할 때에는 밸브차단의 표지 및 맹판의 설치 표지를 부착한다.

(ㄹ) 독성 물질 또는 가연성 물질의 방출 및 처리 : 독성 물질 또는 가연성 물질을 포함하고 있는 배관 또는 용기의 내외에서 일반적 위험한 작업을 수행하는 경우에는 작업 전에 공정물질을 완전히 방출하며 세정작업 후에는 가스농도를 측정한 후에 안전하게 작업을 수행한다.

④ 밀폐공간 출입 작업 허가

독성 물질, 가연성 물질, 부식성 물질을 저장하는 탱크 및 가스유입에 의해 산소결핍 가능성이 있는 밀폐공간에서 작업을 하기 위해서는 작업하기 이전에 안전성 확보를 위해 밀폐공간 출입 허가를 받아야 한다.

㈀ 밀폐기기를 개방 시 주요 안전조치 사항

- 고압, 고온에서 운전되었거나 독성, 가연성 물질을 취급하고 있는 밀폐공간에서 작업하고자 할 때는 압력 방출 및 온도 냉각
- 공정물질을 제거하고 질소와 공기로 치환, 특히 기기 내부에 존재하는 포켓부분 및 드레인 라인 등에 물질이 잔류될 수 있으므로 고정물질을 완전 방출
- 개방 후 배관을 격리하거나 밸브의 이중 잠금 도는 맹판을 설치하고 밸브 잠금 표지 또는 맹판 설치 표지를 하여야 하며 기기 내의 모든 작동 부분은 전기적/기계적으로 차단
- 운전책임자는 개방 대상 기기와 공정물질의 물질안전보건자료 및 내재된 위험사항에 대하여 작업자 특별 교육
- 기기 내에 잔류될 수 있는 물질에 의해 작업자가 그 물질에 폭로되지 않도록 개인 보호구 및 안전상구 착용
- 배기장치가 존재하지 않는 독성 및 가연성 물질을 취급하는 기기를 개방할 때는 별도로 정해진 작업 절차서를 작성하여야 하며, 입회자의 감독 하에 작업함.

㈁ 밀폐공간 출입 시 안전조치 사항

- 용기의 치환과 세척 : 작업자가 출입하기 전에 용기 내부 및 공정물질이 남아 있을 수 있는 부분(시료 채취점, 압력계, 온도계)은 분리하여 철저히 세척한다. 세척작업을 실시할 때 질소 등을 사용하는 경우에는 반드시 공기로 치환한다.
- 독성 물질 및 가연성 물질의 가스농도 측정 : 용기의 내부를 세척한 후에는 용기 내에 독성 물질 및 가연성 물질의 가스의 체류 여부를 확인을 위해 가연성 가스 측정기로 측정한 후 작업허가서에 기록한다.
- 산소농도의 측정 : 용기의 내부를 세척한 후에는 잔류 산소함유량을 산소농도측정기로 측정하여 잔류공기의 산소함유량이 체적비 18% 이상 23.5% 미만일 때에 허가한 후, 그 측정 결과는 허가서에 기록한다.
- 측정하는 빈도 : 체류된 가스와 산소농도의 측정은 일정한 시간을 두고 정기적으로 실시한다.
- 밀폐공간 출입의 제한 : 용기 내의 공기를 측정한 결과가 안전한 상태로 확인될 때까지 용기 내에 출입을 허가해서는 안 된다.

(ㄷ) 밀폐공간 내 작업 시의 수칙
- 대공간에서의 작업 시 작업자는 구명줄 착용
- 작업 입회자는 제한 공간을 출입할 때 반드시 입회하고 필요에 따라 출입 시 안전을 확인한 후에 용기의 외부에 대기조(2인 1조)를 대기하도록 조치
- 안전대 또는 구명줄의 이상 유무를 항상 확인
- 항상 작업자와 통신하며, 비상시 도움을 요청할 수 있도록 통신장비 휴대
- 용기 내 환풍 : 송풍기를 설치하거나 에어라인 호스 마스크를 착용시킨 후 작업
- 용기 내 조명 : 용기 내의 작업 중에는 작업에 필요로 하는 조명을 확보하여야 한다.
- 용기 내 조명의 방폭 : 조명이 필요할 때에는 조명은 저전압 방폭구조로 되어야 한다.
- 방폭공구의 사용 : 용기 내부의 작업 시에는 사용하는 모든 공구는 공기 작동식 공구 또는 방폭구조를 가진 공구를 사용한다.

(4) 안전작업 허가 및 절차 평가항목

평가항목에는 다음과 같은 항목을 포함한다.

① 위험작업을 수행할 경우 안전작업허가서를 발생하고 있는가?
(ㄱ) 허가서 발생실적을 공무부 작업일지 등과 대조한다.
(ㄴ) 현장을 순시할 때 작업이 실시된 부분에 대하여 허가서 발생 실적과 비교하여 확인한다.

② 안전작업 허가서를 작성하여 승인할 때에 필요한 모든 제반 사항은 반드시 확인하고 있는가?
(ㄱ) 일반적인 작업에 대한 작업 허가서의 작성과 승인 시 확인 사항
(ㄴ) 안전작업 허가 절차 및 허가서의 내용 확인

③ 안전작업 허가서는 보관기간을 정하여 유지/관리하고 있는가?
안전작업 허가서는 1년 이상 보관하고 있어야 한다. 평가 시에 확인하여야 한다. (KOSHA Guide 안전작업 허가 지침상 보존기간 1년)

④ 안전작업 허가서에는 해당 작업과 관련이 있는 책임자의 허가를 모두 받도록 하고 있는가?

⑤ 화기작업 시 작업 대상 내외의 인화성 가스농도를 측정하며, 배관계장도 검토를 통한 맹판 설치 및 밸브차단 등의 필수조치는 빠짐없이 이루어졌는가?

⑥ 작업 시 작업 대상 내외에 유해가스농도 측정, 산소농도 측정, 배관계장도 검토 등을 통한 맹판 설치, 밸브의 차단 등 필요한 조치는 빠짐없이 이루어졌는가?

⑦ 굴토작업 허가 시 지하 매설물을 확인하기 위한 절차가 마련되어 실행하고 있는가?

㈀ 안전작업 허가 절차서 내용 확인한다. 특히 지하매설물을 확인하는 방법이 정립되어 있는지 또한 그대로 실행하고 있는지를 확인한다.

㈁ 주요 지하매설물 확인 대상으로는 다음과 같다.

- 하수관, 소방송수관, 배수관, 공장 폐수관
- 특고압선, 고압 또는 저압선, 공정배관
- 전화선, 접지시설, 음극 방식선, 계기선 등

㈂ 만약 평가기간 내 굴토작업이 없었다면 '해당 없음'으로 처리한다.

(5) 안전작업 허가 및 절차 주요 문제점

① 형시저인 허가서 발생

㈀ 사전현장 및 안전조치를 확인하지도 않고 허가서 발생. 검토 도면(Blind 도면 등)이 첨부되어 있지 않음.

㈁ 여러 장소의 작업을 한 장의 허가서로 발행한다. 통제범위 내에서만 발행이 가능하다.

㈂ 화기작업과 입조작업(위험 협소공간의 작업) 등의 동시 작업 시 현장관리 미흡

② 복합작업 시 한 종류의 허가서만 발행

고소화 작업, 화기작업, 굴착작업, 전기차단, 제한공간 출입 등에 관해서 각각의 허가서를 발행해야 한다.

③ 장기간(8시간 초과)작업 허가서 발생

㈀ 1일 8시간 초과 시 재발급하여야 한다.

㈁ 한 장의 허가서로 장기간에 걸쳐 사용 시에는 첨부 서식에 의해 현장에서 현장부서 감독자가 중간에 동일한 사항을 확인 후에 허가하는 것이 필요하다.

④ 입조작업 시 독가스, 산소, 가연성 가스 측정결과가 미기록 또는 허가서에 1회만 측정하여 기록 관리. 측정결과는 반드시 기록하여야 하며, 작업시간동안 주기적으로 측정해야 한다.

⑤ 전기차단작업 시 시건장치 미사용
　㈀ 고리표와 함께 시건장치를 사용한다.
　㈁ 열쇠는 작업자에게 목걸이 타입으로 제공되어 필요하다.

⑥ 과다한 점검다수 실시 : 질소 및 유해물질 등의 배관은 반드시 차단밸브 대신에 배관을 분리 또는 맹판으로 완전 격리 필요하다. 하지만 꼭 인식되어야 하는 사실은 모든 밸브는 샌다는 사실이다. 과다한 점검은 작업의 효율뿐만이 아니라, 작업의 효과가 떨어진다. 필요한 점검이 되도록 항상 재검토하여야 한다. 참고로, 맹판(blind flange) 도면은 허가서 발생 시 반드시 제공하여야 한다.

⑦ 이동용 전기기구의 접지 및 누전차단기 설치 여부 확인 필요

⑧ 방폭형 전기기계기구 사용 및 전기차단조치 여부 확인 필요.

5.4 점검유지보수 지침

(1) 설비의 점검/검사/보수 유지계획 및 지침의 목적

사업장 내의 유해·위험설비를 스스로 규정하고 그 설비에 대하여 점검, 정비 및 보수를 수행한다. 설비의 유지계획에 관한 사항과 절차를 사전에 정해둔다. 이렇게 정해진 절차에 따라 유해·위험설비를 유지 관리하여 사고예방을 위해 설비를 정비하여 사업장의 설비수명을 예측하고 그에 따른 대책을 세운다. 이상과 같은 노력에 의해 설비를 안전하게 운전할 수 있도록 하는 것이 목적이다.

(2) 유해·위험설비의 종류에는 포함되어야 하는 대상

다음과 같은 시설은 유해·위험설비에 포함된다.

① 압력용기와 저장탱크 계통 설비
② 배관 계통 설비 (밸브와 같은 부속설비 포함)
③ 압력방출 계통 설비
④ 비상정지 계통 설비
⑤ 전기 및 계측제어 계통 설비
⑥ 회전기기 (펌프, 압축기, 송풍기 등)
⑦ 그 외 설비는 사업장의 특성에 따라 추가해야 함.

(3) 지침서에 포함해야 할 내용

다음과 같은 항목이 지침서에 포함되어야 한다.

① 지침서의 목적
② 적용해야 하는 범위
③ 구성기기의 중요도 다시 말해 우선순위를 등급 매김.
④ 기기의 점검(검사 및 시험)[*1)]
⑤ 기기의 결함관리
⑥ 기기의 정비[*2)]
⑦ 기기 및 자재의 품질관리
⑧ 위주업체 관리
⑨ 설비의 유지관리 등

* 기기의 점검/결함관리 및 정비에 대해서 기술하고 자세한 내용은 KOSHA Guide "유해위험 설비의 점검/정비/유지관리 지침" 참조한다.

(4) 설비의 점검, 검사, 보수계획 및 유지계획에 관한 평가항목

① 설비의 유지계획/점검/보수계획/검사 등에 따라 예방점검 및 정비/보수를 실시하고 있는가?
② 위험설비의 유지와 보수에 관여하는 근로자들에게 공정의 개요 및 안전한 유지/보수작업을 위해 필요한 안전작업절차 등에 대해 교육을 실시하는가?
③ 공정조건과 위험성 평가 등을 고려하여 위험설비의 등급을 구분한다. 또한, 이에 따른 점검 및 검사주기를 중요성을 고려하여 결정하여 관리하고 있는가?
④ 각 설비에 대하여 검사기록을 관리하는가?
⑤ 구매 사양서에는 기기의 품질을 확보하기 위한 비파괴검사 결과, 열처리 및 수압 시험 결과, 재료의 최소 두께 등의 기재를 규정하고 있는가?
⑥ 제작자 지침과 설계사양에 따라서 장치 및 설비가 올바르게 설치되었는지를 확인하기 위한 절차를 마련하여 시행하고 있는가?
⑦ 해당 기기별로 유지 및 보수에 필요한 예비품을 관리하고 있는가?
⑧ 설비를 정비한 이력을 기록하고 관리하며 이들의 분석을 통한 예방정비에 활용하고 있는가?

5.5 도급업체 안전관리

(1) 도급업체 안전관리의 목적

사업장 내에서 사업 또는 공사의 일부 또는 전부를 도급에 의하여 실시하는 경우에는 도급업체에 의하여 시행되는 부분에 대해서도 사업장의 자체 근로자에 의하여 시행하는 부분 이상으로 안전관리를 할 수 있도록 한다.

도급업체 안전관리에 관한 주요 내용은

① 목적
② 적용대상
③ 적용범위
④ 사업주의 의무
⑤ 계획서 작성 및 승인 등
⑥ 도급업체 사업주의 의무
⑦ 그 외에도 사업장의 특성에 맞게 작성 충분히 고려하여 안전관리내용에 포함시킨다.

다시 말해, 도급업체에 안전관리의 주요 목적은 공정안전보고서에 포함될 내용 중 도급업체의 안전관리 계획 작성 및 이를 준수하기 위한 상황을 정하는데 있다. 그 뿐만 아니라 공정안전보고서 제출 대상 사업장의 사업주가 도급업체의 안전관리 계획을 작성하고 이를 실행하는데 적용하기 위함이다.

(2) 도급업체 안전관리의 사업주의 책임

① 사업주의 의무사항

㈀ 도급업체를 선정할 때는 도급업체의 안전업무 수행실적과 그 능력에 관한 자료를 토대로 안전작업 계획을 평가한다.
㈁ 도급업체의 작업을 실행하기 이전에 작업자들에게 화재/폭발과 독성 물질의 누출위험에 관하여 예방교육을 실시
㈂ 도급업체의 작업자들에게 사고 발생 시에 대처방안으로 비상조치계획 및 도급자가 취급해야 할 행동요령에 관한 교육 실시
㈃ 도급업체가 수행할 작업에 대해서도 사업주는 안전운전지침 및 절차를 규정

화하고 도급업체의 작업자가 이를 준수하도록 감독

(ㅁ) 도급업체 작업자의 사고에 의한 재해발생에 대한 기록유지와 그에 따른 이행 여부에 대해 정기적으로 확인하는 등의 내용을 포함.

(ㅂ) 그 외에도 안전작업 허가와 관련된 사항 : 공정물질이 차있거나 차있었던 펌프, 용기 또는 배관 등과 같은 기기가 개방 또는 분해될 때, 용접/절단 또는 스파크와 같은 점화원을 발생하는 화기작업, 밀폐공간 내 출입 시, 위험지역 내에 내연기관 운전 시, 전기작업 시, 굴착작업 시, 방사능 사용 작업 시, 중장비작업 시, 고소작업 시에 안전작업 허가서를 발급받아야 함.

② 도급업체 사업주의 의무

(ㄱ) 작업자들이 안전하게 작업을 수행할 수 있도록 하는데 필요한 교육 및 훈련의 실시에 관한 사항

(ㄴ) 작업자들이 화재/폭발/독성 물질 누출 위험과 예방에 관한 사항 및 비상조치 내용의 숙지 여부 확인에 관한 사항.

(ㄷ) 작업자가 이수한 교육 및 훈련일시와 내용 그리고 숙지상태의 기록 관리에 관한 사항

(ㄹ) 작업자가 안전운전지침 및 절차의 준수/확인에. 관한 사항

(ㅁ) 작업자가 작업 중에 인지된 위험요인이 있을 경우 이를 지체없이 사업장의 안전보건 총괄책임자에게 통보 조치에 관한 사항.

(3) 도급업체 평가항목

① 사업주는 도급업체의 사업주에게 도급업체의 근로자들이 작업하는 공정에서 누출과 화재 및 폭발의 위험성과 비상조치계획 등을 고려하고 있는가?

② 사업주는 도급업체의 근로자들의 안전 확보를 위해 수행해야 할 사항을 충실히 실행하고 있는가?

③ 도급업체의 사업주는 도급업체의 근로자들의 질병 및 부상 등의 재해발생 기록을 관리/유지하고 있는가?

④ 도급업체의 사업주는 도급업체의 근로자들에게 필요한 직무교육을 실시하며, 그 기록을 유지하고 있는가?

5.6 교육계획

(1) 공정안전에 대한 교육과 훈련의 목적

설비의 안전운전, 안전작업 그리고 정비/보수/유지/비상조치 등 공정안전관리제도와 관련 있는 근로자, 관리감독자, 도급업체, 사업주 및 근로자 그리고 기타 일용근로자에게 실시할 교육계획을 수립하여 실시함으로써 공정에서 발생하는 사고를 예방하는 것을 목적으로 한다. (참고, 재해 방지가 목적이 아님)

(2) 공정안전에 대한 교육과 훈련의 주요 내용

교육 훈련의 주요 내용 중 아래 두 개에 대해 좀 더 자세히 알아보자.

① 교육계획의 수립

㈀ 안전관리자는 교육계획의 작성을 위하여 관리감독자, 안전담당자 등으로 하여금 해당 부서의 교육 훈련에 관한 계획을 제출하게 할 수 있다.

㈁ 연간 교육 훈련의 계획을 결정하여 안전보건관리책임자의 승인을 얻어야 한다.

② 공정안전 교육계획의 실시

㈀ 교육 훈련은 **지속적**으로 **반복**해서 실시함을 원칙으로 한다.

㈁ 교과목, 교재, 교육내용 등은 교육 훈련을 받는 대상자의 담당직무 특성, 직위, 수준, 근무 연수 등에 따라 적절히 변경한다. 특히, 주요 위험시설에 대해 신규로 투입되는 신규 근로자에 대한 교육은 특별한 주의와 관심이 필요하다.

㈂ 교육 훈련은 실제상황에 근접한 조건하에서 이루어져야 한다.

㈃ 교육 훈련은 학습, 시청각교육, 강의, 현장실습, 토의 등 다양한 방법으로 실시함.

㈄ 교육하는 강사는 공정기술자, 고급운전자, 정비기술자, 기계/전기 분야 기술자 또는 이에 준하는 사내외 전문가로 구성한다.

㈅ 작성된 교재는 안전관리자의 검토 후에 안전보건관리책임자의 승인을 받는다.

㈆ 신규시설에 대한 교육은 반드시 시설물의 시운전 전에 실시한다.

㈇ 공정상 변경을 동반하는 경우에는 교육내용에 반드시 최근에 변경된 사항을 포함하여 교육함으로써 혼란이 일어나지 않도록 한다.

(3) 공정안전 교육에 대한 여러 규정

① 공정안전 교육의 종류

안전보건 기본교육은 안전보건교육이 정하는 바에 따라 규정시간 이상을 반드시 이수해야 한다.

안전보건교육에 관한 기본 종류는 다음과 같다.

(ㄱ) 필수시간에 관한 법정 교육(위탁교육)
(ㄴ) 안전보건관리책임자 법정 직무교육
(ㄷ) 안전관리자 법정 직무교육
(ㄹ) 보건관리자 법정 직무교육
(ㅁ) 산업보건의 법정 직무교육

이상의 법정 교육은 위탁교육으로 이루어지고 있는 것이 많다. 각 사업장 특성에 맞게 위탁교육기관을 조사해 보아야 한다.

② 사업장 내 안전보건교육 및 필수이수시간

크게 기본교육과 직무교육으로 나뉘어져 있다. 기본교육은 신규채용 시 8시간 교육, 작업 변경 시 2시간, 특별안전보건교육 16시간 교육, 관리감독자 교육 16시간 교육, 정기안전보건교육은 분기당 6시간 교육, 단 사무직은 3시간(분기별)을 의무적으로 받아야 한다. 또한 직무교육은 월 2시간 교육한다.

이중 신규채용 시 교육과 직무교육은 반드시 다음과 같은 것을 포함하여야 한다.

구분	교육과정	담당부서	이수시간
기본교육	신규채용 시 교육 작업변경 시 교육 특별안전보건교육 관리감독자 교육 정기안전보건교육	안전부서 해당 부서 해당 부서 안전부서 공통	8 hr 2 hr 16 hr 16 hr 6 hr/분기 (사무직 3 hr/분기)
직무교육	직무교육		2 hr/월

공장에서 신규로 채용된 직원에게 담당업무 종사와 관련된 업무와 관련되는 안전보건교육을 8시간 이상 실시해야 한다.

③ 신규채용 시 교육에는 다음과 같은 내용을 포함해야 한다.

㈀ 산업안전보건법령에 관한 사항
㈁ 산업재해 발생경위 사고유형 및 예방 등에 관한 사항.
㈂ 해당 설비 기계 및 기구의 안전점검 방법에 관한 사항
㈃ 기계/기구의 위험성과 안전작업 방법에 관한 사항
㈄ 안전장치 및 보호구 사용에 관한 사항

대부분의 경우 안전점검과 안전작업에 대하 설명 후 관련 사고사례를 통해 그 중요성을 인식한 후 마지막으로 안전장치 보호구의 사용법을 실습을 통해 교육 받는다.

④ 공정안전에 관련된 직무교육에는 다음과 같은 내용을 포함한다.

공정안전 교육 훈련은 지속적으로 정기적으로 반복적으로 실시되어야 한다. 공정안전에 관련된 직무교육을 실시할 때는 공정의 특성, 취급물질의 위험성, 설비의 복잡성, 운전상의 난이도 등을 감안하여 해당 부서별로 실시하되, 특히 중요한 위험시설의 안전운전을 위해서는 다음 내용을 포함한다.

㈀ 설비 전에 작업공정에 필요한 일반 사항
㈁ 공정이나 사용 화학물질에 대한 위험요소나 주의 사항
㈂ 설비의 정상운전과 비상시의 운전정지를 포함하여 운전조건의 감시와 공정의 제어
㈃ 설비의 점검, 유지보수 및 검사 시의 절차와 방법
㈄ 비상시의 운전절차
㈅ 비상시의 조치절차 훈련
㈆ 재해 및 아차사고를 포함한 유사설비의 사례 (이러한 아차사고를 줄이기 위해 노력해야 높은 수준의 안전관리가 될 수 있음을 인식하자.)

⑤ 하도급 근로자와 일용 근로자에 대한 교육

㈀ 하도급 근로자 교육은 하도급 발주부서의 관리감독자가 직업 전에 실시하며, 필요한 경우에 소정의 교재를 제공하며, 이를 하도급업체의 사업주 등에게 위임할 수 있다.
㈁ 최근 하도급 근로자의 안전관리가 지속적으로 중요시되고 있다. 최근 법 개정에 의해 사고의 책임이 원청에 있음을 인식하자.

⑥ **공정운전에 관한 교육 훈련의 평가항목**

㈀ 공정안전과 관련된 해당 근로자의 초기 및 재교육을 실시하고 그 결과는 문서화하여 관리하고 있는가?

㈁ 연간 교육계획을 수립하여 시행하는가?

연간 PSM 관련 교육계획을 수립하여 실시해야 한다.

5.7 가동 전 점검

(1) 가동 전 점검지침의 목적

사업장에서 새로운 설비를 설치하거나 공정 또는 설비를 변경하는 경우는 자주 발생한다. 실비 변경 후 설비의 안전운전을 위하여 설비를 가동하기 전에 점검을 실시해야 한다. 이때 필요한 지침을 사전에 정하여야 하며, 점검 시에는 그 절차에 따라 시행하여 필요한 사항을 누락 없이 점검할 수 있도록 해야 한다.

여기서는 가동 전 점검에 대해 간단히 설명한다. 각 사업장 특성에 따라, 장비, 설비에 따라 점검 내용, 점검 방법 등이 달라짐을 명심하자. 매뉴얼, 지침보다는 자신에 맞는 점검 시스템을 만들어야 할 것이다. 단 편리함 보다는 안전성 향상을 목적으로 실시해야 함을 명심하자.

(2) 가동 전 점검 사항

① **일반적 점검내용**

㈀ 신설, 변경 및 정비/보수된 설비가 정해진 기준대로 제작되었는지 확인

㈁ 신설, 변경 및 정비/보수된 설비가 설치기준 또는 시방서에 맞게 설치되었는지의 확인

㈂ 신설, 변경 및 정비/보수된 설비의 자동제어와 안전장치의 기능 확인

㈃ 신설, 변경 및 정비/보수된 설비에 규정된 검사를 실시 및 합격여부의 확인

㈄ 안전운전에 필요한 자료 및 절차

㈅ 시운전 및 운전개시에 필요한 사항에 대한 확인

㈆ 위험성 평가보고서 중에 개선을 권고한 사항이 이행되었는지의 확인

② 점검표의 작성

㈀ 점검팀은 점검할 대상의 설비에 대하여 점검항목, 점검결과, 점검사항 등이 포함된 점검표를 준비한다.

㈁ 점검표는 각 설비 또는 공정별로 운전 절차서, 설계도면에 따라 안전운전상에 필요한 사항을 점검 가능하도록 구체적으로 작성한다.

㈂ 점검표는 사업장에 특성에 맞도록 단위공정별로 작성하는 것이 좋다. 점검표 작성은 지속적으로 정기적으로 수정·개정되어야 한다.

③ 점검팀의 구성

㈀ 가동 전 점검팀 : 점검범위에 따라 구성. 사전교육 및 훈련된 기술자로 구성되어야 한다.

㈁ 팀 책임자, 설계, 검사, 정비 기술자, 운전 기술자, 비상 계획 및 안전관리자를 모두 포함한다. 또한, 특수설비 및 주요 회전기기는 제작사의 전문가를 입회시켜야 한다.

본 교재에서는 PSM 요소 중에 하나로 가동 전 점검이라는 것이 있으며, 사업장 내 각 시설에 대해 기기를 작동시키기 전에 기기 및 설비의 상태를 확인해야만 한다고 간단히 설명한다.

하지만, 실제로 현장에서는 이 부분이 안전관리에 있어서 가장 중요한 부분이며, 많은 지식과, 노력과, 경제적 부담이 된다. 어떤 기계를 어떻게 점검해야 할지는 사업장 특성을 고려하여 실시하면 된다. 물론 그때 그 근거를 명확히 해둘 필요가 있다. 많은 사업장에서 과거에… 선배가 하고 있었으니… 매뉴얼에 그렇게 써 있으니까… 라는 이유로 하던 데로 하는 경우가 많이 있다. 다른 사업장에서 사용하는 것을 높게 참고하지 말고, 자신의 사업장 특성에 맞게 고려하길 바란다.

점검에 대해서 많은 매뉴얼 및 가이드라인이 존재한다. 어디까지나 참고임을 명심하자.

안전관리 담당자는 어느 시설에 장비에 대해 전문가가 되는 것보다는(=어떻게 점검하는가 보다는) 어떤 팀원을 가지고 어떻게 일을 할지에 더욱 큰 관심을 가지길 바란다.

5.8 자체감사

(1) 자체감사 실시의 이유 및 목적

우리가 사는 사회는 어떤 법과 규정이 존재하고 그 규정에 따라 실시하고 있다. 하지만, 삼권분립에 의해 그 법을 실행하는 행정기관이 정해진 법과 규정을 어떻게 적용하느냐에 따라 그 법은 좋은 법이 될 수도 있고 그렇지 않은 경우도 발생한다. 공정안전관리도 아무리 좋은 시스템을 가지고 있다고 하더라도, 그것을 실시하는데 문제가 있다면 그 시스템은 무용지물이 될 것이다. 공정안전관리가 잘 진행되기 위해서는 각 담당부서에서 규정하고 있는 사항을 성실히 이행하고 있어야 한다. 자체감사의 실시는 공정안전관리의 제어기능을 수행하며, 감사 지적에 근거한 책무를 강화하고, 내부규정과 법규의 이행을 용이하게 해준다. 따라서 자체감사는 공정안전보고서 내용을 각 담당부서에서 규정대로 성실히 이행하고 있는지의 여부를 평가하고, 확인하기 위해 사업장 자체에서 감사를 실시한다.

- 제어(制御) : 사람이나 어떤 기계가 다른 기계나 설비 따위를 목적에 알맞은 동작을 하도록 조절함.

(2) 자체감사 및 감사 평가내용

① 먼저 자체감사 계획을 수립한다. 감사계획에 맞추어 감사업무를 선정하고 선정된 사항은 감사업무에서 전담한다.

② 매년 1년마다 자체감사를 실시하며, 그 결과를 문서화하고 있는가?

㈀ 자체감사 결과보고서를 3년간 보관/관리해야 한다.

㈁ 12개 요소에 대해 전부 감사해야 한다.

③ 자체감사팀에는 공정설계 또는 공정기술자, 계측제어, 전기 및 방폭 기술자, 감사 및 정비 기술자, 안전관리자 등 전문가가 참여하는가?

④ 자체감사 결과에서 도출된 문제점을 문서화하고 그 개선계획을 수립하여 시행하고 있는가?

⑤ 자체감사 결과보고서를 경영층에 보고하고, 세부내용을 전 근로자에 알려주는가?

⑥ 감사결과 및 개선내용을 문서화한 보고서를 3년 이상 보존하면서 정리정돈하어 관리를 하고 있는가?

5.9 사고조사 계획

(1) 공정사고 조사의 목적

하인리히의 이론에 의하면, 재해는 어느 하나의 원인에 의해 발생하는 것이 아니라, 여러 단계를 거쳐 재해에 이른다. 또한, 산업의 종류에 따라 다르지만, 작은 사고가 발생하는 빈도가 높은 사업장이 중대재해가 발생할 가능성 또한 높다. 따라서, 사업장 내에서 공정사고 및 중대산업사고로 발전될 수 있었던 아차사고(Near miss)의 발생을 조사 및 분석하여 중대산업사고로 발전됨을 차단하여야 한다. 사고방지를 위한 안전관리를 위해서는 아차사고관리는 매우 중요하다.

조사를 위해서는 공정사고 조사계획 수립, 공정사고 조사팀을 구성하여 공정사고 조사보고서를 작성한다. 사고의 유형 및 관련된 위험물질, 사고로 인한 피해크기와 범위를 조사하여 그 대책을 마련, 비슷한 유형의 사고가 재발하지 않도록 방지하는데 그 목적이 있다.

공정사고와 아차사고란?

1. **공정사고**란 화재/폭발, 위험물질 누출 등에 의한 사고와 그런 사고로 인해 발생할 수 있는 운전조건에 상·하한치를 벗어난 경우나 장치 및 제어계통의 고장 그리고 외부요인에 의한 이상발생 중 어느 하나에 해당되는 사고를 말한다.
2. **아차사고**란 잠재되어 있는 사고요인을 작업자가 사전에 발견하거나 사고조건이 형성되지 않아 실제 공정사고로 발전하지 않은 사고를 말한다.

(2) 공정사고 조사 내용

① 조사 내용 및 방법

사고 조사양식을 정해두어 실시한다. 양식은 사업장 특성을 고려하여 작성되어야 할 것이다. 일반적으로는 적용범위, 공정사고 조사팀의 구성, 공정사고 조사 보고서의 작성, 공정사고 조사결과 처리 등이 포함된다.

공정사고 조사방법으로는 사고와 관련된 물적 증거가 손상되지 않도록 조사가 끝날 때까지 현장을 보존하여야 하며 현장상황을 사진과 비디오 등으로 촬영하여 보존하며 필요시에는 유사상황 재현, 설비 해체 등을 통하여 근원적 사고 원인(RCA)을 분석한다.

② 공정사고 조사보고서 처리

공정사고 조사보고서에서 지적이 발생하여 권고된 개선사항들은 즉시 검토되어 적절한 대책이 시행될 수 있는 업무처리 체계를 갖추어야 한다. 개선사항에 대한 검토와 시행추진은 문서로 지시되며 변경요소관리지침에 따라 실시해야 한다. 공정사고 조사보고서는 동일 사고를 예방, 또는 사고를 조기에 발견하여 조치하여야 한다. 또한 도급업체 담당자를 포함하여 모든 작업자들에게 알리고 교육해야 한다.

공정안전보고서에서 제시된 재발방지대책을 수행하기 위한 책임부서를 지정하고 변경관리 대상인 개선대책은 변경요소관리 절차에 따라 위험성 평가를 실시하고 구체적인 장단기 대책을 수립하여 실행한다. 또한, 사내 근로자뿐만이 아니라 도급업체 담당자를 포함한 모든 작업자들을 대상으로 사고 조사결과를 교육하여야 한다.

(3) 아차사고 조사

① 아차사고의 관리

아차사고를 경험하거나 아차사고의 위험요인을 발견하면 자발적으로 보고할 수 있는 체계를 갖추어야 한다. 아차사고 조사보고서는 사고 당사자, 목격자, 단위부서 관리자 또는 안전관련 부서원이 작성한다. 아차사고가 보고되면 부서 내 협력업체를 포함한 모든 작업자들이 내용을 공유할 수 있도록 교육을 실시한다. 사업장 전체의 아차사고 사례는 협력업체를 포함한 모든 작업자들이 공유하도록 한다.

사업장 전체에 아차사고 사례를 공유하려면 동종 업종 관련 기업에서 발생한 사고 사례를 수시로 수집하여 유사사고 발생 가능성을 분석하고 유사사고 방지대책을 수립하여 실행하는 것도 하나의 대책이다.

협력업체를 포함한 모든 근로자를 대상으로 수집한 동종 업종 사고 사례 및 유사사고 방지대책을 교육하고 이 내용을 참조하여 사업장에서 적합한 아차사고 조사보고서를 서식으로 만들어 사용하여야 한다.

② 아차사고 조사보고서의 평가항목

㈀ 사고 조사 시 아차사고를 포함하여 사고 조사를 실시하고 있는가?
아차사고는 아무런 흔적이 남지 않으므로, 잘 보고가 되지 않는다. 따라서 근로자에게 아차사고의 중요성을 설명하고 적극적으로 보고하도록 하여야 한다.

㈁ 사고 조사는 신속하게 시작하도록 규정하고 있는가?

㈂ 공정사고 조사팀에는 사고 조사 전문가와 함께 사고에 관련되어 작업을 한 근로자(도급업체 근로자 포함)가 포함되어 있는가?

㈃ 사고 조사보고서에는 필요한 사항이 세부적으로 포함되어 있는가?

㈄ 사고 조사보고서를 일정기간(예; 5년) 이상 보관하는가?

06 비상조치계획

6.1 비상조치계획의 목적

비상조치계획의 목적을 한마디로 말하면 비상사태로 인해 발생하는 피해를 극소화하는 것이다. 여기서 비상이란 누출, 화재, 폭발 등 중대산업사고가 발생됨을 뜻한다. 물론, 이런 비상사태가 발생하지 않도록 평소에 치밀한 사전 준비(예측과 대비)에 최선의 노력을 다해야 한다. 하지만, 완벽한 안전은 존재하지 않기에 불의의 사고로 인해 비상사태가 발생할 가능성은 산업현장에서 항상 잠재적으로 내포하고 있다. 비상사태 발생에 따른 신속히 대처하는 것은 피해의 최소화에 큰 역할을 하게 된다. 여기서 피해의 최소화란 구체적으로 인적, 물적 피해를 최소화하는 것을 말한다. 일련의 비상조치계획의 확립은 사업장 내의 피해의 최소화만이 아니라, 지역사회로의 피해(피해영향)의 최소화 그리고 지역사회와의 신뢰구축에도 큰 도움이 될 것이다.

6.2 비상조치계획서에 포함되어 있어야 하는 내용

(1) 사고시나리오 및 피해영향 예측

① 예측 결과 반영 비상대응절차
위험성 평가 등 사고 발생 가능성을 고려하여 피해를 예측하고, 그 결과를 비상조치계획서에 반응하여, 비상대응절차에 포함시켜야 한다.

② 비상사태 경보체계
비상사태가 발생할 시에 경보시스템이 작성되어야 한다. 어느 지역까지 그리고, 어디까지 어떻게 경보를 알릴 것인지를 내용에 포함하여야 한다. 예를 들어, 소방시스템과의 겸용 등 시스템의 체계, 점검 등에 주의하여야 한다.

③ 비상대피계획
비상사태 발생 시 인명 피해의 최소화를 위해 피난경로 등을 고려하여, 피난계획을 확립하여야 한다.

④ 비상 통제소 및 조직 운영계획
방재센터와 같은 비상 통제소의 운영에 관한 물리적 사항과 인원 배치와 같은 인적 사항을 포함하여 있어야 한다.

⑤ 교육 훈련 및 평가
정기적인 교육과 교육 후 실제로 훈련을 실시할 계획을 사전에 정해 놓아야 한다.

⑥ 주민 홍보계획
사업장 내 상황을 외부에 알릴 수 있도록 필요한 사항을 즉시 알려서, 주민의 안심을 확립하여야 한다.

⑦ 이외에 지역주민과 사업장의 여건 등을 고려하여 각 사업장 특성에 맞게 작성해야 한다.

(2) 사고시나리오의 선정

비상조치계획 내용 중 비상이라는 것을 어떻게 선정하는가는 매우 중요한 출발점이 될 것이다. 위험성 평가 등을 실시하여 사고의 발생 가능성을 검토하여야 한다. 비상조치계획은 첫 단추는 사고시나리오의 선정이며 사고시나리오의 선정은 다음과 같은 사항을 고려하여야 한다.

① 최악의 사고시나리오를 기반으로 피해영향을 예측하여야 한다.
② 사고시나리오의 선정은 위험성 평가의 결과를 활용하여야 한다. 비상조치계획의 수립을 위해서 사고시나리오를 선정하여야 하며, 사고시나리오를 선정하기 위해서는 위험성 평가의 실시가 최초의 첫걸음이 될 것이다. 이런 첫 단추가 잘못 꿰어질 경우 그 다음은 더 이상 의미가 없어진다.
③ 사고 사례를 활용하여야 한다. 사업장 내의 아차사고는 시나리오 선정에 큰 도움이 된다.
④ 경험이 풍부한 근로자들에 대한 설문조사를 실시하는 것도 시나리오 선정에 큰 도움이 된다. 현장의 근로자가 그 현장에 대해 가장 잘 알고 있다는 것을 인식해야 한다.
⑤ KOSHA CODE에서 "최악 및 대안의 누출시나리오 선정에 관한 지침", "사고 피해영향평가에 관한 지침"이 있다. 여기에, 사고시나리오를 어떻게 잡아야 하는지, 피해영향을 어떻게 평가하는지, 비상대응계획을 어떻게 설정해야 할지를 설명하고 있다. 사업장 특성에 맞도록 계획을 만들어야 할 것이다.
⑥ 미국 환경부에서 개발한 ALOHA, 그리고, 우리나라의 환경부에서 ALOHA를 벤치마킹한 KORA 등이 사고영향평가에 사용되고 있다. 관심 있는 분들은 미국 환경보호청에서 개발한 ALOHA 소프트웨어를 다운로드하여, 도전해 보길 바란다. (https://www.epa.gov/cameo/aloha-software)

6.3 비상조치계획의 평가항목

(1) 근로자 교육 및 훈련

① 근로자들이 질서정연하게 안전히 대피할 수 있도록 충분히 훈련을 실시하고 있는가?
② 정기적인 교육 및 훈련을 실시하고 있는가?
③ 근로자 비상대피훈련을 실시한 후에 기록을 관리하고 있는가?

(2) 사고시나리오

① 비상조치계획에는 누출 화재/폭발 사고 발생 시 행동요령이 적절히 포함되어 있는가?

② 최악의 누출시나리오에 따른 사고에 대비한 비상조치계획을 수립하고 있는가?
③ 사고 종류별로 비상조치계획을 수립하고 있는가?

(3) 각종 비상사태 전파시스템

① 사업장 내(도급업체 포함)에서 비상사태 발생 시 비상사태를 전파할 수 있는 시스템을 구축하고 있는가?
② 비상조치계획상에 비상사태 전파시스템이 구축되어 있는가?
③ 비상사태 전파시스템의 관리는 원활하게 되어 있는가?
④ 비상발전기, 통신장비, 소방펌프, 개인보호구, 감지기 등 비상조치에 필요한 장비가 구비되어 있으며 정기적 작동검사를 실시하는가?
⑤ 각종 장비의 검사목록, 검사주기, 검사방법은 확립되어 있는가?
⑥ 각종 검사 실시 후 해당 실적을 관리하고 있는가?

07 이행상태 평가

이행상태 평가는 산업현장에서 실시하는 것이 아니라, 산업안전보건공단 및 노동부에서 평가하는 것이다. 우리는 평가를 받는 사람의 입장에서 평가하는 사람이 무엇에 관심이 있는지 알고 있다면, 좀 더 좋은 평가를 받을 수 있을 것이다. 이행상태에서 무엇을 하는지 살펴보자.

7.1 현장 작업자의 숙지 및 실천 사항

(1) 현장의 작업자는 사업장의 안전 확보를 위해 항시 주어진 업무를 수행할 때 공정안전자료를 수시로 활용하고 있는가를 자신에게 질문하고 있어야 한다. 예를 들어 다음과 같은 사항을 숙지하고 있어야 하며, 만약 미실시 시에는 즉시 대응하여야 한다.

① 공정안전자료는 운전자가 작업과정 중에 수시로 확인할 수 있는 장소에 비치하

고 있어야 한다.

② 관련 근로자가 공정안전보고서를 열람하고 있는지 그 실적을 관리하여야 한다. 언제, 누가 관람하여야 하는가를 기재하여 문서로 보관하여야 한다. 만약 문서로 보관하고 있지 않을 경우에는 열람한 시기나 내용을 알 수 있는 방법을 동원해야 한다.

(2) 자신이 작업 또는 운전할 시설에 대해 가동 전 점검 절차 및 방법을 숙지하고 있어야 한다. 이런 가동 전 점검 절차 및 방법을 숙지할 뿐만이 아니라, 다른 사람에게 설명을 할 수 있어야 한다. 현장 작업은 혼자서 이루어지지 않는다. 충분히 다른 사람과 소통을 할 수 있어야 할 것이다.

(3) 보고서에 규정된 안전운전절차를 정확히 숙지하고 있어야 한다. 안전운전절차의 실수는 돌이킬 수 없는 치명적인 피해를 유발할 수 있다. 반복 학습/훈련을 통해 몸에 친숙해져야 한다.

(4) 공정 또는 설비는 지속적으로 변경되어진다. 시운전 시에 변경사항에 대해 충분히 숙지한 후에 작업을 실시해야 된다.

(5) 비상시에는 비상사태를 즉각적으로 전파할 수 있는 시스템을 구축해야 하며, 근로자 개인의 역할(임무)을 숙지하고 있어야 한다.

① 근로자 개개인의 역할(임무)을 부여하여, 그 역할의 의미를 포함하여 필요한 교육을 실시하여야 한다.

② 한 번의 교육으로 끝나서는 안 된다. 지속적인 교육 그리고 더욱 중요한 실제로 훈련을 함으로써, 몸에 익숙하도록 하여야 한다. 비상시에 인간은 패닉상태에 빠질 우려가 있음을 잊지 말아야 한다.

(6) 자신이 작업하고 있는 또는 운전 중인 시설 및 기기에 대한 위험성 평가의 결과를 잘 알고 있어야 한다. 자신이 운전 중이거나, 작업하고 있는 시설 및 기기에 대한 위험성 평가서 및 개선계획서의 내용을 정확하게 알고 있어야 한다.

(7) 사업장 내 발생한 과거의 공정사고에 대한 원인을 알고 있어야 한다. 관리자는 현장 작업자에게 사업장 내에서 발생한 아차사고를 포함한 모든 공정사고에 대해 사고 원인, 피해내역, 재발방지대책 등에 대하여 정확하게 전달하여야 한다.

(8) 상급자가 자체감사 결과를 작업자에게 설명해 주어야 한다. 자체감사 결과 또한 적절한 교육이나 여러 적절한 방법을 통해 작업자가 인식하여, 그 결과를 반영할 수 있는 기회를 만들어 주어야 할 것이다.

7.2 정비보수작업자의 숙지 및 실천 사항

도급업체 직원을 포함하여 정비보수작업자가 숙지하고 있어야 하는 사항은 다음과 같다.

(1) 안전한 방법으로 유지 및 보수작업을 실시할 수 있도록 작업공정의 개요와 함께 해당 설비 및 물질의 위험성을 파악하고, 안전작업 허가절차에 대하여 작업 전에 작업자는 충분한 교육을 받아야 한다. 해당 작업자 안전작업절차를 숙지하지 못한 상태의 작업의 실시는 불가하다. 예를 들어 다음과 같은 사항이 포함된다.
① 작업지시서 상의 작업내용 및 지시사항 관리
② 정비/보수작업자 교육일지 및 교육내용 관리
③ SOP 내용 중 점검절차(설비의 작업절차 및 작업 시 주의 사항, 위험성, 대응방법 등)

- SOP(Standard Operating Procedures) : 업무의 품질을 유지하고 균일하게 하기 위해, 그 업무의 작업과 진행상의 순서를 상세히 기술한 지침서. 일반적으로 표준작업지침서라고도 함.

(2) 화기를 사용하는 작업에서는 화재/폭발을 방지하기 위한 안전상의 조치를 충분히 파악하고 있어야 한다. 화기작업 시 작업대상(배관이나 용기 등) 내부 및 주변에 존재하는 인화성 물질이 존재하는지 인지하고 있어야 한다.

(3) 밀폐공간에서 작업을 실시할 때는 유해·위험물질의 누출로 인한 근로자 중독 및 질식을 방지하기 위해 필요한 안전상의 조치를 파악하고 있어야 한다. 똑같은 작업이라 할지라도 개방공간과는 달리 밀폐된 공간에서의 작업은 질식 또는 중독 등에 의한 높은 위험성을 가지고 있다. 따라서 작업 전에 다음과 같은 사항을 숙지하여 그에 상응한 대응이 필요하다.
① 질식 또는 중독을 일으키는 유해물질의 종류, 특성 등
② 질식 또는 중독을 일으키는 유해물질의 존재여부 확인, 제거, 치환 방법
③ 산소농도 측정기 사용법

그 외에서 유사시의 대응, 대처 방법도 알고 있어야 한다.

7.3 도급업 작업자가 숙지하고 있어야 할 사항

공정안전의 특징은 도급업체도 주요 관심대상이다. 현재 사고, 재해발생 통계를 통해 많은 사고, 재해가 도급업체의 열약한 환경에 그 원인을 찾을 수 있다. PSM에서 도급업체의 범위는 다음과 같다.

(1) 모기업 내 화재/폭발/누출 등 중대산업사고 발생 시 그 피해 범위에 들 수 있는 모든 도급업체
(2) 제품 포장, 경비, 식당운영, 설비유지/보수 등 모든 사업영역 포함.

따라서, 어느 업종에 관계없이 피해를 입을 수 있는 가능성을 가진 모든 도급업체의 작업자를 포함한다. 도급업체 작업자가 교육을 받아야 할 사항, 다시 말해 도급업체 작업자가 숙지하고 있어야 하는 사항은 다음과 같다.

(1) 작업지역 내에 준수해야 하는 안전수칙 및 출입 시의 통제 규정에 대해 사전에 교육을 받아야 한다.
(2) 작업하는 공정에 존재하는 위험요소에 대해 잘 알고 있어야 한다. 도급업체 작업자도 작업공정 내 존재하는 위험물의 종류, 위험성, 비상시 행동요령 등을 숙지하여야 한다.
(3) 작업 중에 만일에 하나 발생할 수 있는 비상사태가 발생 시 취해야 할 조치가 무엇인지를 알고 있어야 한다.

7.4 안전관리자의 숙지사항

안전관리자는 PSM 전체를 기획, 관리하기 때문에 그 누구보다 PSM에 대해 진행절차를 포함하여 충분한 지식을 보유하고 있어야 한다.

(1) 안전관라자는 PSM에 대한 법적인 지식과 함께 과학적인 지식도 포함하여 충분한 학습을 하고 있어야 한다. 또한 사업장 내의 PSM 추진체계에 대하여 정확하게 이해하고 있고 있어야 한다. 안전관리자는 PSM 관련 산업안전보건법, 시행령, 시행규칙, 관련 고시, 관련 KOSHA Guide의 내용에 대해 잘 알고 있어야 한다. 또한, 사내 PSM 시스템에 대해 잘 알고 있어야 한다.
(2) 안전관리자는 도급업체 근로자를 포함하여, 정비부서 근로자에게 해당 공정시설에

대한 설치/유지/보수에 관련된 작업을 할 때 관련 규정을 준수하고 있는지를 확인하여야 한다.

(3) 안전관리자는 사업장의 공정안전관리의 추진상황에 대해 수시로 관련 근로자의 의견을 수렴하여 문제점을 발굴하는 환경이 조성되어야 하며 사업주는 그 보고를 받아 반영하여야 한다. 사업장의 PSM 추진상황에 맞추어 만약 사내 PSM 시스템 운영상 문제점이 발생 시에는 현장으로부터 경영진에 보고하여야 한다. 경영진 다시 말해, 사업주가 안전에 대한 책임이 있음을 인식하고 있어야 한다.

(4) 안전관리자는 매년 공정안전관리의 세부추진 계획을 수립하여 시행하며, 관련된 공정안전관리에 관한 모든 사항을 감독할 수 있는 권한을 부여받고 있어야 한다.

7.5 PSM의 현장 확인 시 확인해야 할 사항

PSM 평가를 위해 현장 확인이 필요하다. 이때에 확인해야 하는 사항으로는 다음과 같다.

(1) 보고서는 항상 현장에 근무하는 근로자들이 쉽게 볼 수 있도록 가까이 비치되고 있어야 한다. 예를 들어 다음과 같은 사항이 유지되고 있어야 한다.
   ① 현장 근로자들이 근무하는 장소에 공정안전보고서를 쉽게 찾아볼 수 있도록 비치되어 있어야 한다.
   ② 최근 스마트폰 등의 보급으로 전산으로 제공하고 있는 경우가 많다. 이때에는 현장에 전산시스템이 구축되어 있어 언제든 작업자가 확인이 가능하여야 한다.

(2) 원료, 설비 및 제품 등이 공정안전자료와 일치하고 있는지 확인해야 한다. 현대의 산업은 공정의 기간이 빠르게 변화하고 있다. 빈번한 변화로 인해 현장의 상황과 공정안전자료와 다르게 움직일 수 있음을 인식하여, 정기적으로 공정안전자료상의 자료와 현장이 일치하고 있는지 확인하여야 한다.

(3) 공정위험성 평가 결과 나타난 문제점에 대하여 개선 및 권고 사항을 모두 이행되어야 한다. 위험성 평가 결과는 반드시 현장에 반영되어야 한다. 개선 및 권고 사항은 반드시 시행되어 보고서로 관리되어야 한다.

(4) 공정상에 어떤 요소가 변경되었을 때에는 변경요소관리 실적과 함께 설비 또한 변경되어 있는지 확인하여야 한다. 현대 산업의 특징인 공정의 빠른 변화로 인해 빈번한 변경은 항상 높은 위험성을 가지고 있다. 변경요소관리 절차에 따라 변경되어야 하며, 또한 공정안전자료와 현장의 설비가 일치해야 한다.

(5) 자체감사, 공정사고 조사 결과에 따라 발생한 개선 및 권고 사항은 실제로 이행되어야 한다. 개선 및 권고 사항이 정상적으로 진행되어 완료 상태까지 도달하였는지 현상을 알 수 있도록 추적관리 시스템을 구축하고 있어야 한다.

(6) 비상발전기, 감지기, 통신장비, 개인보호구, 소방펌프 등이 그 기능이 발휘되도록 평상시에 잘 관리되고 있어야 한다. 현장에서는 비상장비 목록 및 작동검사표 등을 근거로 보유물량, 설치, 비치 위치, 성능이 제대로 발휘되는지 여부 등을 정기적으로 현장에서 확인하여야 한다. 최근 소방 분야에서도 자율점검(작동기능점검)을 하게 되었다. 점검결과표는 관리되어야 하며, 점검결과는 현장에 반영되어야 한다.

(7) 비상대피로가 정상적인 기능을 발휘하여야 한다. 다음과 같은 기능을 유지하고 있어야 한다.

① 비상조치계획서 상의 비상대피로 위치가 적합해야 함.
② 비상대피로 안내표지판 설치
③ 정전 등을 대비한 비상조명 설치
④ 대피로가 막혀 있거나, 잠겨 있거나, 장래물이 놓여 있는지 등을 정기적으로 확인하고 관리.

한 번의 설치로 끝나는 것이 아닌, 유지관리 그리고 교육과 훈련을 동반하여야 한다.

7.6 현장점검 시 주요 문제점

(1) 작업사에 대한 교육 훈련이 미흡할 뿐 아니라, 평가의 적절성도 미흡하다.

(2) 아차사고의 발굴의지가 미흡한 경우가 많다. 아차사고를 소홀히 생각하고 있다. 하인리히의 법칙에 의하면 아차사고의 발생은 재해의 발생에 가깝다는 인식이 부족하다.

(3) 사고는 작업자의 실수라는 의식이 강하다. 모든 사고의 원인은 하나가 아니라, 여러 가지 사상들이 겹쳐 발생한다. 인간은 실수를 하는 동물이다. 높은 안전성을 위해 인간이 실수하여도 되는 근원적인 안전대책을 취함이 필요하다.

(4) 현장에서 작업할 때 PSM 지침을 따르면 작업이 안 된다는 의식이 팽배해 있다. 안전한 작업은 지금 순간에는 도움이 안 된다고 느끼지만, 전체적으로 크게 보면 사업 경영에 큰 도움이 된다는 인식이 필요하다.

(5) PSM 지침과 기존 방식을 혼동하는 경우가 종종 발생한다. 단순한 지시에 따르게

하는 것이 아닌 그 의미 등을 설명하는 교육 등이 필요하다.

7.7 PSM 평가를 위한 근로자 참여와 현장 확인 사항

(1) 현장작업자 면담 평가

① 공정안전자료에 관한 업무를 수행할 때 수시로 활용하는가?
② 자신이 작업하는 시설 또는 운전 중인 기기에 대해 가동 전에 수행해야 할 점검 절차를 알고 있는가?
③ 보고서에 규정된 안전운전절차를 정확하게 숙지하고 있는가?
④ 기기 및 공정이 변경된 경우 시운전하기 전에 변경사항에 대하여 교육을 받았는가?
⑤ 상급자가 자체감사의 결과를 설명해 주는가?
⑥ 사업장 내에 발생한 공정사고에 대하여 그 원인을 알고 있는가?
⑦ 근로자 자신이 작업하거나 운전 중인 시설에 대한 위험성 평가 결과를 파악하고 있는가?
⑧ 비상사태가 발생 시에 그 비상사태를 전파할 수 있는 시스템 구축 및 활용법 그리고 근로자 자신의 역할(임무)을 파악하고 있는가?

(2) 정비보수작업자 면담 평가

① 유지/보수 작업을 수행함에 있어 작업공정의 개요와 안전작업 허가 절차 등 위험성에 관하여 작업 전에 교육을 충분히 받았는가?
② 화기를 취급하는 작업과 관련하여 화재 및 폭발을 억제하기 위한 안전상의 조치를 파악하고 있는가?
③ 밀폐공간에서 작업을 수행할 때 유해 위험물질의 누출에 따른 근로자의 중독 및 질식을 방지하기 위한 안전상의 조치를 파악하고 있는가?

(3) 도급업체의 작업자에 대한 면담 평가

① 작업지역 내에 준수해야 하는 안전수칙과 출입 시 지켜야 하는 규정에 대해 교육을 충분히 받았는가?

② 작업하는 공정에 대하여 발생 가능한 중대 위험요소에 대해 파악하고 있는가?
③ 작업 중에 발생할 수 있는 비상사태에 대해 취해야 하는 조치를 파악하고 있는가?

(4) 안전관리자에 대한 면담 평가

① 공정안전관리에 대한 지식을 충분히 보유하고, 사업장 내에 공정안전관리 추진 시스템 대해 정확하게 파악하고 있는가?
② 사업장의 공정안전관리 추진상황에 대해 수시로 조장 및 반장과 함께 근로자와 충분히 소통하고 있으며 현장의 의견을 수렴하여 발생한 문제점을 발견하고 이에 관련된 사항을 경영진에게 보고하고 있는가?
③ 도급업체 근로자를 포함하는 정비부서의 근로자가 공정시설에 대한 설치/유지/보수 작업을 실시할 때 관련 규정의 준수여부를 확인하고 있는가?
④ 연간 공정안전관리에 관한 세부추진계획을 수립/시행함에 있어 전반적인 감독권을 부여받고 있는가?

(5) 현장 확인 주요 항목

① 보고서는 현장의 근로자들이 볼 수 있도록 쉽게 접근할 수 있도록 비치하고 있는가?
② 설비, 제품 및 원료 등에 관한 자료가 공정안전자료와 일치하고 있는가?
③ 공정에 관한 위험성 평가의 결과에서 나타난 문제점에 대해 개선을 권고한 항목들을 모두 이행하였는가?
④ 변경된 요소를 관리한 실적과 현장의 설비는 일치하는가?
⑤ 자체감사와 공정사고 조사의 결과에서 제한된 개선 및 권고 사항을 실제로 이행하였는가?
⑥ 통신장비, 비상발전기, 감지기, 개인보호구, 소방펌프 등이 필요시 제기능을 발휘할 수 있도록 잘 관리하고 있는가?
⑦ 비상대피로가 정상적인 기능을 발휘할 수가 있는가?

(6) 근로자 참여와 현장 확인

① 작업자에 대한 교육훈련 평가 미흡

② Near miss의 발굴의지가 미흡한 경우가 많음
③ 사고는 작업자의 실수라는 의식이 강한 경우
④ 현장에서 작업할 때 PSM 지침을 따르면 작업이 안 된다는 의식
⑤ PSM 지침과 기존 방식을 혼동하는 경우 등

5 안전인의 권리와 의무

01 우리의 현실

1.1 대형재난 현황

과거 30년간의 우리나라의 사업장에서 발생한 주요 대형재난을 몇 건 언급해 본다. 돌이켜보기 싫을 정도로 참으로 마음 아픈 재난이 발생하고 있음을 알 수 있다.

▼ 표 대형재해 현황

년도	재해	사망자수
1993년	서해페리호 침몰사고	292명
1994년	성수대교 붕괴사고	32명
1994년	충주호 유람선 화재	26명
1994년	아현동 도시가스 폭발	12명
1995년	삼풍백화점 붕괴	501명
1995년	상인동 가스 폭발사고	101명
1998년	부천 LPG 충전소 폭발	1명 (96명 부상자)
2003년	대구 지하철 화재	192명
2008년	이천 냉동창고 화재	40명
2014년	세월호 침몰사고	304명
2020년	이천 물류창고 화재	38명
2022년	이태원 압사사고	159명
2024년	화성 일차전지 화재	23명
2024년	제주항공 무안공항 착륙 폭발	179명

많은 사람들이 고민하고 있다. 어떻게 하면 이런 재난을 막을 수 있는가? 법을 어떻게 바꾸어야 하는가? 어떻게 시스템을 바꾸어야 하는가? 많은 분야에 걸쳐 많은 전문가, 관계인들이 고민해 왔다. 지난 시간동안 법도 많이 바뀌었고, 시스템도 바꾸었고, 막대한 예산을 사용해 왔다. 그럼에도 불구하고, 대형재해는 반복적으로 발생하고 있다.

그럼, 왜? 그간의 노력에도 불구하고, 이런 재해가 반복되고 있는 걸까?

근본원인을 생각해보면 이런 재난은 우리 인간의 산업발전과 동반하여 발생하는 것이다. 만약에 산업이 발전하지 않았다면, 이러한 재난도 발생하지 않은 것이다.

산업의 발전은 우리 인간의 편리함을 위해 발전되어 왔다. 산업발전과 더불어 활발한 경제활동이 이루어져 우리의 삶을 풍요롭게 만들어 왔다.

현 산업사회는 과학 기술이 지속적으로 발전하면서, 사회적 요구에 따라 새로운 제품, 새로운 시스템이 나타난다. 이때, 우리는 이런 새로운 변화가 우리의 삶을 풍요롭게 할 수 있다고 생각을 한다. 하지만, 모든 일에는 장점과 단점이 존재함에도 불구하고, 우린 장점만을 쳐다보는 경향이 있다.

일본 안전학자 노그치 카즈히코 선생님의 말씀을 인용해 볼까한다.

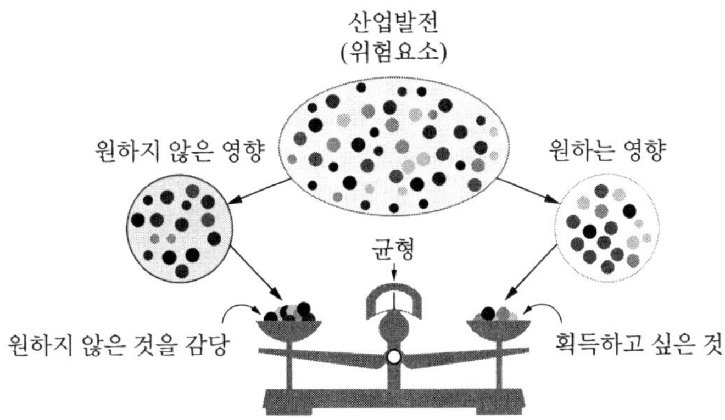

▲ 그림 **산업발전에 의한 영향 개념도**

인간의 욕구는 끝없는 편리성을 요구하게 되고, 이런 욕구를 충족시키기 위해 끝없이 새로운 산업이 탄생한다. 이런 사회적 요구에 따라 탄생하는 새로운 산업에 의해 우리 사회는 발전해 나가는 것이다. 하지만, 우리는 새로운 산업이 탄생할 때 그 산업에 의해 부정적인 면은 무시한 체, 우리가 얻는 긍정적인 면만을 생각하는 경향이 있다. 우리가 보고 싶은 이익만을 생각한 결과, 그 새로운 산업에 잠재하고 있는 위험요소를 인지하지 못하는 경향이 있다.

앞에서 언급했듯이 과거에는 리스크를 재해의 발생확률과 재해의 강도라는 변수에 의해 결정되었다(ISO 12100: 2010). 최근에는 리스크를 목적에 대한 불확실성의 영향이라고 정의하고 있다(ISO 31000: 2018).

산업발전은 우리가 원하는 방향으로 우리사회에 작용함과 동시에 원하지 않은 영향도 반드시 동반된다. 우리가 원하는 방향으로 작용하여 이익을 획득하는 것과 동시에 원하지 않은 방향으로도 작용하여 손실을 발생시킨다. 원하지 않은 영향 또한 감당해야 하는 것이다. 획득하고 싶은 것과 우리가 감당해야 할 것과의 저울질을 충분히 평가한 후에 우리는 산업을 발전시켜야 할 것이다. 지난 시간 이런 저울질을 충분히 검토하지 않고, 산업발전을 이루어 온 결과, 가끔은 우리가 감당하기 힘든 결과를 초래하고 있는 것일 수도 있다.

우리 산업이 많은 발전을 이루어 풍요로운 것을 획득했다는 것은, 다른 말로는 우리 사회는 그만큼 위험요소가 많이 존재하고 있으며, 원하지 않은 결과를 맞이하고 있는 것일지도 모른다. 저울질을 통해 획득하고 싶은 것이 아무리 커도 그로 인해 우리가 감당할 수 없는 것이라고 판단된다면, 그 산업 또는 시스템은 우리가 가야 할 길이 아닐지도 모른다.

따라서, 우리의 현 사회는 위험사회라는 것을 인식해야 할 필요가 있다. 사회는 점점 거대화, 복잡화, 다양화 되고 있으며, 빠르게 변화하고 있고, 우리는 하루하루 그 변화를 맞추어 허덕이고 있기에, 그 안에 잠재된 위험요소를 인지하기가 더욱더 어려워지고 있다.

우리 삶의 편리성 증가는 위험요소의 증가를 의미함을 잊지 말자. 우리가 위험요소를 보지 못한다면, 대책을 강구할 기회를 잃어버리게 되고, 재해는 발생할 수밖에 없게 된다. 표에서 언급된 재난 중 선박에 관련된 세 가지 재난에 대하여 원인 분석을 간단히 해보면 다음과 같게 된다.

▼ 표 **대형 선박재난 원인 분석**

분류	남영호 침몰	서해페리호 침몰	세월호 침몰
연도	1970년	1993년	2014년
재해현황	320명 이상 사망	약 292명 사망	약 304명 사망
원인	• 과적 • 악천후 속 출항 • 복원력 상실 출항 • 늦은 구조활동	• 과적 • 악천후 속 출항 • 사고 직전 안내방송 • 선박 급선회 • 늦은 구조활동	• 과적 • 사고 시 안내방송 • 선박이 급선회 • 승무원 탈출 • 늦은 구조활동

세 가지 재난 모두 우리가 받아들이기 힘든, 감당하기 힘든 재난이었다. 하지만, 더욱 안타까운 현실은 그 원인이 거의 동일하다는 것이다. 우린 지난 50년 동안 급격히 산업이 발전되어 왔으며, 이제는 선진국의 대열에 진입을 목전에 두고 있는 대한민국이다. 그에 비해, 안전은 그에 미치지 못하고 있는 것이 현실이다. 대형 선박재난이 약 20년마다 반복되고 있어, 앞으로도 이런 재난이 또다시 발생할 것이라는 자연스러운 예측이 잘못된 예측이기를 바랄 뿐이다.

1.2 산업재해율을 돌아보며

그림에 산업안전보건공단의 산업재해율을 나타낸다. 우리나라는 1987년에 처음으로 산업재해 통계를 국가가 조사하였다.

조사를 시작한 이후 사회적으로 안전에 대한 관심이 높아짐에 따라 조금씩 안전대책을 마련하였고, 90년대 중반까지 몇 년간 재해율이 감소하는 경향을 나타내고 있었다. 하지만, 그 이후 30년간 큰 감소가 확인되지 않고 있는 실정이다.

지난 30여 년간 많은 노력을 실시하였음에도 불구하고, 좀처럼 현저히는 감소하지 않고 있는 것이 현실이다. 우리 사회가 아무것도 하지 않은 것은 아니다. 많은 노력을 실시해왔다. 법을 정비하고, 시스템을 변경하고, 막대한 경제적 투자를 실시하였다. 하지만, 큰 변화를 이루어내지는 못하고 있다. 그럼 이제 어떻게 해야 하는가? 라는 질문만이 남는다.

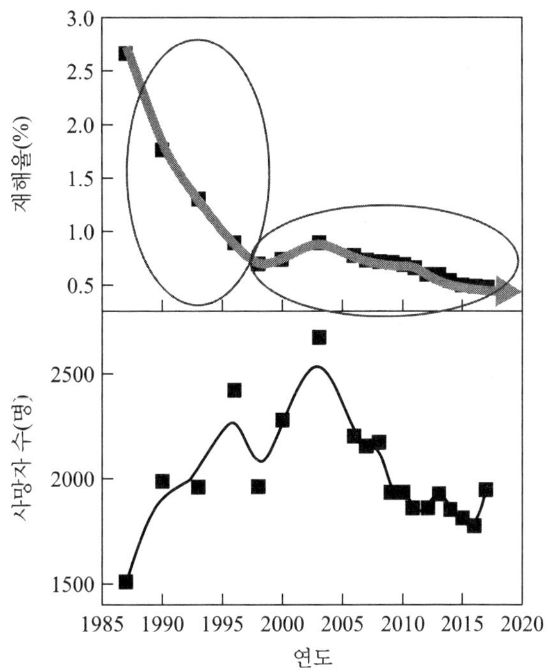

▲ 그림 **산업재해율**(산업안전보건공단 통계)

이런 상황에 조심히 이런 의견도 생각나고 있다. 이제는 됐다고, 더 이상 노력하여도 줄어들지 않으니, 이정도 재해는 받아들여야 하는 것이 아닌가? 하는 의견도 들린다. 과연 여러분은 어떻게 생각하고 있는가? 1년에 약 2000명의 근로자가 사망하고 있는 오늘의 현실을 받아들일 수 있는 것일까? 하는 의문이 든다.

그럼, 선진국을 중심으로 다른 나라의 사망률과 비교해 보았다.

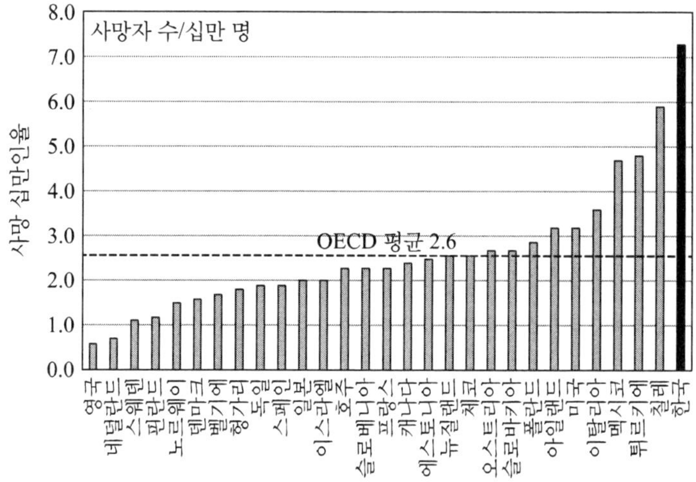

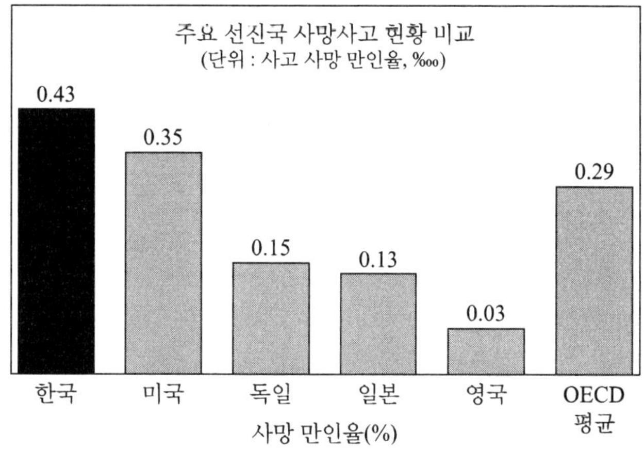

▲ **그림 선진국의 사망 만인율 비교 (상: 2012년 기준, 하: 2021년 기준)**

그림을 보면 우리나라는 압도적으로 높은 사망률을 나타내고 있다는 것을 알 수 있다. OECD 평균보다 2배 넘는 것을 알 수 있다. 과연 우리나라는 이런 현실을 받아들일 수 있는가? 이다. 아마도 받아들이기 어려울 것이다.

그렇다면, 이제는 재해율을 줄여야 한다는 것은 명확해졌다. 적을 알고 나를 알면 백전백승이라고 한다. 먼저 재해율을 줄이기 위한 답을 찾기 위해 우리의 국제적 위상을 한번 돌이켜보자.

1.3 대한민국의 위상

경제개발협력기구(OECD) 국가 중에 대한민국의 위상은 다음과 같다.

▼ 표 대한민국의 위상 (2023년 기준)

상위 항목	하위 항목
인터넷 보급률 세계 1위	출산율 최하위 (0.78명)
세계시장 1등 품목 77개	국가행복지수 최하위 (57위)
G20 회원국	연간 노동시간 (4위)
1인당 국민소득 3만 달러	자살률 최하위 (2.41만인율)

상위 항목에 해당하는 사항만을 보면, 대한민국은 경제대국임에 틀림이 없다. 6.25 전쟁을 치르면서 황폐화된 한반도에서 우리의 부모님들의 피와 땀으로 일구어낸 결실이다. 참으로 자랑스럽기 그지없다는 느낌이 든다.

하지만, 하위 항목에 해당하는 사항을 보면, 우리가 꿈꿔온 경제대국을 이루어 냈음에도 불구하고, 우리 국민 대부분은 행복하다고 느끼지 않으며, 그로 인해 자살률이 높게 나타나고 있다. 또한, 혼인율은 지속적으로 저하되고 있으며, 이혼율은 지속적으로 높아지고 있다. 대부분의 국민들은 마음의 여유가 없으며, 힘든 하루하루를 보내고 있다고 생각된다.

다음 그림은 지난시간 우리나라의 행복지수 변화를 나타내고 있다. 국민행복지수는 분석대상기간 중 국민행복정노를 상대적으로 비교해 나타낸 것으로 2003년 1분기를 100으로 가정하여 그것을 기준으로 그 변화를 나타내고 있다(행복지수, 국가미래연구원, 2021).

2003년부터 감소와 증가 그리고 다시 감소하는 경향을 나타내고 있다. 앞으로도 크게 향상하는 경향을 기대하기가 어렵다고 생각된다.

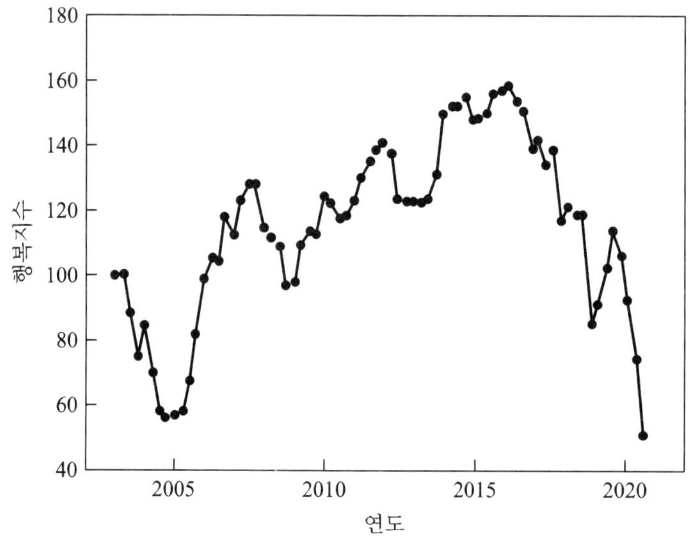

▲ 그림 **국민행복지수**

1.4 우리는 어떻게 살아야 하는가?

재해를 줄여야 하는데, 어떻게 해야 줄일 수 있을까? 하는 질문을 자주 접하게 된다. 아마도 대한민국 위상에서 하위권을 차지하는 요인들이 그 재해발생의 근본원인이 되지 않을까하는 생각을 해본다. 특히, 대부분의 국민들이 행복하지 못하다고 느끼고 있다는 사실에서부터 재해를 줄이기 위한 대책을 마련할 수 있는 힌트가 될 수 있을 것이다.

그렇다면, 재해를 줄이기 위해 어떻게 해야 하는가? 라는 질문을 우리는 인생을 어떻게 살아야 할까? 라는 질문으로 바꾸어보자.

아래와 같이 Q&A로 정리해 본다.

질문 : 인생을 어떻게 살아가야 하는가?
대답 : 행복하게 사는 것이 잘 사는 것이다.
질문 : 그럼 어떻게 사는 것이 행복한 것인가?
대답 : 개인마다 그 답은 다를 것이다. 개인적 특성, 주변환경 등에 의해 모든 사람은 각자 행복하기 위한 삶의 목표, 방식이 다를 것이다. 어떻게 살아야 행복한가? 라는 질문의 답은 오직 자신만이 알고 있을 것이다.

질문 : 그렇다면, 나의 행복을 찾기 위해 어떻게 해야 하는가?
대답 : 자신의 행복을 찾기 위해 많은 공부가 필요할 것이다. 학습을 통한 방법도 있고, 경험을 하면서 (수많은 시행착오를 하면서) 자신이 무엇을 할 때 행복한가를 스스로 찾아내야 한다. 지속적인 시행착오와 학습을 하는 과정에서, 행복을 위해 무엇을 해야 할지를 깨우치게 될 것이다. 만약, 무엇을 해야 할지 모른다면 많은 공부와 시행착오가 필요할 것이다.

그래서, 우리 사회는 개인의 자유를 최대한 존중하고 있는 것이라 생각된다. 다시 말해, 인간은 각자 행복할 권리를 가지고 있기에, (국가는 행복을 만들어 줄 수 없기 때문에) 개인의 자유를 최대한 보호함으로써 행복할 기회를 보장하는 것이다. 물론, 그에 따른 책임은 개인이 지는 것이라고 생각한다.

이제, 질문을 안전관리의 질문으로 바꾸어 보자.

질문 : 어떻게 해야 재해를 줄일 수 있는가?
대답 : 사고를 줄여야 한다. 앞장에서 언급했듯이, 재해를 줄이기 위해서 노력해야 하는 것이 아니라 사고를 줄이기 위해 노력해야 한다.
질문 : 그럼 어떻게 해야 사고를 줄일 수 있는가?
대답 : 사업장마다 그 답은 다를 것이다.
사업장의 특성에 따라 사고를 줄일 수 있는 방법, 안전 기준 등이 다를 것이다. 각 사업장에서 어떻게 해야 사고를 줄일 수 있는가? (=안전한 사업장을 확보할 수 있는가?) 라는 질문은 오직 그 사업장만이 그 해답을 알 수 있을 것이다.
질문 : 그렇다면 어떻게 해야 사고를 줄일 수 있는 방법을 찾을 수 있을까?
대답 : 자신의 안전을 확보하기 위해서는 많은 공부가 필요할 것이다. 경우에 따라서는 학습을 통해서 시작해야 하며, 그와 동시에 경험을 하면서 많은 시행착오를 하면서 주변의 위험을 발견할 수 있는 역량을 키워야 할 것이다. 사업장의 위험요인을 발견하여, 그 대책을 강구해야 할 것이다. 위험을 인지하지 못하면 그 대책을 강구할 수 없다.

그래서, 사업장 안전관리에는 무엇보다 위험성 평가, 자율안전이라는 단어가 중요시되는 것이다.

이상과 같이, 여러분은 행복하기 위한 권리를 가지고 있으며, 그 현실을 위해, 국가는 개인의 자유를 최대한 존중하고 있다. 그 자유와 권리에 따른 책임은 개인이 지는 것이다.

우리는 행복한 삶을 위해 안전한 사회를 요구할 권리를 가지고 있으며, 그 권리를 행사하기 위해서는 많은 학습을 하여, 잠재된 위험을 발견하고, 그 대책(위험성을 통제함)을 요구할 권리를 가지고 있는 것이다.

(우리는 지금 안전사회를 요구할 권리 및 책임을 지기 위해 이 책을 통해 학습하고 있는 것이다.)

그럼, 이제 책임에 대해서 이야기해 보자.

1.5 누구의 책임인가?

앞에서 안전은 권리이고 동시에 안전은 책임이라는 이야기를 했다. 그럼, 아래 사고에 대해서 누가 책임을 져야 하는지 한번 생각해 보자.

길에 어린이가 넘어져 있다. 어린아이가 아침에 학교를 가기 위해 집을 나와 길을 가다가 튀어나온 벽돌에 발이 걸려 넘어져 있다. 과연 아이가 넘어져 다친 것은 누구의 책임일까?

아마도, 아이의 엄마는 뛰어 나와, 아이를 껴안고, “아이야 다치지 않았니?”라고 말을 건넬 것이고, 마음속으로는 ‘누가 여기에 벽돌을 놓아두었나?’라고 외치고 있을 것이다.

아마도, 엄마는 평상시에 길에 튀어나온 벽돌을 보고 위험하다고 느끼지 않았을 것이고, 위험하다고 느끼더라도, 그것을 치울 생각을 하지 않고 누군가가 치워줄 것이라고 생각하고 있었을 것이다. 타인에게 그 위험요인을 제거하기를 바라고 있었을 것이다. 하지만, 막상 아이가 다치고 난 후에 그 책임을 누군가에게 묻고 싶을 것이다.

엄마는 아이를 잘 보살피지 못한 잘못을 자신에게 책임을 묻는 것이 아닌, 다른 누군가에게 묻고 싶을 것이다.

▲ 그림 아이가 길에서 벽돌에 걸려 넘어짐

앞에서, 재해, 사고, 위험요소 등의 용어를 학습하였다. 다시 한 번 확인해 본다. 길에 걸어가다가 사람이 돌에 걸려 넘어졌으며, 사고는 돌에 걸려 넘어짐이고, 재해는 다리와 팔이 골절된 것이다. 이런 재해를 줄이기 위해서는 길에 놓인 돌이 위험요소라는 것을 인식할 수 있어야, 안전관리를 시작할 수 있다. 안전관리는 위험요소를 인식하고 위험요소를 제거를 위해 스스로 노력해야 하며, 자신이 할 수 없을 때에는 다른 사람(책임자)에게 그 대책을 요구해야 한다.

▲ 그림 **돌에 걸려 넘어지는 사고**

재해가 발생한 책임이 누구에 있는가? 하는 것에 대해 답을 찾아보자. 참고로, 개인의 부주의는 언급하지 말기를 바란다. 인간은 엉뚱한 행동을 한다. 인간이 엉뚱한 행동을 하지 않기를 바라는 것은 좋은 안전관리가 아니다.

좋은 안전관리를 위해서는 위험요소를 통제해야 한다. 따라서, 원인은 돌이 길가에 놓인 것이라고 생각해야 된다. 그럼 책임은 어떻게 길에 돌이 놓이게 되었냐하는 것이다. 이 길을 관리하고 있는 관리자가 책임을 져야 할 것이라고 여러분은 생각할 것이다. 하지만, 그 사람만을 책임지게 하는 것은 옳지 않다. 위험요소의 발견은 매우 어렵다. 평상시 여러분이 자신이 처한 주변 환경에 대해 관심을 가지고, 위험요소를 발견하도록 노력해야 하고, 위험요소를 발견했을 때에는 위험요소 관계자에게 안전하게 시정하도록 요구해야 한다. 안전은 누구 한 사람의 책임으로 이루어지는 것이 아니다. 우리 모두의 책임이다. 안전하게 할 책임과 함께 안전대책을 요구할 권리 또한 우리 모두가 가지고 있는 것이다.

다시 한 번 언급한다. 헌법 제2장 국민의 권리와 의무. 제34조제6항 국가는 재해를 예방하고 그 위험으로부터 국민을 보호하기 위하여 노력하여야 한다. 이에 따라 각 지자체에서 '시민안전보험제도'를 실시하고 있는 것이다. 우리가 그 권리를 행사하지 않으면, 우리의 안전 또한 보장받지 못함을 명심하자.

안전 사회구현을 위해서는 안전을 요구하는 권리를 행사해야 하며, 그 요구에 따라

책임자가 대책을 실천하는 사회 시스템이 확립이 되어야 한다.

남은 문제는 이런 사회 시스템을 어떻게 구축해야 하는가? 이다. 그 대답을 찾기 위한 힌트가 될 수 있는 안전문화에 대해 학습해보자.

1.6 안전문화

(1) 일상생활에서의 안전문화

문화란, 하루하루의 생활에 있어서 당연하다고 느끼는 가치관이며, 모든 행동에 기준이 되는 것이라고 정의할 수 있을 것이다. 또한, 안전문화는 조직 구성원이 하루하루 사회활동을 함에 있어, 안전을 무의식적으로 선택하는 상태라고 이야기할 수 있을 것이다.

안전문화의 탄생은 1986년 체르노빌 원자력 사고에 의해 처음으로 안전문화의 개념이 언급되기 시작하였다. 1998년에는 처음으로, 국제 원자력(International Atomic Energy Agency, IAEA)의 안전자문그룹(International Nuclear Safety Advisory Group, ISNAG)의 보고서에서 체르노빌 사고의 원인 중 하나로 "열악한 안전문화"를 지적하였다.

기존의 문화를 중심으로 적극적으로 안전(위험성 감소)을 촉진하기 위하여, 무엇이 가능한가에 초점을 맞추게 되었다(IAEA Safety Reports Series No.83). 다시 말해, 위험을 발견·보고하여 그 대책을 실천하는 행동에 초점을 맞추고 있었다.

이때부터 안전문화에 관한 개념은 안전 관련 연구에서 자주 등장하게 되었다. 특히 높은 수준의 안전이 요구되는 산업 분야에서는 인간조직의 비정형적인 면이 중요시되기 시작하였다.

안전문화의 개념을 정의하는데 있어, 분야에 따라 차이가 존재하지만, "안전문화란 조직 구성원이 하루하루 사회활동을 함에 있어, 안전을 무의식적으로 선택하는 상태"로 정의할 수 있을 것이다.

아침에 눈을 뜨고, 밤에 눈을 감을 때까지 하루를 살아간다는 것은 지속적으로 무언가를 선택해야 하며, 사람마다 수많은 선택을 하는 기준이 동일하지 않다.

예를 들어, 직업을 선택할 때, 많은 사람들이 동일한 선택을 하는 것이 아니라, 다양한 선택을 하게 된다. 이때, 다양한 선택을 하는 이유는 자신만의 가치관에 의해 선택을 하게 되는 것이기 때문이다. 무엇을 중요시하느냐에 따라 선택이 달라진다. 이러한 선택을 할 때, 대부분의 사회 구성원이 안전을 최우선으로 선택을 할 때, 높은 수준의 안전문화를 가지고 있다고 말할 수 있을 것이다.

좀 더 상세한 사례를 들어 설명해 보자.

비가 오는 날 어둠이 밀려오는 늦은 저녁시간에 어린아이가 혼자서 공원에서 놀고 있다. 장화를 신고 물장구를 치면서 놀고 있다. 아마도 여러분들도 어린 시절에 비가 오는 날이면 장화를 신고 물이 고여 있는 곳에서 물놀이를 한 적이 있을 것이다. 시간 가는 줄 모르고, 제법 재미있게 놀았을 것이다.

▲ 그림 어린아이가 밤늦게 공원에서 놀고 있음

과연 여러분은 그림을 보면서 어떤 생각이 들고 있는가?

아무런 생각이 없을 수도 있다. 하지만, 많은 분들이 늦은 시간에 어린아이가 혼자서 놀고 있으면, 부모님이 걱정하고 있다고 생각할 것이다. 또는 유괴되면 큰일이다. 넘어져 다치면 큰일이다. 등도 생각할 수 있을 것이다. 어찌되었든, 많은 분들이 이것은 정상이 아니라고 느끼며, 무언가 대책이 필요하다고 느낄 것이다.

여러분들은 과연 어떤 생각을 하고, 어떤 행동을 취할까? 생각해 보자. 물론, 아무런 생각이 없다면, 어떤 행동도 하지 않을 것이다. 여러분 대부분은 아이에게 다가가, (아마도 걱정되어 아이에게 다가갈 것이라 믿는다.) 상황을 판단해 보고, 안전하다고 판단되면, 그냥 지나칠 것이고, 위험하다고 판단되면, 아이를 보호하고, 책임자(보호자, 공원관리인 등)에게 아이를 인도할 것이다. 또한 소수의 분들은(책임감이 높은 분들은) 어린아이를 보호하는 것만이 아니라, 공원관리소에 건의하여, 어린아이가 혼자서 공원에서 놀 수 없도록 공원관리를 요구할 것이다. 좋은 사회시스템을 가지고 있다면, 이런 요구에 대응해서 공원관리를 더욱 철저히 하게 될 것이다.

높은 수준의 안전문화란, 바로, 어린아이가 혼자 놀고 있음(위험요소)을 위험으로 인식하고 그에 개선을 요구하며, 요구된 사항에 대해 사회시스템이 순조롭게 대책을 실시해 나가게 되는 것이다. 이때 그 사회는 안전문화가 높은 수준이라고 이야기할 수 있을 것이다. 다음 표에 늦은 밤 공원에서 어린아이가 혼자 놀고 있는 현상에 대한 안전문화 수준을 정리해 본다.

▼ 표 안전문화 수준

안전문화 수준	인식	행동
낮음	아무런 생각이 없다.	아무런 행동이 없음
보통	• 늦은 시간에 부모님이 걱정하시겠다. • 유괴되면 큰일이다. • 넘어지면 다치게 되므로 큰일이다.	아이를 보호함
높음		아이 혼자+늦은 시간 공원에서 놀고 있음을 방지(재발방지)

우리의 안전문화에 대해서 생각해 보자

안전문화라는 단어의 의미는 어느 조직 내에서 안전을 가장 최우선으로 하는 분위기, 성품, 기질을 의미하며, 조직에 대해서도 개인에 대해서도 사용할 수 있나. 우리가 생활하는 사회시스템을 구축할 때, 안전을 최우선으로 하여 구축하였다면 '안전문화 수준이 높은 사회'라고 이야기할 수 있을 것이다. 개인의 경우에서도 마찬가지이다. 우리가 추구하는 안전문화는 안전을 최우선으로 생각하는 개인의 의식과 사회시스템에 의해 정착될 수 있을 것이다.

현재의 안전문화 수준은 개인의 의식과 사회적 제도에 의해 결정되어진다. 현재의 개인의식과 사회제도는 그 국가의 역사적 경험에 의해 많은 영향을 받는다고 생각된다. 예를 들어 생각해 보자.

어느 마을이 외부 적에 의한 침입이 걱정된다면, 사전에 성벽을 쌓아서, 자신들의 마을을 지키기 위한 물리적 시설 및 설비를 구축함으로써, 스스로 생명을 지키기 위해 노력할 것이다. 마을사람 모두의 힘을 합쳐서 자주적으로 안전을 지켜야 할 것이다. 또 다른 방법으로는 외부 침입이 걱정된다면, 외부 침입자에게 다가가 그들에게 대화를 통한 화합을 도모하거나, 조공을 바치는 등 전쟁이 일어나지 않도록 그들과의 평화적인 관계를 구축하는 것 또한 하나의 방법이 될 것이다.

전자는 개인의 권리를 중요시하는 서양에서 자주 접하게 되는 방식이며, 후자는 사회전체의 평화를 중요시하는 동양의 방식이라는 생각이 든다. 이렇듯이, 안전을 원하는 인간의 본성은 변함이 없지만 그것을 실시하는 방법에는 차이가 있을 수 있다.

우리의 지난 역사를 돌이켜보면, 시대적 요청에 의해 중국 중심의 세계관으로 여러 세기를 살아 왔다. 남에게 의존하는 사대주의적 역사를 가지고 있다고 주장하는 학자도 있다. 하지만, 우리나라는 지난 시간동안 나라의 안전을 확보하기 위한 노력으로, 평화적인 방법으로 사신을 통한 대화의 방법으로 나라를 지키는 한편으로, 경우에 따라서는 스스로 힘을 키워 자신의 힘으로 나라의 안전을 확보하기도 하였다.

그에 비해, 개인의 안전은 스스로의 힘을 키워 개인의 안전을 확보한다는 의식보다는 남에게 의존하는 경향이 있었다고 생각된다. 개인의 안전은 절대적 존재인 왕에 의해, 마을 사또에 의해, 집안 어른에 의해 안전이 확보된다는 의식이 존재하였다고 생각된다.

21세기를 살아가는 우리의 의식 속에도 나의 안전 또한 스스로가 지켜내는 것이 아닌, 타인에 의해 나의 안전을 확보한다는 의식이 우리 내부에 존재하고 있을지도 모른다는 생각이 든다. 국가나 지역사회가 우리를 안전하게 해 주어야 한다는 의식이 마음 한구석에 존재하는 것은 아닐까? 하는 생각이 든다.

현재의 대한민국이 전쟁이 일어나지 않고 평화로운 나날을 보내고 있는 이유는 우리가 평화주의자이기 때문이 아니라, 전쟁을 대비하고 있기 때문이다.

안전은 공짜가 아니다. 안전은 누가 만들어 주는 것이 아니다. 우리 스스로가 많은 땀을 흘려야 우리의 안전을 확보할 수 있다. 최근 Peter M. Sandmand 박사가 리스크는 대중의 분노(Outrage)가 중요한 역할을 하고 있다는 가설을 다시 한 번 깊이 생각해 보아야 할 것이다.

안전관리는 인간존중 사상에서 출발하는 것보다는 자신의 안전을 위해서 자신이 위험하다고 느끼고, 스스로가 그 위험요소를 통제하기 위해 노력하는 방향으로 나아가야 할 것이다.

안전문화도 마찬가지이다. 타인에 의해 만들어지는 것이 아니라, 우리 스스로가 만들어가야 하는 것이다.

(2) 사업장 안전문화

사업장 안전문화는 사업장 근로자를 포함한 국민의 생명과 환경 보존을 위해 안전을 어떠한 목표보다 우선시하는 조직 구성원들의 핵심 가치와 행동을 말한다. 작게는 어느 사업장을 대상으로 조직의 안전과 관련하여 경영진과 근로자들이 공유하는 태도, 가치, 규범의 중심에 안전이 존재하는 것을 말하기도 한다.

현재 사회는 높은 수준의 안전문화를 요구하고 있다. 최근, 이러한 안전문화의 수준을 측정함으로써, 보다 발전된 사회로 변화하려는 움직임이 있다.

하지만, 안전문화의 수준을 측정한다는 것은 그리 쉬운 일이 아니라, 여러 학자들이 여러 가지 방법을 제시하고 있어, 혼란이 생기는 경우가 있다. 최근, 산업안전보건공단에서 '안전문화 측정에 관한 지침'(KOSHA GUIDE Z-39-2022)을 제시하여, 일정 기준으로 평가하려고 노력하고 있다.

다시 한 번 강조해둔다. KOSHA GUIDE는 어디까지나 참고를 할 뿐이다. 절대적인 것이 아니다. 이러한 방법도 존재한다는 정도로만 이해하자. 각각의 사업장의 특징에 따라 얼마든지 다양한 방법이 있음을 명심하자. 해당 대상의 특징에 맞추어 평가함으로써, 효율적인 평가가 가능하다. 여기서는 공단에서 실시하는 방법을 소개한다.

① 안전문화 평가 방법

평가 방법은 조직 구성원들의 안전의식, 안전관리시스템, 안전행동을 정량적으로 진단하고 있다. 현재와 지양하는 목표 수준과의 차이를 분석하고, 안전 관련 이슈를 도출해 각 이슈에 대한 개선방안 및 중·장기적 전략을 제시하는 일련의 과정을 통하여 평가한다.

② 안전문화 평가(수준측정) 실시

기본적으로 5단계를 걸쳐서 실시한다.
1단계 : 계획수립 (대상 선정, 사전조사, 평가 내용 및 일정)
2단계 : 안전문화 평가팀 구성 및 교육 (팀원 선발 후 필수 교육 실시)
3단계 : 안전문화 평가 시행 (설문 및 인터뷰를 통하여 안전의식 및 행동 진단)
4단계 : 평가결과 분석 (조사결과를 분석하여, 결과물 산출 및 주요 문제점 도출)
5단계 : 평가 종료 및 후속조치 (받아들이지 못한 사항에 대해서 개선)

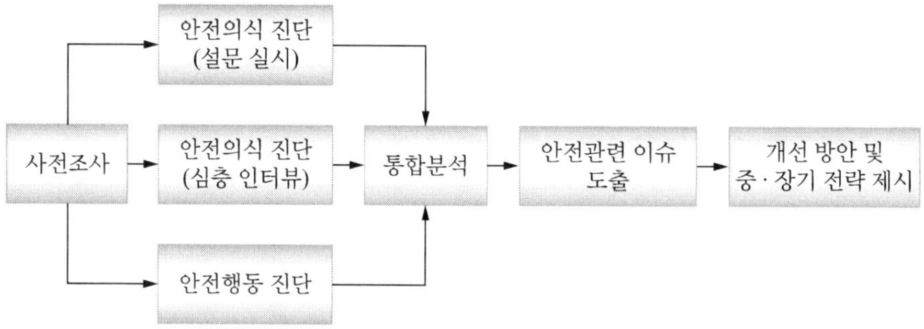

▲ 그림 **안전문화 수준측정 흐름**

③ 안전문화 성적기준

안전문화 성적기준 평가 방법은 여러 학자가 다양한 방법을 주장하고 있다. 여기서는 허드슨 사다리 모형을 소개한다. 성숙한 정도를 표현하는 단계(안전문화 성적기준)를 5단계로 구분하였다. ㈀ 병리적(Pathological) → ㈁ 수동적(Reactive) → ㈂ 타산적(Calculative) → ㈃ 능동적(Proactive) → ㈄ 생산적(Generative)의 5단계로 나누어 구분하고 있다.

(ㄱ) 병리적 단계는 최소한의 기준도 잘 지켜지지 않는 것을 말한다. 안전에 대한 최소한의 의식도 부족하며, 남몰래 자신의 편리를 위해서 안전규정을 무시하는 수준이다.

(ㄴ) 수동적인 단계는 안전이 중요하지만, 자신 스스로 움직이지 않으며, 사고가 날 때마다 주변의 압력에 의해 수동적으로 안전을 실시하는 수준을 말한다.

(ㄷ) 타산적 단계는 조직 내에 안전 시스템이 구축되어 있어 시스템에 의해 움직이는 것을 말한다.

(ㄹ) 능동적인 단계는 평상시에 위험을 발굴하며 위험을 스스로 해결하고 싶어 한다.

(ㅁ) 생산적인 단계는 가장 이상적인 단계로 조직 내 안전에 대하여 높은 신뢰성이 존재한다.

가장 이상적인 단계인 생산적인 단계로 갈수록 많은 정보가 순조롭게 전달되어야 하며, 신뢰성 및 책임성이 중요한 역할을 한다.

이상의 단계를 평가하기 위한 평가지표는 여러 형태가 있을 수 있으나, 다음과 같이 간단한 예를 보면서 안전문화평가의 개념을 잡아보자. 다음 표는 2023년 12월 고용노동부가 안전문화를 평가할 때 사용한 내용이다.
매우 단순히 Yes/No로 답할 수 있어, 쉽게 간단히 조사하는 것이 가능하다.

▼ 표 단축형 평가지표 예

문항	내용	비고
1	우리 회사는 생산성만큼 안전을 중요하다고 '생각한다./생각하지 않는다.'	조직문화
2	우리 회사는 안전을 위해 필요한 인력과 장비, 예산 투입에 '적극적이다./소극적이다.'	조직문화
3	다수의 작업자는 생산일정이 촉박할 때에도 작업 전 안전점검회의와 안전조치를 '시행한다./시행하지 않는다.'	안전행동
4	다수의 작업자는 작업 중 위험을 감지하였을 때 작업을 즉시 '중지한다./중지하지 않는다.'	안전행동
5	우리 회사는 지난 해의 문제점을 분석하여 매년 새로운 안전목표를 수립하는데 '체계적이다./형식적이다.'	시스템
6	다수의 작업자는 작업 현장의 돌출부에 걸려 넘어졌으나 다치지 않았을 경우 사고로 '보고한다./보고하지 않는다.'	안전행동
7	우리 회사는 작업표준에 기반하여 위험성을 평가하고 안전매뉴얼에 반영하는 활동이 '잘 이루어지는 편이다./부족한 편이다.'	시스템
8	우리 회사의 리더들은 안전에 대한 전문성을 가지고 안전 문제에 솔선수범 '한다./하지 않는다.'	안전행동

문항	내용	비고
9	우리 회사의 안전교육 내용은 '체계적이며 현장감 있는 편이다./형식적이고 현업에 활용이 어렵다.'	시스템
10	다수의 작업자는 안전교육 시 '적극적으로 배우기 위해 노력하는 편이다./형식적으로 참석하는 편이다.'	안전행동
11	우리 회사는 작업 중 발견되어 보고된 불안전 요소의 조치에 '빠르고 체계적이다./느리고 답변이 없을 수도 있다.'	시스템
12	우리 회사의 안전 관련 의견교환은 직급과 나이에 '상관없이 자유로운 편이다./따라 눈치보기가 있는 편이다.'	안전행동
13	우리 회사는 안전관련 소통을 위해 온/오프라인의 효율적인 창구가 '다양하며 적극 활용되고 있다./부족하며 활용되지 않는다.'	시스템
14	우리 회사는 안전 행동 증진을 위해 포상, 칭찬, 성과급 등의 적절한 동기부여가 '있다./없다.'	조직문화

이와 연동하여, 산업안전보건공단에서는 다음과 같은 방법으로 평가하는 것을 코샤가이드로 제공하고 있다. KOSHA GUIDE Z-39-2022에서는 설문 문항은 앞의 문항 내용을 참조하여, 사업장 특징을 고려하여 작성할 것을 권고하고 있으며, 점수화를 위해, 다음과 같이 산출하는 것을 소개하고 있다.

단계별 점수는 100점 만점으로 평가하여 성숙지수라는 것을 사용하여 점수화한다. 마치 대학에서의 ABCDF와 같은 학점으로 평가하는 것과 비슷하다.

안전문화 성숙지수(SCMI, safety culture maturity index)

$$\mathrm{SCMI} = \sum_{j=1}^{8} W_j \cdot X_j$$

j : 안전문화 차원을 나타내는 인덱스(index)로서 1이면 안전경영시스템, 2이면 안전행동, 3이면 안전리더십, 4이면 안전의사소통, 5이면 안전책임, 6이면 안전 문제점 인식, 7이면 안전 역량, 8이면 안전 인식 개선 특성을 나타낸다.

X_j : j번째 안전문화 특성의 평균값

W_j : j번째 안전문화 특성의 가중치

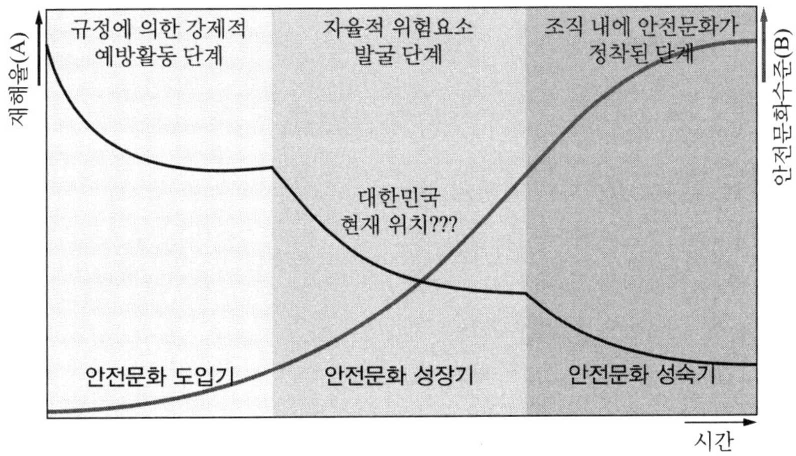

▲ 그림 안전문화 성숙단계

④ 우리의 안전문화 수준

과연 우리의 안전문화 수준은 어디쯤일까? 하는 의문이 든다. 아마도 사람마다 느끼는 것에는 차이가 있을 수 있으나, 높은 수준이라고 생각하는 사람은 그리 많지 않을 것 같다.

크게 세 가지 수준으로 나눌 수 있을 것이다. 도입기, 성장기, 성숙기라고 칭하자. 안전문화 도입기는 조직이 안전 관련 문제를 통제(관리와 감독)를 통하여 실시하며, 안전 대책을 집행하기 위해서는 지속적인 규정을 만들어서 규정에 의해 대책을 실시하는 수준이 된다. 안전문화 성장기는 안전 관련 문제에 대하여 근로자 개인들에게 권한을 부여함과 동시에 책임도 부여한다. 근로자들이 일정 수준 규정을 준수하고는 있으며, 안전은 근로자 스스로의 자기방어본능에 의존하여 의사가 결정되는 수준이 된다. 안전문화 성숙기는 안전 관련 문제에 대하여 조직 하부에 권한이 부여된다. 현장을 고려한 창조적 안전관리를 실시하면서, 조직의 가치도 함께 생각한다. 조직 전체의 안전을 포함하여, 사회적 책임감까지 고려하는 수준이 된다.

이 책을 읽는 독자는 국가 전제의 안전문화 수준을 궁금해 하기 이전에 각 사업장에서 본인이 할 수 있는 안전을 실천하는 마음을 가지길 바란다. 그러다보면, 자연스럽게 전체 안전문화 수준이 높아질 것이다.

1.7 효율적 대책

앞에서 안전문화에 대해서 이야기를 하였다. 안전의 출발점은 인간의 자기방어본능에 의해서 위험을 인식하는 것이다. 하지만, 아무리 위험요소를 잘 발견하더라도, 그 대책이 효율적으로 실시되지 않는다면, 아무리 높은 안전문화를 가지고 있다하더라도 좀처럼 안전을 확보하기는 쉽지 않다. 여기서는 효율적인 대책을 선정하기 위한 기본적인 개념을 이야기해 본다.

먼저, 어떤 위험을 발견한 후 대책이 필요할 때, 현 사회시스템이 합리적이고 효율적인 대책을 강구하고 있는가에 대해 생각해보자.

▲ 그림 **연못에 모기가 다수 출현**

어느 공원에 모기가 많이 출몰하고 있다. 지역 주민의 연락을 받은 공원 관리인이 가보니 특정 연못주위에 모기가 많이 출몰하고 있는 것이 확인되었다.

문제 해결을 위해 관리인은 저녁 늦게까지 열심히 모기를 잡았다. 하지만, 다음날에도 지역 주민들의 항의가 계속되었다. 관리인은 또다시 모기를 열심히 잡았다. 문제는 해결되지 않고 있다. 과연 무엇이 문제인가? 다른 방법을 찾지 않고 열심히 모기를 잡는 관리인이 문제인가? 어디가 잘못되었다고 생각되는가?

앞에서 학습한 두 가지 이론을 상기하자.

하인리히의 도미노 이론에서 재해를 막기 위해서 '재해 예방'을 위해 노력해서는 안되고, '사고 방지'를 위해 노력해야 한다고 언급하였다. 따라서, 모기를 잡기 위한 노력은 재해 예방에 해당한다. 모기가 다수 발생하는 사고를 방지하기 위해 노력해야 한다. 그 노력은 물을 흐르게 하여 깨끗이 유지한다든지, 고여 있는 물을 제거하는 등의 위험요소를 통제하는 방법으로 대책을 마련해야 한다.

이와 더불어, 우리의 산업은 지속적으로 발전하고 있어 우리가 처음으로 접하는 문제들이 많아지고 있다. 경험하지 못한 것에 대해 정확한 해결책을 단번에 찾아내기는 매우 어렵다. 따라서, 시행착오를 통하여 문제를 해결해 나가야 한다. 우리는 앞에서

PDCA의 사이클을 학습하였다.

모기가 많고, 이것을 받아들일 수 없는 위험이라고 판단되었다면, 수정하기 위한 계획을 세워야 한다(Plan). 모기를 잡는다고 계획을 세웠으면, 그에 따라 열심히 모기를 잡으면 된다(Do). 그리고 나서 평가를 한다(Check). 그 결과 좋지 않았다고 판단이 되었으면, 피드백을 위한 조치(Act)를 취해야 한다.

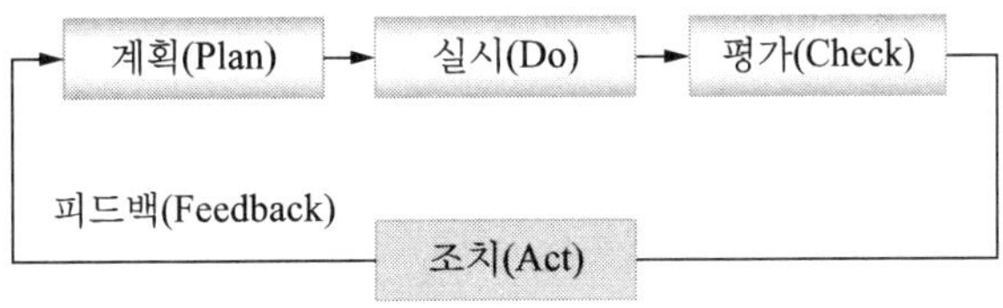

PDCA의 원리

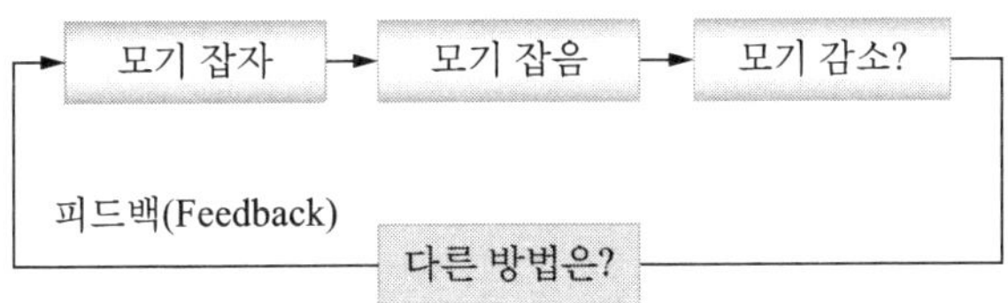

① PDCA

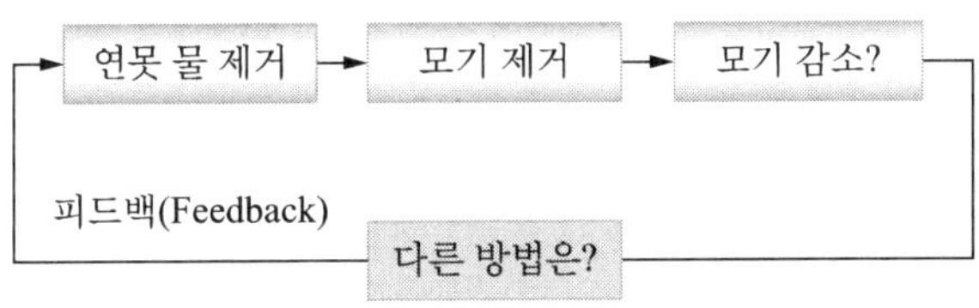

② PDCA

▲ 그림 **모기 대책 PDCA**

PDCA에 따라 모기를 잡아 보는 것을 해 본다. 만약 효과가 없다면, 다시 고민을 해 보고 대책을 세운다. 대책으로, 근본원인이 고여 있는 물이라고 판단된다면, 물이 고여 있는 장소를 제거한다는 피드백이 지속적으로 진행되는 것이 중요하다.

지속적으로 시행착오를 통해 문제를 해결하는 것이 중요하고, 높은 안전문화를 위해서는 이 PDCA가 순조롭게 진행되는 사회시스템을 가지고 있어야 한다.

이때, 항상 명심하자. 보다 좋은 대책을 찾기 위해서 실패를 돌아보면서 학습하는 것도 중요하지만, 실패하는 것에서만 배운다면 강해지지 않는다. 재해사례를 통해 학습하는 것이 아니라, 보이지 않는 잠재 위험을 미리 찾아보려는 노력이 중요하다.

02 안전관리가 나가야 할 길

2.1 현 산업의 특징

현재 우리 산업의 특징을 생각해 보자. 앞에서 대형재난의 현황을 살펴보았고, 왜 이런 재해가 발생하는가? 에 대한 질문에서 산업이 발전하는 과정에서 필연적으로 발생하는 부산물이라는 이야기를 하였다.

지피지기 백전백승이라고 먼저, 우리 산업발전의 특징을 살펴보면 다음과 같다.

① **대형화** : 하나의 작은 사고가 거대 재해를 발생시킬 수 있다.
② **복잡화** : 다양한 인관관계로 인해 위험요소 발견이 어려워지고 있다.
③ **집중화** : 도시 집중현상으로 인해, 인구밀집지역이 증가하고, 인구밀도가 높아지고 있다.
④ **고도화** : 고도의 기술로 위험요소를 발견하기가 더욱더 어려워지고 있다. 해당 분야의 전문가가 아닌 이상 위험요소 발견은 현실적으로 불가능하다.
⑤ **노후화** : 우리 주변의 접하고 있는 산업시설은 오랜 세월이 지나 노후화된 설비가 아직도 현역에서 사용되고 있다.

이상의 현 산업 특징을 살펴보면, 개인의 조심성에 의해서 위험요소를 발견하는 것은 거의 불가능에 가깝다. 따라서, 많은 전문가들이 시스템으로 안전을 확보해야 한다고 이야기하고 있다. 실행하기 위해서는 국가 또는 지역 사회가 움직여야 할 것이다. 개인의 자기방어본능에 의존할 수는 없다.

개인의 능력으로 대책을 강구하는 것은 불가능하며, 설사 개인에게 대책을 요구하더라도, 개인은 결국 책임을 회피하게 될 것이다. 국가 재난과 같은 대형재해는 사회 전반에 걸쳐 여러 요인이 복합적으로 이루어지고 있다.

앞에서 언급한 대형대책의 재발 방지를 위한 대책 마련의 실마리를 찾기 위해 관련 선구자들의 주장을 살펴보자.

2.2 안전 관련 선구자들의 주장

(1) 리비히의 주장

19세기 독일의 학자인 리비히(Liebig)가 주장한 법칙을 소개한다. 리비히의 최소량의 법칙이라고 잘 알려져 있다. 식물의 성장을 위해서는 여러 요소가 필수적이지만, 필수 영양소 중에 성장을 좌우하는 것은 넘치는 요소가 아니라 가장 부족한 요소에 의해 결정된다는 것이다(최대가 아니라 최소가 성장을 결정함).

▲ 그림 **리비히의 법칙**

최근 리비히의 법칙이 자주 언급된다. 우리 사회에서 문화, 경제가 아무리 뛰어나다고 하더라도 정치가 후진적이라면 국가 성장은 정치수준에 맞추어질 것이다.

회사에서도 마찬가지다. 아무리 근로자가 열심히 하더라도, 사장님과 같은 결정권을 가진 CEO가 훌륭하지 않다면 그 회사 성장수준은 CEO의 수순에 머무를 섯이다. 회사 내 조직에도 동일하게 적용된다. 생산, 인사, 총무가 아무리 뛰어나더라도, 그 중에 하나인 회계가 엉망이라면, 그 회사의 수준도 거기서 머물게 된다. 전체 시스템은 가장 낮은 수준의 부분에 의해 전체 수준이 결정된다.

사회 안전성도 동일하게 적용된다. 대형재난의 특징을 보면, 현 사회에서 취약한 부분에 속한 사람들은 여유가 부족하고, 주변을 살펴 볼 여력이 없다. 따라서, 각박한 하루하루를 보내고 있으므로, 차분히 꼼꼼히 일을 처리하기 어렵게 된다. 그러다보면, 어느 부분에서 자연스럽게 작은 실수가 발생하게 되며, 그 문제를 인식할 여력도 없게 된다. 작은 위험요소가 지속적으로 쌓이게 되면 결국 큰 위험요소가 된다. 대형재난을 일으킬 수 있는 큰 위험요소가 존재함에도 불구하고, 현 사회는 복잡화, 대형화, 고도화 등에 의해 위험을 인식하지 못해 대책을 세우지 못하고 결국은 대형재난 발생으로 이어지게 된다.

> 사회취약 분야 → 여력이 없음 → 작은 위험
> → 복잡화, 대형화 → 거대 재난 발생

사회취약 분야에 최대한 관심을 높여야 한다. 그래야 사회 전체 시스템이 안전해질 수 있다. 그렇지 않다면, 사회 구성원 누구도 안전한 삶을 확보할 수 없게 된다.

(2) 루돌프 폰 예링의 주장

최근 루돌프 폰 예링(Rudolf von Jhering)이라는 역사학자가 1872년에 출간한 [권리를 위한 투쟁]이라는 책의 내용을 보면 권리 위에 잠자는 자는 보호받지 못한다고 주장하고 있다.

정의의 여신 사진을 보자. 눈을 가리고 있으며, 왼손에는 저울을 들고 있고, 오른손에는 검을 들고 있다.

사람이 모여 살다보면, 분쟁이 생긴다. 나의 권리와 상대방의 권리가 서로 충돌할 때, 분쟁이 발생하는 것이다. 이때, 서로의 권리를 저울로 평가하여, 나의 권리가 더욱 합리적이며 타당하다고 판단이 되면, 그 권리를 행사해야 한다고 주장하고 있다.

안전은 가만히 있어서 얻어지는 것이 아니다. 합리적이라고 판단되었다면, 자신의 권리를 주장해야 우리의 소중한 생명을 지킬 수 있는 것이다.

▲ 그림 정의의 여신

여기서 눈을 감고 있는 것은 분쟁의 대상이 부자든, 빈자든, 강자인지, 약자인지, 상대방이 누구인지를 고려하지 않는다는 것을 뜻한다. 분쟁 발생 시 자신의 권리가 합리적이라면, 상대방이 아무리 거대하더라도 반드시 그 권리를 주장해야 한다.

공동체가 정상적으로 유지되기 위해서는 각 개인들이 자신의 권리를 포기해서는 안된다. 개인의 권리가 정상적으로 주장되어야 공동체가 정상적으로 유지되는 것이다. 권리의 주장은 공동체의 책임이며, 주장이 받아들여지는 사회가 이상적 사회에 가까워지는 것이다.

최근 Peter M. Sandmand 박사가 리스크라는 단어를 새롭게 정의하였다. 리스크(Risk)는 위험요소(Hazard)에 대중의 분노(Outrage)를 더하고 있다. 대중의 분노함으로써, 사회 리스크가 크다고 인식하게 되며, 해당 사회는 대책을 강구하게 된다고 주장하고 있다(https://www.psandman.com/).

우리는 분노하는 것에 익숙해 있지 않은 것 같다. 자신의 생각이 다른 사람들의 일반적인 생각(소속 사회의 가치관)과 맞지 않으면, 우리는 좀처럼 자신의 생각을 표현하지 않는 경향이 있다. 제멜바이스 반사작용(Semmelweis Reflex)이라고 한다. 평소 일상 조직사회에서도 개인의 생각을 표현하려는 노력이 필요하며, 그것을 받아들일 조직의 분위기 또한 필요하다.

제멜바이스 반사작용(Semmelweis Reflex)
나의 세계관과 맞지 않는 데이터를 받아들이려 하지 않는 경향을 말한다. 기존의 규범, 믿음, 가치관과 맞지 않는 새로운 사실은 거절하고 싶어 한다.

19세기 중반, 헝가리의 산부인과 의사였던 제멜바이스의 일화가 있다.

19세기 중반 유럽에서는 산모가 아이를 출산하는 과정에서 높은 사망률을 나타내고 있었다. 일반 조산원에서의 출생보다 병원에서의 출산 시의 사망률이 3배나 높았다고 한다. 제멜바이스는 그 이유를 찾기 시작하였고, 결국은 손을 씻는 것에 의해 사망률이 크게 감소하였다는 데이터를 제시하였다. 하지만, 기존의 의학계에서 그것을 받아들이지 않았고, 제멜바이스의 의견을 무시하고 조롱하였으며, 그 결과 제멜바이스는 신경쇠약에 빠져 정신병동에 입원까지 하였고, 살아서 병동에서 나오지를 못하였다.

(3) 애덤스미스의 주장

18세기 정치·경제학자인 애덤스미스(Adam Smith)의 주장을 잠시 살펴보자.

애덤스미스는 자유로운 무역, 작은 정부, 자유시장 경제를 주장한 자본주의의 아버지로 알려져 있으며, 현 사회 여러 분야에서 큰 영향을 미친 도덕감정론(1759), 국부론(1776) 등을 출판하였다.

애덤스미스는 '국가의 부'는 금이라는 주장을 부정하고, 노동자의 노동에 의해 창출한 가치의 총합이 바로 국가의 부라고 주장하고 있다. 또한, 노동에 의해 창출된 가치를 늘리는 근본 동력은 인간의 이기심에서 출발한다고 주장하였으며, 자신의 이익을 챙기려는 생각 덕분에 경제활동이 원활하게 된다고 주장하였다.

예를 들어, 우리가 식사를 하기 위해, 맛있는 빵을 먹을 수 있는 것은 빵집 주인의 자비심(=빵집 주인이 착해서)에 의해서가 아니라, 결국은 빵집 주인이 돈을 많이 벌고 싶은 이기심에서 출발된 노동에 의한 것이다. 거지 외에는 우리 누구도 자비심에 의존하여 빵을 요구하지 않는다. 경제적 대가를 지불함으로써 빵을 얻는 것이다. 물론, 추후 빵의 가격은 보이지 않는 손에 의해 결정이 된다.

이런 주장은 당시 정부의 규제가 심한 시대에, 많은 사람들은 애덤스미스의 자유경제에 동감하였다. 하지만, 이때에도 애덤스미스는 이기심은 인간의 도덕적 범위를 벗어나서는 안 된다고 인간의 탐욕을 경고하였다.

한마디로 말해, “인간의 도덕적 범위 내에서 자유로운 시장경제를 추구하는 것”이 잘 사는 사회를 구현하는 출발점이라고 주장하고 있다. 인간이 사회활동에서 도덕적 범위를 넘어선다면 자본주의는 성립되지 않음을 기억하자.

개인의 이기심이 노동의 출발점이다.
단, 이기심은 도덕적 범위 내에 있어야 한다.

(4) 하인리히의 주장

하인리히는 “Industrial Accident Prevention”의 제5판에서 다음과 같이 언급하였다.

“Ideally, for every hazard someone needs to control it for his own self-interest.”
(이상적으로는, 자신의 이익을 위해, 모든 위험원에 대해 그것을 통제할 필요성을 느끼는 누군가가 존재해야 한다.)

이러한 생각은 첫째로 안전에 대한 동기부여가 넓게 펴져 있는 사회가 이상적인 사회라는 것이다(분권주의 이념). 둘째로는 자기이익에 근본을 두고 행동하는 것이야말로, 가장 확실한 동기부여인 것이다(자본주의의 근본철학).

이상과 같이 하인리히와 애덤스미스의 공통점은 산업발전과 안전관리는 개인의 이기심에서 출발해야 한다는 것을 의미하고 있다. 문제는 안전관리에서 개인의 이기심을 어떻게 활용한 시스템을 어떻게 구축해 나갈 것인가? 이다.

(5) 매슬로우의 욕구 5단계설(Maslow's hierarchy of needs)

미국의 심리학자 매슬로우에 의하면 “인간은 자기실현을 향하여 끝없이 성장한다.” 라고 가정하였다. 인간의 욕구를 5단계로 이론화하였다.

① 생리적 욕구

가장 기본이 되는 욕구이다. 생리적 욕구라고 부른다. 태어난 순간부터 자연스럽게 살아 생존하기 위해 최소한의 필요한 요구가 된다. 먹고 싶다, 목마르다, 잘 자고 싶다 등의 욕구에 해당된다.

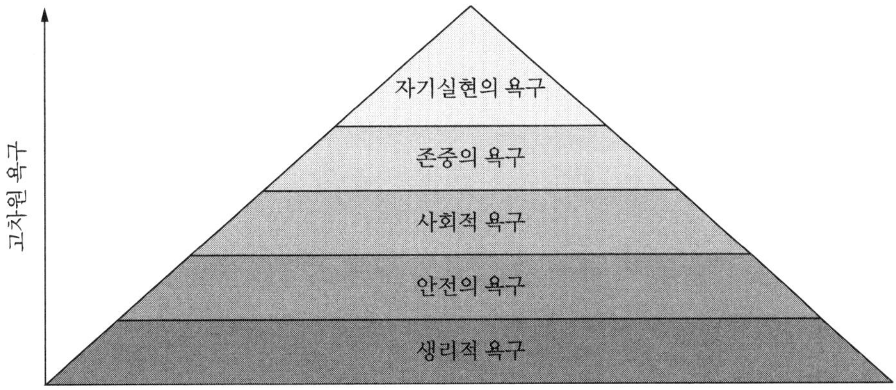

▲ 그림 매슬로우의 욕구 5단계설

② 안전의 욕구

안전한 환경에서 살고 싶은 욕구이다. 인간으로의 기본적인 의식이 형성되면, 위험을 싫어하게 된다. 건강한 몸을 유지하고 싶다, 경제적으로 안정한 생활을 하고 싶다 등 위험과 멀어지고 싶어 하는 욕구이다.

③ 사랑/사회적 욕구

인간은 혼자 있고 싶기 보다는 사람과 같이 있고 싶어 한다. 사회적 욕구는 가족, 집단 등 자신이 소속되어 있어 혼자가 아니고 가족과 함께, 일정 조직 사회에 소속되어 같이 있고 싶다는 욕구이다.
자신이 그 소속집단에 필요한 사람이고, 그 집단 중에 일정 역할이 있다라고 하는 인식, 감각, 다른 사람과 좋은 관계를 가지고, 어딘가 소속되어 소속감을 갖고 싶어 한다.

④ 존중의 욕구

어느 사회집단에서부터 자신이 존재하는 가치가 인정을 받을 때, 존중받고 싶다는 욕구이다. 주목 받고 싶다, 명성을 얻고 싶다 등이 여기에 해당된다.

⑤ 자기실현의 욕구

위 네 가지 욕구가 만족하게 되었더라도 인간은 또 다른 욕구를 꿈꾸게 된다. 인간은 현재 하고 있던 일에 만족을 하지 못하고, 자신이 가진 능력과 가능성을 최대한 발휘하고 싶어 하며, 새로운 것에 도전을 하고 싶어 한다.
사장이 되었더라도, 어느 조직의 Top자리에 있더라도, 경제적으로 안정적이라도,

더욱 더 많은 경제적 풍요로움을 원하거나, 더욱 높은 자리를 꿈꾸게 되거나, 자신의 능력을 발휘할 수 있는 새로운 것에 도전하고 싶어 한다.

안전의 욕구는 기본적으로 모든 사람에게 존재한다고 볼 수 있다. 이것을 밖으로 표출할 수 있는 시스템만 구축하면 되는 것이다.

참고로 한 가지만 명확히 해두자. 매슬로우의 욕구 5단계는 저차원의 욕구가 만족되지 않으면, 고차원의 욕구는 존재하지 않는 것처럼 보인다. 대부분이 그렇다. 하지만, 가끔은 저차원의 욕구를 건너뛰고, 고차원의 욕구를 희망하는 경우도 존재한다.

(6) 맥그리거(McGregor)의 X, Y이론

① X이론과 Y이론의 내용

맥그리거(Doulglas McGregor)는 인간의 본성(nature of human being)에 대한 두 가지 구별되는 견해를 제시하였다. 기본적으로 인간의 본성에 대한 부정적인 관점인 X이론과 긍정적인 관점인 Y이론이 그것이다. 그의 이론에 의하면, 경영자는 근로자의 행동을 관찰한 후에 인간의 본성에 관하여 몇 개의 가정을 두고 있다는 것이다. 근로자들은 이들 가정에 따라 행동한다고 생각하였다.

X이론 하에서 경영자가 가지고 있는 근로자에 대한 가정은 다음과 같다.

㈀ 원래 근로자들은 일하기 싫어하며 가능하면 일하는 것을 피하려고 한다.
㈁ 근로자들은 일하는 것을 싫어함으로 바람직한 목표를 달성하기 위해서는 통제되고 위협되어야 한다.
㈂ 근로자들은 책임을 회피하고 가능하면 공식적인 지시를 바란다.
㈃ 대부분의 근로자들은 작업과 관련된 모든 요소에 대하여 안전을 추구하며, 양심이 거의 없다.

이와는 정반대로 Y이론 하에서 경영자들이 근로자들에 대하여 가지고 있는 가정은 다음과 같다.

㈀ 근로자들은 일을 즐기며 결코 싫어하지 않는다.
㈁ 근로자들은 조직의 목표에 관여하는 경우에 자아실현과 자기통제를 실행한다.
㈂ 보통 근로자들은 적절한 동기가 부여되면 일에 대해 자율적이며 창조적이다.
㈃ 훌륭한 의사결정의 능력은 모든 사람들이 가지고 있으며, 경영자들만의 영역은 아니다.

동기부여에 관한 맥그리거의 분석은 매슬로우에 의해 제시된 욕구 5단계설에 잘 표현되어 있다. X이론은 저차원 욕구가 개인을 지배하며, Y이론은 고차원 욕구가 개인을 지배한다고 가정을 한다. 맥그리거는 Y이론의 가정이 X이론의 가정보다 타당하다고 믿었다. 따라서 그는 의사결정, 책임, 그리고 도전적인 직무에 종업원들을 참여시키는 것은 직무 동기를 극대화시킨다고 주장을 하였다.

② X이론과 Y이론의 이용

맥그리거의 X, Y이론은 경영자가 근로자들에 의해 조직의 목표를 달성하기 위하여 동기를 부여하는 방법에 있어서 우선은 근로자의 본성에 대한 파악을 해야 한다는 것이다. 즉 근로자들이 X이론적 인간들인가 또는 Y이론적인 인간들인가를 파악해야 한다는 것이다. 자신의 근로자들이 X이론적인 인간들이라면, 이들을 통하여 조직의 목표를 달성하기 위해서는 강제, 명령, 처벌 및 위협의 방법을 이용해야 한다. 이들의 동기는 대체로 저차원 수준의 욕구, 즉 생리적 욕구와 안전의 욕구수준에 머무르고 있다고 가정되기 때문에 이들에게는 이런 저차원 욕구를 충족시키는 방법을 이용하여 동기부여를 시키는 것이 효과적이다. 한편, 자신의 근로자가 Y이론적 인간이라면 이들에게는 조직목표를 달성하는데 경영자가 지원자적인 역할을 수행하는 것이 효과적이다. 그들은 일일이 명령과 통제를 받지 않더라도 자아실현과 자기통제를 실행하기 때문이다. Y이론에 따르면, 인간의 동기는 대체로 저차원 수준의 욕구를 만족하고 있기 때문에 고차원 욕구를 충족시켜야만 동기부여가 된다. 따라서 경영자는 근로자들의 고차원 욕구를 충족시키는 방법을 모색하여야 한다.

중요한 것은 X이론은 나쁘고, Y이론은 옳다는 것은 아니다. 인간의 본성에는 두 요소가 모두 포함되어 있음을 인식하는 것이 중요하다. 궁극적으로는 Y이론을 지향하되, 어떤 경우에 X이론적 인간성향이 나타나는가에 관심을 가져야 한다. 주어진 업무가 자신의 적성과 맞는지 확인해야 하며, 또는 지식과 경험이 별로 없는 근로자에게 무조건 Y이론을 적용하는 것은 큰 부작용이 발생할 수 있다. 아직 해당 사회가 X이론적 경영철학을 가지고 있다면, 발전된 조직을 위해서는 Y이론을 도입하여야 높은 안전사회를 이루어 나갈 것이라 생각된다.

2.3 안전제일을 위하여

비록 우리나라에서 안전제일이라는 단어가 세상에 만연하고 있지만, 말과 행동이 일치하지 않는 사업장이 많이 존재하고 있는 것이 현실이다.

하지만, 앞장에서 언급했듯이, 국내외 사례를 살펴보면, 사업장 자율안전 구축에 의해 생산성 및 경제적 이익이 증가했다는 사례를 살펴보았다. 안전관리 또한 개인의 이기심에 근원을 두고 시작해야 하는 것이다.

결국 현 사회는 이런 개인적 이기심에 근원을 두고 실천할 수 있는 사회시스템을 구축해야 한다는 결론으로 이어진다. 문제는 그런 시스템을 어떻게 구축할 것인가? 라는 답을 찾기 어려운 질문만이 남는다.

안전사회를 위한 시스템 구축은 크게 두 가지 관점에서 접근이 필요하다. 하나는 자율안전이며, 또 다른 하나는 규제강화가 될 수 있을 것이다. 사회를 움직이기 위한 당근과 채찍이 될 것이다.

[자율안전]

『보이지 않은 손』이라 하여도, 그것이 모든 시장에 적용되는 것은 아니기에 일정 한계를 가지고 있다. 일반적으로는 다음과 같다.

① 어떤 위험원이 자기가 관리하는 범위 내에 존재하고 있고, (게다가 위험이 현저히 나타날 때) ② 피해 입는 것이 자신의 재산인 경우라는 두 가지 조건을 만족한다면, 『보이지 않은 손』이 작용하는 것은 명백할 것이다. 사업장 자율안전관리가 잘 이루어질 것이다.

자신의 집과 공장에 대해 안전대책을 세운다는 것이 자신의 재산 피해를 줄이기 위해, 다시 말해 자신의 이익을 위해서 노력하게 될 것이다. 따라서, 자율적으로 위험성을 감소시키기 위해 노력한다고 기대해도 좋다는 결론에 이른다.

문제는 두 가지 조건을 만족하지 못하는 경우에는 규제강화로 가게 된다.

[규제강화]

위험원이 존재함에도 불구하고, 위험원에 의한 영향이 다른 사람에 미치는 경우에는 자율안전을 기대하기가 어렵다. 위험원의 피해가 타인의 것이기에, 그 위험성의 감소가 자기이익에 연결되지 않는 경우에는 규제에 의존하는 것이 현실이다.

다시 말해, 현실 사회에서는 타인의 피해가 발생할 때 위험원 관리자의 노동이 자신의 이익이 되도록 유도하는 사회시스템이 필요하다.

예를 들어, 최근 사회적 관심이 높아지고 있는 사업주책임법을 시작으로, 형사책임법, 배상책임법 등이 이런 개념에서 출발된 것이라 생각할 수 있다. 최근 사회적 관심이 높아지고 있는 중대재해처벌법이 대표적인 사업주책임법의 연장선에서 생각할 수 있다.

우리나라는 현재 이런 규제강화에 의해 사업장 안전관리를 의존하는 경향이 크다. 하지만, 법에 의존하는 방법은 타인의 고통을 위험원 관리자의 부담으로 바꾸어 놓는 다양한 사회시스템 중의 하나에 불과하다.

국가는 개인시장에 관여하지 않는다는 애덤스미스의 주장과 적절한 보조를 갖춘 사회시스템을 만들어가야 할 것이다. 많은 연구자들이 고민하고 있으며 아직 우리 현실에 맞는 적절한 방법을 발견하지 못하고 있는 것이 현실이다. 여러분들의 많은 지혜를 기대해 본다.

2.4 맺음말

우리는 위험사회를 살아가고 있다. 지난 시간 대형재해는 반복되고 있으며, 산업재해통계를 보아도 좀처럼 재해율이 줄지 않고 있다.

안전제일 사회를 구현하기 위해서는 각각의 개인이 위험요소를 발견하여 제거함으로써 마침내 이루어질 수 있는 긴 여정을 동반한다.

하지만, 이러한 노력은 개인의 선의에 의존한다면 그 효과는 한계를 가진다. 선의에 의존하여 상대방에게 노동을 기대한다면 그 효과는 높지 않다. 각 개인의 이익이 동반되어야 일정 효과를 이루어낼 수 있다.

문제는 안전이 개인의 이익으로 이어지는 것을 사회시스템 속으로 어떻게 구축해야하는가? 이다. 규제강화에 의해서는 일정효과를 가질 수 있으나, 애덤스미스의 주장에서처럼 국가는 시장에 개입해서는 안 된다. 안전시스템에 개인의 이익과 연결되어야 한다.

맺음말

① 우리는 위험사회에서 살고 있다. 대형재해는 반복되고 있으며 산업재해율도 크게 감소하지 않고 있다.
② 안전활동은 일상생활에서 지속적으로 실시되어야 한다.
③ 나 자신의 안전을 위해 지속적으로 위험요소를 발견하여, 시정을 요구해야 한다(안전은 권리임). 자신의 이익을 위한 안전은 자율적으로 진행되는 것이 기대된다.
④ 안전확보가 관계자의 이익과 직접 연결되지 않는다면, 시스템으로 해결해나가야 한다. 안전사회를 효율적으로 실현하기 위해서는 안전시스템에 개인의 이익과 연결되어야 한다.

참고문헌

1. 핵심안전공학, 권영국, 김찬오, 김동준, 형성출판사 (2015)
2. 한국산업안전보건공단 홈페이지 참고(http://www.kosha.or.kr)
3. 공정안전관리 실무능력향상 강의 내용 참고(www.safetyedu.net)
4. 산업안전보건법, KOSHA GUIDE
5. H. W. Heinrich, Dan Petersen, Nestor Roos, “Industrial Accident Prevention: Asafety Management approach” (1980)
6. 向殿正雄 他５, 安全学入門, 研成社 (2009)
7. 小松原明哲, 일본안전공학회강연예고집 (2022)

찾아보기

저 자 : **김 동 준**

- 국립 서울과학기술대학교 안전공학과 졸업
- 일본 요꼬하마국립대학 물질공학과 안전공학전공(석사, 박사)
- 일본 국립산업기술종합연구소 연구원
- 경일대학교 소방방재학과 교수
- SCI 저널 (Japan Explosives Society) 편집위원
- 한국안전학회 이사
- 한국가스학회 이사
- 한국위험물학회 이사
- 한국산업안전보건공단 공정안전보고서 심사원
- 대한산업안전협회 특별자문 위원
- 고용노동부 산업재해보상보험 및 예방심의위원회 전문위원

산업안전관리론 정가 18,000원

발 행 2025년 3월 10일 초판 1쇄
저 자 김동준
발행인 정우용
발행처 도서출판 **동화기술**
경기도 파주시 광인사길 201(문발동, 파주출판도시)
Tel (031)955-4211~6 donghwapub@nate.com
Fax (031)955-4217 www.donghwapub.co.kr
(등록) 1977년 12월 19일/9-16호

ISBN 978-89-425-9658-4